Beiträge zur

Statistik und Kunde der Binnenfischerei

des Preußischen Staates.

———

Verlag v. Julius Springer, Berlin.

Lith. Anst. v. J.G.Bach, Leipzig.

Aalfang in der Werra
bei Hedemünden.

Beiträge

zur

Statistik und Kunde der Binnenfischerei

des Preußischen Staates.

Bearbeitet
und
mit Unterstützung des Königl. Ministeriums für Landwirthschaft, Domänen und Forsten

herausgegeben

von

Dr. A. Metzger,

Professor der Zoologie an der Königl. Forstakademie zu Münden.

Mit einer Abbildung in Holzschnitt und zwei lithographirten Tafeln.

Berlin.

Verlag von Julius Springer.

1880.

ISBN 978-3-642-50528-7   ISBN 978-3-642-50838-7 (eBook)
DOI 10.1007/978-3-642-50838-7

Softcover reprint of the hardcover 1st edition 1880

Vorwort.

Das Interesse an der Fischerei hat sich seit der Gründung des Deutschen Fischerei-Vereins und seit dem Erlaß des Fischereigesetzes von Jahr zu Jahr gesteigert. Damit ist auch das Bedürfniß immer fühlbarer geworden, eine Uebersicht zu besitzen über die vorhandenen forst- und domänenfiscalischen Fischwasser und über die localen die Ausübung der Fischereinutzung beeinflussenden Verhältnisse.

Die nachfolgenden unter I. und II. gegebenen Zusammenstellungen wollen diesem Bedürfniß abhelfen.

Die Beziehungen des Theiles zum Ganzen durften dabei nicht unberücksichtigt bleiben; sie haben, so weit es der gegenwärtige Stand der Dinge erlaubt, ihren Ausdruck gefunden in den gleichzeitigen Angaben, erstens der im Staate überhaupt vorhandenen Gewässer und zweitens der Gesammt-Reinerträge der zur Grundsteuer veranlagten Wasserstücke.

Sind auch diese Angaben und namentlich die des Katastral-Reinertrages nicht direct mit den daneben stehenden Pachterträgen vergleichbar, da die letztern ja auch noch den Ertrag der nicht veranlagten Flüsse und Bäche in sich einschließen, so ist doch durch die zwischen den Uebersichten C. und D. eingeschaltete Anhangstabelle dafür gesorgt, daß die mitgetheilten Zahlenwerthe zu weiteren Berechnungen und Studien von Jedermann benutzt werden können.

Möge dies recht fleißig geschehen, damit wir auf diese Weise bald zu einer ausreichenden Antwort auf die so wichtige Frage gelangen, wie groß in Wirklichkeit der Antheil ist, den die Binnenfischerei im Preußischen Staate zu dem gesammten Volkseinkommen beiträgt.

Was die in den Spalten 2, 3 und 13 enthaltenen Angaben betrifft, so sind sie den vom Königlichen Finanzministerium veröffentlichten Ergebnissen der Grundsteuer-Veranlagung entnommen und für die alten Provinzen in Hektar und Mark umgerechnet; alles Uebrige ist dagegen im Wesentlichen das Resultat von Erhebungen, welche zu dem vorliegenden Zweck von Seiten des landwirthschaftlichen Ministeriums am Ende des Jahres 1878 und zu Anfang des vorigen Jahres angestellt sind.

Von einer Discussion der gewonnenen Resultate habe ich vorläufig Abstand nehmen müssen, sie würde mich in Fragen verwickelt haben, zu deren Beantwortung das mir augenblicklich zu Gebote stehende Material noch nicht ausreicht; ich behalte mir dieselbe für eine andere Gelegenheit vor.

Die unter III. mitgetheilte Abhandlung beruht ausschließlich auf eigenen Untersuchungen und trägt den Grund ihres Ursprunges an der Stirn.

Schließlich obliegt mir noch die Pflicht, an dieser Stelle meinen Dank öffentlich auszusprechen, einmal Sr. Excellenz dem Herrn Minister für Landwirthschaft, Domänen und Forsten für die Zuweisung des gesammten Erhebungsmaterials und sodann Sr. Excellenz dem Herrn Oberlandforstmeister von Hagen für die bei dieser Arbeit durch Rath und That gewährte anderweitige Unterstützung.

Münden, den 12. April 1880.

A. Metzger.

Inhalt.

I.

Summarische Uebersicht

der

forst- und domänenfiscalischen Fischwasser

und ihrer Pachterträge.

Nebst

Angabe der Gesammtwasserfläche und des Gesammtreinertrages
der zur Grundsteuer veranlagten Wasserstücke

des

Preußischen Staates.

———

A. Ueberſicht

I. Regierungsbezirk

Kreis	Gewäſſer		Davon ſteht die Fiſcherei-Nutzung zu der				Zuſammen fiſkaliſche Fiſchwaſſer	
	zur Grundſteuer nicht veranlagte Flüſſe, Bäche ꝛc.	zur Grundſteuer veranlagte Waſſerſtücke	Forſtverwaltung		Domänen-verwaltung			
			in Flüſſen und Bächen	in Seen und Teichen	in Flüſſen und Bächen	in Seen und Teichen	Flüſſe und Bäche	Seen und Teiche
	Hectare.	Hectare.	Kilom.	Hectare.	Kilom.	Hectare.	Kilom.	Hectare.
1.	2.	3.	4.	5.	6.	7.	8.	9.
Angerburg	204,146	12 666,431	—	161,151	36,2	3 702,2	36,2	3 863,351
Darkehmen	298,601	365,618	—	—	30,0	—	30,0	—
Goldap	247,386	2 745,011	28,60	76,630	45,0	1 874,9	73,6	1 951,530
Gumbinnen . . .	441,901	142,738	—	—	35,0	—	35,0	—
Heydekrug	* 1 985,144} 23 947,089}	2 011,892	21,3	9,1	113,5	3 849,4	134,8	3 858,5
Inſterburg	551,662	270,912	—	5,0	4,5	—	4,5	5,0
Johannisburg . . .	466,553	18 489,201	—	3 256,003	29,0	13 814,6	29,0	17 070,603
Loetzen	85,977	11 431,979	—	145,675	17,3	11 112,4	17,3	11 258,075
Lyk	230,148	8 721,275	—	89,425	104,5	8 260,3	104,5	8 349,725
Niederung	* 1 636,192} 23 457,441}	488,527	116,3	308,0	8,0	—	124,3	308,0
Oletzko	157,737	4 017,715	17,4	1 205,092	8,0	1 841,0	25,4	3 046,092
Pillkallen	415,656	120,514	—	—	—	—	—	—
Ragnit	2 264,677	328,032	13,0	6,0	—	—	13,0	6,0
Sensburg	217,993	15 771,244	27,0	2 243,874	15,5	8 140,2	42,5	10 384,074
Stallupönen . . .	195,700	148,697	—	35,840	—	—	—	35,840
Tilſit	1 242,525	527,789	3,9	—	21,0	—	24,9	—
Summe .	10 641,998 * 47 404,530	78 247,576	227,5	7 541,790	467,5	52 595,0	695,0	60 136,790

Anmerkung. Die mit * bezeichneten Angaben der Spalte 2 beziehen ſich auf die großen Strandgewäſſer dg

nach Kreisen.

Gumbinnen.

Jährlicher Pachtertrag der				Gesammt-Pachtertrag der fiskalischen Fischwasser		Gesammt-Reinertrag der zur Grundsteuer veranlagten Wasserstücke		Bemerkungen.
forst-fiskalischen		domänen-fiskalischen						
Fischwasser								
ℳ	₰	ℳ	₰	ℳ	₰	ℳ	₰	
10.		11.		12.		13.		14.
241	—	6 232	40	6 473	40	13 827	39	Sp. 6. 30 km Angerapp mit der Wassermühle Angerburg verpachtet, ohne Angabe des Pachtertrages. Die übrigen 6,2 km sind mit Seen des Kr. Lötzen verpachtet und daselbst in Rechnung gebracht.
—	—	64	—	64	—	299	55	Sp. 6. Angerapp.
35	40	2 148	—	2 183	40	2 721	69	Sp. 6. Koppelfischerei im Goldapp-Fluß, zur Zeit vom Fiskus nicht genutzt.
—	—	50	50	50	50	183	90	Sp. 6. Angerapp.
65	10	11 867	50	11 932	60	2 697	90	Sp. 6. 37 km davon nicht verpachtet, 20 km Minge, das Uebrige gehört dem Memeldelta an.
3	—	8	—	11	—	212	07	Sp. 6. Pissa-Fluß.
7 887	50	65 885	—	73 772	50	26 632	89	Sp. 6. Pisch-Fluß 22,5 km.
2 180	—	17 696	—	19 876	—	12 387	66	Sp. 11. Ohne den Pachtbetrag für 78,2 ha Zubehör der Domäne Lawken.
126	—	8 779	—	8 905	—	7 468	56	Sp. 6. Lyck 15, Haaßener-Fl. 16, Arys 10 km.
2 391	—	—	—	2 391	—	981	03	
853	20	1 540	—	2 393	20	3 141	15	Sp. 7. 4,4 ha Zubehör der Dom. Sebranken, ohne Angabe der Pacht.
—	—	—	—	—	—	94	44	
7	—	—	—	7	—	334	59	
6 497	—	3 910	50	10 407	50	14 507	94	Sp. 5. 37 ha davon im Kr. Ortelsburg gelegen. — Sp. 11. Ohne den Pachtbetrag für 178,6 ha Zubehör der Dom. Schmittken
420	—	—	—	420	—	97	83	
—	—	403	50	403	50	446	61	Sp. 4. Wilke-Fluß z. Z. nicht verpachtet. — Sp. 6. Memel
20 706	20	118 584	40	139 290	60	86 035	20	Sp. 12. Ohne den Pachtertrag von 126,7 km und 261 ha. Auf Flußfischerei kommen 11 897,5 ℳ für 289,2 km.

Ostsee (Kurisches Haff).

II. Regierungsbezirk

Kreis	Gewässer		Davon steht die Fischerei-Nutzung zu der				Zusammen fiskalische Fischwasser	
	zur Grundsteuer nicht veranlagte Flüsse, Bäche 2c.	zur Grundsteuer veranlagte Wasserstücke	Forstverwaltung		Domänenverwaltung		Flüsse und Bäche	Seen und Teiche
			in Flüssen und Bächen	in Seen und Teichen	in Flüssen und Bächen	in Seen und Teichen		
	Hectare.	Hectare.	Kilom.	Hectare.	Kilom.	Hectare.	Kilom.	Hectare.
1.	2.	3.	4.	5.	6.	7.	8	9.
Allenstein	375,054	7 797,682	74	2 924,343	3	175	77,00	3 099,343
Braunsberg . . .	* 561,387} 4 135,587}	209,777	3,65	123	22	—	25,65	123,000
Eylau, Preußisch= .	351,806	649,506	—	—	120	—	120,00	—
Fischhausen	* 127,346} 70 945,651}	563,416	3	—	—	—	3,00	—
Friedland	456,050	342,503	—	—	60	—	60,00	—
Gerdauen	255,203	904,684	—	12,708	2	1	2,00	13,708
Heiligenbeil . . .	* 324,637} 23 268,513}	342,189	—	17,7	—	—	—	17,700
Heilsberg	400,637	1 789,436	—	658,16	97	303	97,00	961,160
Holland, Preußisch= .	318,387	979,275	—	—	—	—	—	—
Königsberg (Stadt) .	91,745	48,821	—	—	—	—	—	—
Königsberg (Land) .	* 757,554} 19 224,850}	631,982	1,8	—	—	158	1,80	158,000
Labiau	* 884,364} 32 899,288}	151,776	95,2	21	9	—	104,20	21,000
Memel	* 468,670} 24 034,062}	132,889	—	—	12	—	12,00	—
Mohrungen	377,032	9 341,465	—	4 323	—	668	—	4 991,000
Neidenburg	455,672	4 526,855	20	1 720	—	—	20,00	1 720,000
Ortelsburg	342,156	6 011,503	20,2	2 490,355	—	1 098	20,20	3 588,355
Osterode	338,354	7 914,688	41	4 011	0,5	116	41,50	4 127,000
Rastenburg	222,246	1 319,053	—	—	—	170	—	170,000
Rössel	133,489	3 730,788	—	2 494,47	—	—	—	2 494,470
Wehlau	801,055	278,213	—	—	130	37	130,00	37,000
Summe .	8 042,844 *174 507,951	47 666,501	258,85	18 795,736	455,5	2 726,0	714,35	21 521,736

Anmerkung. Die mit * bezeichneten Angaben der Spalte 2 beziehen sich auf die großen Strandgewässer de

Königsberg.

Jährlicher Pachtertrag der				Gesammt-Pachtertrag der fiskalischen Fischwasser		Gesammt-Reinertrag der zur Grundsteuer veranlagten Wasserstücke		Bemerkungen.
forst-fiskalischen		domänen-fiskalischen						
Fischwasser								
$\mathscr{M}$	₰	$\mathscr{M}$	₰	$\mathscr{M}$	₰	$\mathscr{M}$	₰	
10.		11.		12.		13.		14.
3 014	54	—	—	3 014	54	4 301	35	Sp. 6 u. 7. Domänenzubehör, ohne Angabe der Pacht.
451	—	6	—	457	—	148	71	Sp. 6. Passarge, ein Theil dieser Strecke ist Schonrevier.
—	—	—	—	—	—	3 077	94	Sp. 6. Alle-, Elm-, Beisleid-, Frisching-, Pasmar-, Strading-, Guske- und Walsch-Fluß. Die Fischerei wird von Seiten des Fiskus nicht genutzt, wohl aber von den Adjacenten, welche dies Recht, wie es scheint, durch Verjährung erworben haben.
3	30	—	—	3	30	1 918	50	Sp. 6. Alle-Fluß. Die Fischereinutzung wird vom Fiskus nicht ausgeübt; die Adjacenten wollen die Berechtigung zum Fischen durch Verjährung erworben haben.
—	—	—	—	—	—	439	77	
6	—	—	—	6	—	406	11	Sp. 6 u. 7. Mit Domäne Wandlacken verpachtet, ohne Angabe des Pachtbetrages.
6	50	—	—	6	50	455	79	Sp. 6. Passarge 80 und Alle-Fluß 17 km. Sp. 7. Vererbpachtet, ohne Angabe des Erbenzinses.
311	40	114	—	425	40	2 109	99	
—	—	24	—	24	—	594	66	Sp. 6. Gräben am Drausensee und Weeskefluß; Größe nicht angegeben.
—	—	—	—	—	—	215	01	
2	—	615	—	617	—	1 203	27	Sp. 7. 134 ha davon seitens des Fiskus nicht verpachtet. Die Fischerei wird von Mitberechtigten resp. deren Pächtern genutzt.
4 944	30	429	—	5 373	30	105	45	
—	—	256	—	256	—	162	57	
839	10	1 305	—	2 144	10	9 161	55	Sp. 7. Davon 57 ha Domänenzubehör, ohne Angabe der Pacht.
2 597	—	—	—	2 597	—	3 324	36	
4 779	—	—	—	4 779	—	4 499	10	Sp. 7. 1045 ha vererbpachtet, ohne Angabe des Zinses und 53 ha nicht verpachtet.
7 670	30	228	50	7 898	80	7 885	89	
—	—	—	—	—	—	1 516	71	Sp. 7. 44 ha Domänenzubehör und 126 ha vererbpachtet, ohne Angabe des betreffenden Pachtzinses.
7 707	50	—	—	7 707	50	1 963	83	Sp. 6. Abt-, Alle-, Deime-, Nehne-, Omet- und Schwone-Fluß. Seitens des Fiskus bis jetzt nicht verpachtet; die Nutzung ist zumeist in den Händen der Anlieger. Ebenso Sp. 7.
—	—	—	—	—	—	108	99	
32 331	94	2 977	50	35 309	44	43 599	45	Sp. 12. Ohne den Pachtertrag für 320,5 km und 2663 ha. — Auf Flußfischerei kommen 5745,3 $\mathscr{M}$ für 372 km.

Ostsee (Kurisches Haff und Frisches Haff).

III. Regierungsbezirk

Kreis	Gewässer		Davon steht die Fischerei-Nutzung zu der				Zusammen fiskalische Fischwasser	
	zur Grundsteuer nicht veranlagte Flüsse, Bäche 2c.	zur Grundsteuer veranlagte Wasserstücke	Forstverwaltung		Domänenverwaltung			
			in Flüssen und Bächen	in Seen und Teichen	in Flüssen und Bächen	in Seen und Teichen	Flüsse und Bäche	Seen und Teiche
	Hectare.	Hectare.	Kilom.	Hectare.	Kilom.	Hectare.	Kilom.	Hectare.
1.	2.	3.	4.	5.	6.	7.	8.	9.
Berent	295,918	5 196,601	2	78,5	20	—	22,00	78,500
Danzig (Landkr.) . .	* 2 210,229} 15 456,648}	1 030,802	15,2	53,9	4	—	19,20	53,900
Danzig (Stadt) . .	77,307	5,770	—	—	—	—	—	—
Elbing	* 1 904,170} 16 841,595}	2 035,943	—	—	39,5	51,9	39,50	51,900
Karthaus	205,172	7 017,638	5,7	521,3	—	—	5,70	521,300
Marienburg . . .	2 343,600	1 636,167	—	—	142	—	142,00	—
Neustadt	283,697	1 317 223	3	9,3	5	—	8,00	9,300
Pr. Stargardt . .	774,187	3 347,994	55,9	826,3	31,3	56,13	87,20	882,430
Summe .	8 094,280 * 32 298,243	21 588,138	81,8	1 489,3	241,8	108,03	323,60	1 597,330

Anmerkung. Die mit * bezeichneten Angaben der Spalte 2 beziehen sich auf die großen Strandgewässer der

IV. Regierungsbezirk

Kreis								
1.	2.	3.	4.	5.	6.	7.	8.	9.
Deutsch-Krone . . .	544,723	5 367,162	16	98,435	—	—	16,00	98,435
Flatow	371,459	2 797,450	4,1	605	—	—	4,10	605,000
Graudenz	612,659	1 771,792	—	7,134	—	144,568	—	151,702
Konitz	687,196	9 367,657	62,8	898,951	33	13,606	95,80	912,557
Kulm	1 683,811	1 592,602	—	8,932	—	389,714	—	398,646
Löbau	264,846	3 215,164	—	1 242,794	—	481,597	—	1 724,391
Marienwerder . . .	2 043,240	1 505,599	16	20,634	26	65,307	42,00	85,941
Rosenberg	166,323	5 802,849	1	—	—	—	1,00	—
Schlochau	507,143	5 742,080	38,9	197,560	—	—	38,90	197,560
Schwetz	2 373,555	3 095,089	31	409,492	8	—	39,00	409,492
Strasburg	366,964	3 161,385	2,5	643,450	8	—	10,50	643,450
Stuhm	258,912	902,825	—	143	6	269,360	6,00	412,360
Thorn	2 956,371	1 156,619	—	32,965	265	36,370	265,00	69,335
Summe .	12 837,202	45 478,273	172,3	4 308,347	346	1 400,522	518,30	5 708,869

Danzig.

Jährlicher Pachtertrag der				Gesammt-Pachtertrag der fiskalischen Fischwasser		Gesammt-Reinertrag der zur Grundsteuer veranlagten Wasserstücke		Bemerkungen.
forst-fiskalischen		domänen-fiskalischen						
Fischwasser								
ℳ	₰	ℳ	₰	ℳ	₰	ℳ	₰	
10.		11.		12.		13.		14.
39	—	13	—	52	—	3 140	79	
668	10	10	50	678	60	2 171	76	
—	—	—	—	—	—	33	90	
—	—	2 380	—	2 380	—	2 976	09	Sp. 11. Ohne den Pachtbetrag der Sommerfischerei im Drausensee durch Consignation der Fischereigeräthe.
359	50	--	—	359	50	4 305	27	Sp. 4. Radaune.
—	—	2 703	—	2 703	—	3 720	24	Sp. 6. Weichsel 51, Nogat 43, Tiege 14, Kl.- u. Gr.-Linau 20 km.
3	50	10	—	13	50	552	15	
1 778	70	188	60	1 967	30	1 721	07	Sp. 7. 10 ha nicht verpachtet. Sp. 4. Schwarzwasser (54,5 km) und Strugafließ.
2 848	80	5 305	10	8 153	90	18 621	27	Sp. 12. Ohne den Pachtbetrag von 17 km und 22 ha, sowie für die Sommerfischerei im Drausensee. — Auf Flußfischerei kommen 3643 ℳ für 307 km.

Ostsee (Frisches Haff).

Marienwerder.

10.		11.		12.		13.		14.
219	—	—	—	219	—	6 723	48	
2 310	50	—	—	2 310	50	1 590	81	
10	50	—	—	10	50	4 898	22	Sp. 7. Zubehör der Domänen Rehden und Seehausen; verafterpachtet für jährl. 240 ℳ und wöchentlich 18 kg Fische.
1 154	60	38	—	1 192	60	7 049	25	
36	—	1 580	—	1 616	—	5 425	41	
4 909	80	1 515	—	6 424	80	4 053	45	
130	—	250	—	380	—	2 090	07	Sp. 7. 35,234 ha Domänenzubehör, ohne Angabe der Pacht.
2	—	—	—	2	—	6 097	32	
142	10	—	—	142	10	4 172	85	
823	40	41	—	864	40	5 135	73	
1 704	50	2	—	1 706	50	4 633	38	
928	—	2 554	—	3 482	—	629	25	
25	—	2 450	—	2 475	—	3 400	80	Sp. 6. Weichsel von der Landesgrenze abwärts in den Kreisen Thorn, Kulm, Schwetz, Graudenz, Marienwerder und Stuhm, im Ganzen 165 km; Drewenz 100 km, von der Landesgrenze am l. Ufer bis zur Mündung.
12 395	40	8 430	—	20 825	40	55 900	02	Sp. 12. Ohne Pachtangabe von 105 km und 209,8 ha. — Auf Flußfischerei kommen 2440,5 ℳ für 402,8 km.

V. Regierungsbezirk

Kreis	Gewässer		Davon steht die Fischerei-Nutzung zu der				Zusammen fiskalische Fischwasser	
	zur Grundsteuer nicht veranlagte Flüsse, Bäche zc.	zur Grundsteuer veranlagte Wasserstücke	Forstverwaltung		Domänenverwaltung			
			in Flüssen und Bächen	in Seen und Teichen	in Flüssen und Bächen	in Seen und Teichen	Flüsse und Bäche	Seen und Teiche
	Hectare.	Hectare.	Kilom.	Hectare.	Kilom.	Hectare.	Kilom.	Hectare.
1.	2.	3.	4.	5.	6.	7.	8.	9.
Bromberg	1 684,972	2 128,758	3	183	25	—	28,00	183,000
Chodziesen	427,679	1 094,129	—	107	—	—	—	107,000
Czarnikau	830,910	1 276,383	1	2	—	—	1,00	2,000
Gnesen	66,697	3 600,207	—	838	—	11	—	849,000
Inowraglaw . . .	603,593	4 276,969	—	428	—	15,690	—	443,690
Mogilno	69,539	4 117,721	—	184	1,32	204,448	1,32	388,448
Schubin	347,844	2 934,862	—	—	—	148,000	—	148,000
Wirsitz	339,866	1 942,550	—	—	8,68	—	8,68	—
Wongrowitz . . .	157,142	2 983,495	—	—	—	483,862	—	483,862
Summe	4 528,242	24 355,073	4	1 742	35,00	863,000	39,00	2 605,000

VI. Regierungsbezirk

Kreis	1. 2.	3.	4.	5.	6.	7.	8.	9.
Adelnau	246,656	720,753	—	—	—	—	—	—
Birnbaum	898,888	4 621,050	17,3	853,398	29,2	217,400	46,50	1 070,798
Bomst	460,176	2 715,384	—	204,611	—	184	—	388,611
Buk	145,095	474,567	—	—	—	—	—	—
Fraustadt	127,992	1 677,183	—	—	—	—	—	—
Kosten	252,550	1 190,535	—	—	—	38,535	—	38,535
Kröben	189,981	91,111	—	—	—	—	—	—
Krotoschin	133,239	191,153	—	—	—	—	—	—
Meseritz	396,072	3 365,063	2	40	—	10,000	2,00	50,000
Obornik	544,930	1 132,401	6,22	60,33	—	1,500	6,22	61,830

Bromberg.

Jährlicher Pachtertrag der				Gesammt-Pachtertrag der fiskalischen Fischwasser		Gesammt-Reinertrag der zur Grundsteuer veranlagten Wasserstücke		Bemerkungen.
forst-fiskalischen		Domänen-fiskalischen						
Fischwasser								
ℳ	₰	ℳ	₰	ℳ	₰	ℳ	₰	
10.		11.		12.		13.		14.
259	70	45	—	304	70	2 676	66	Sp. 6. 20 km Brahe und 5 km Weichsel.
360	—	—	—	360	—	1 633	50	
7	40	—	—	7	40	2 038	92	
3 000	—	—	—	3 000	—	3 128	10	Sp. 7. Judittener See, gehört zur Domäne Schönfelde, ohne Angabe der Pacht.
1 132	—	—	—	1 132	—	5 442	42	Sp. 7. Zubehör der Domänenpachtung Gr. Morin, ohne Angabe der Pacht.
633	—	310	—	943	—	3 765	90	Sp. 6 u. 7. 1,32 km (Netze) und 104,448 ha gehören zur Domänenpachtung Jägerndorf, ohne Angabe der Pacht; von den übrigen 100 ha (Wilatower See) bezieht der Fiskus nur die Hälfte des Pachtertrages, die andere Hälfte der Probst in Wilatowo.
—	—	350	—	350	—	2 917	05	Sp. 7. 128 ha gehören zur Domäne Gonsawa, ohne Angabe der Pacht; es fehlt außerdem die Größenangabe des für 215 ℳ verpachteten fiskalischen Antheils am Oświecka-See.
—	—	45	10	45	10	2 264	79	Sp. 6. Netze vom Bielawer Vorwerk bis zur Smieliner Grenze und innerhalb der Grenzen der Kolonie Birkenbruch.
—	—	45	—	45	—	3 345	33	Sp. 7. 321,126 ha (Rgielskoer u. Bracholiner See) gehören zur Domäne Seehausen und sind gegenwärtig für 960 ℳ in Afterpacht gegeben; die übrigen 162,736 ha: Durowoer See.
5 392	10	795	10	6 187	20	27 212	67	Sp. 12. Ohne Pachtertrag von 1,3 km und 583,3 ha. — Auf Flußfischerei kommen 90 ℳ für 34 km.

Posen.

10.		11.		12.		13.		14.
—	—	—	—	—	—	3 964	44	Sp. 6. 20 km davon (Obra-Fluß) in Schonung gelegt; 7,5 km (Warthe) zur Domänenpachtung Grabitz, ohne Pachtangabe. — Sp. 7. 9 ha in Schonung und 5 ha Zubehör von Grabitz.
3 744	25	790	—	4 534	25	3 305	61	Sp. 5. 0,62 ha mit 1,25 ℳ Pacht im Kr. Friedeberg N.-M. gelegen. — Sp. 7. 11 ha zur Domäne Hammer, ohne Angabe der Pacht.
279	—	383	—	662	—	3 959	70	Sp. 7. Primenter-See, 173 ha und Mühlenteich in Hammer, Domänenzubehör. — Sp. 11. Afterpacht für den Primenter See.
—	—	—	—	—	—	2 148	03	
—	—	—	—	—	—	2 286	66	
—	—	130	—	130	—	3 529	59	Sp. 7. Fiskal. Antheil am Morka-See, zur Domäne Seebrück gehörig. — Sp. 11. Afterpacht.
—	—	—	—	—	—	296	43	
—	—	—	—	—	—	1 017	33	
78	—	90	—	168	—	4 879	05	Sp. 7. Zur Domäne Paradies gehörig. — Sp. 11. Afterpacht, wozu noch die Naturallieferung von jährl. 50 kg Fisch.
472	—	—	—	472	—	1 457	46	Sp. 7. Teich zur Domäne Güldenau gehörig, ohne Angabe der Pacht.

Kreis	Gewässer		Davon steht die Fischerei-Nutzung zu der				Zusammen fiskalische Fischwasser	
	zur Grundsteuer nicht veranlagte Flüsse, Bäche ꝛc.	zur Grundsteuer veranlagte Wasserstücke	Forstverwaltung		Domänenverwaltung			
			in Flüssen und Bächen	in Seen und Teichen	in Flüssen und Bächen	in Seen und Teichen	Flüsse und Bäche	Seen und Teiche
	Hectare.	Hectare.	Kilom.	Hectare.	Kilom.	Hectare.	Kilom.	Hectare.
1.	2.	3.	4.	5.	6.	7.	8.	9.
Pleschen	289,799	115,227	—	—	—	—	—	—
Posen	477,273	2 045,617	1,4	5,1	—	1,000	1,40	6,100
Samter	390,310	1 508,634	—	—	—	12,682	—	12,682
Schildberg	189,070	165,557	—	—	—	—	—	—
Schrimm	698,013	1 579,983	7,9	28	—	101,693	7,90	129,693
Schroda	230,990	1 121,084	—	45,4	—	47,000	—	92,400
Wreschen	218,966	98,051	—	—	—	—	—	—
Summe ·	5 890,000	22 813,353	34,82	1 236,839	29,2	613,810	64,02	1 850,649

VII. Regierungsbezirk

Kreis								
1.	2.	3.	4.	5.	6.	7.	8.	9.
Belgard	409,029	277,345	—	—	—	—	—	—
Bütow	105,232	2 554,034	20	261	—	15	20,00	276,000
Dramburg	381,446	6 489,951	7,58	113,980	—	108	7,58	221,980
Fürstenthum . . .	895,769	5 653,343	4	53	—	170	4,00	223,000
Lauenburg	371,985	3 334,726	—	—	1,5	1 658	1,50	1 658,000
Neustettin	409,925	10 785,256	—	855	5	4 040	5,00	4 895,000
Rummelsburg . . .	243,457	1 646,772	—	—	—	—	—	—
Schivelbein	96,927	925,105	—	33	—	—	—	33,000
Schlawe	659,006	4 550,375	3,6	—	26	265	29,60	265,000
Stolp	832,176	10 399,980	—	—	0,5	—	0,50	—
Summe .	4 404,952	46 616,887	35,18	1 315,98	33,0	6 256,0	68,18	7 571,980

Jährlicher Pachtertrag der				Gesammt-Pachtertrag der fiskalischen Fischwasser		Gesammt-Reinertrag der zur Grundsteuer veranlagten Wasserstücke		Bemerkungen.
forst-fiskalischen		domänen-fiskalischen						
Fischwasser								
ℳ	₰	ℳ	₰	ℳ	₰	ℳ	₰	
10.		11.		12.		13.		14.
—	—	—	—	—	—	347	19	
40	—	—	—	40	—	3 255	75	Sp. 7. Teich zur Domäne Joachimsfeld gehörig, ohne Angabe der Pacht.
—	—	330	—	330	—	2 317	26	Sp. 7 Wilczyner See, zur Domäne Augustenhof. — Sp. 11. Afterpacht.
—	—	—	—	—	—	537	75	
191	—	200	—	391	—	4 926	48	Sp. 7. Fiskal. Antheile am Grimslebener (Grzymyslawicer) See. Die Pacht besteht in 120 ℳ Geld und Natural-lieferung von 100 kg Fisch = 80 ℳ.
158	—	150	—	308	—	3 489	48	Sp. 7. 32 ha davon zur Domäne Forbach und 15 ha zu Wanglau gehörig, für 19 ha, auf welchen der Domäne Forbach nur die Winterfischerei zusteht, keine besondere Pachtangabe. — Sp. 11. Afterpacht für die Fischwasser von Forbach (13 ha) und Wanglau.
—	—	—	—	—	—	225	87	
4 962	25	2 073	—	7 035	25	41 944	08	Sp. 12. Ohne Pachtertrag von 33,5 km und 53,8 ha. — Auf Flußfischerei kommen 16 ℳ für 7,9 km.

Köslin.

10.		11.		12.		13.		14.
—	—	—	—	—	—	108	51	
76	—	9	—	85	—	1 411	26	Sp. 7. Gubisch- und Kathkow-See.
459	75	375	—	834	75	6 077	91	Sp. 7. Der halbe Bansow-See (85 ha) und Unterteich.
28	50	480	—	508	50	7 154	67	Sp. 7. Lüptow-Dörsenthin-See.
—	—	1 383	—	1 383	—	1 703	25	Sp. 6 u. 7. Leba-See und Ausfluß.
2 055	—	8 091	50	10 146	50	6 223	86	Sp. 6. Küddow-Fluß. — Sp. 7. Streitzig- (360 ha), Liepen- (5), Vilm- (1910), Gellin- (69), Zemmin- (39), Dratzig (1459), und Sareben-See (198 ha).
—	—	—	—	—	—	1 211	37	
49	50	—	—	49	50	478	20	
—	—	602	90	602	90	6 441	33	Sp. 1 km Wipper, seit Errichtung des Fischpasses ruht die Fischerei; letzter Pachtzins 2150 ℳ. — 25 km Grabow-fluß nebst Mühlenbach und neuem Graben. — Sp. 7. Vietziger See.
—	—	24	—	24	—	9 116	91	Sp. 6. Mündung der Stolpe 4 ha. — Im Groß-Garder- (2508 ha), Dolgen- (147 ha) und Leba-See (5784 ha), so weit er im Kreise Stolp liegt, steht dem Domänenfiskus nur die Schilf-, Binsen-, Rohr- und Grasnutzung zu. Jährl. Pachtzins 620 ℳ.
2 668	75	10 965	40	13 634	15	39 927	27	Sp. 12. Ohne Pachtertrag von 11 km und 5 ha. — Auf Flußfischerei kommen 207,65 ℳ für 56 km.

VIII. Regierungsbezirk

Kreis	Gewässer		Davon steht die Fischerei-Nutzung zu der				Zusammen fiskalische Fischwasser	
			Forstverwaltung		Domänen-verwaltung			
	zur Grundsteuer nicht veranlagte Flüsse, Bäche ꝛc.	zur Grundsteuer veranlagte Wasser-stücke	in Flüssen und Bächen	in Seen und Teichen	in Flüssen und Bächen	in Seen und Teichen	Flüsse und Bäche	Seen und Teiche
	Hectare.	Hectare.	Kilom.	Hectare.	Kilom.	Hectare.	Kilom.	Hectare.
1.	2.	3.	4.	5.	6.	7.	8.	9.
Anklam	* 402,720 | 2 033,293	403,392	—	—	6	—	6,00	—
Demmin	577,095	2 728,406	—	—	56	268	56,00	268,000
Greifenberg . . .	573,669	1 012,272	—	—	—	695	—	695,000
Greifenhagen . . .	1 196,984	4 088,630	—	9	10	580	10,00	589,000
Kammin	* 465,961 | 13 505,426	848,900	25	4	—	—	25,00	4,000
Naugard	461,955	752,826	5	11	37	1	42,00	12,000
Pyritz	421,133	4 075,162	—	—	2	4 070	2,00	4 070,000
Randow	* 2 248,248 | 7 854,299	1 953,528	16	2	—	61	16,00	63,000
Regenwalde . . .	480,891	1 824,261	—	—	—	—	—	—
Saatzig	421,219	2 922,746	—	21	—	649	—	670,000
Stettin (Stadt) . .	401,842	21,769	—	—	—	—	—	—
Ueckermünde . . .	* 288,321 | 940,341	1 185,754	9	5	15	—	24,00	5,000
Usedom-Wollin . .	* 1 112,258 | 48 308,706	2 513,600	—	230	8	701	8,00	931,000
Summe	9 052,296 | * 97 642,066	24 331,246	55	282	134	7 025	189,00	7 307,000

Anmerkung. Die in Spalte 2 mit * versehenen Zahlenangaben beziehen sich auf die großen Strandgewässer liegende Papenwasser sind als der Küstenfischerei anheimfallend hier nicht weiter berücksichtigt.

IX. Regierungsbezirk

Kreis	Gewässer		Davon steht die Fischerei-Nutzung zu der				Zusammen fiskalische Fischwasser	
1.	2.	3.	4.	5.	6.	7.	8.	9.
Franzburg	* 553,102 | 17 185,162	1 100,228	—	—	55,20	633,440	55,20	633,440
Greifswald	* 509,347 | 4 083,569	684,117	10,7	10	9,58	3,890	20,28	13,890
Grimmen	* 522,043 | 885,768	114,134	1,7	—	21,07	31,610	22,77	31,610
Rügen	* 698,971 | 40 949,173	1 285,272	7,5	2,4	1,40	28,280	8,90	30,680
Summe	2 283,463 | * 63 103,673	3 183,751	19,9	12,4	87,25	697,220	107,15	709,620

Anmerkung. Die mit * bezeichneten Flächenangaben der Spalte 2 beziehen sich auf die großen Strandgewässer

Stettin.

Jährlicher Pachtertrag der				Gesammt-Pachtertrag der fiskalischen Fischwasser		Gesammt-Reinertrag der zur Grundsteuer veranlagten Wasserstücke		Bemerkungen.
forst-fiskalischen		domänen-fiskalischen						
Fischwasser								
ℳ	₰	ℳ	₰	ℳ	₰	ℳ	₰	
10.		11.		12.		13.		14.
—	—	1	50	1	50	475	68	Sp. 6. Peene, 5 km davon Zubehör der Domänen Dersewitz und Liepen.
—	—	5 215	—	5 215	—	1 472	31	Sp. 6 u. 7. 8 km Peene mit Mecklenburg gemeinsam und gleichtheilig für 4500 ℳ und 240 ha Cummerow-See für 715 ℳ besonders verpachtet; alles Uebrige Zubehör von Domänenpachtungen.
—	—	360	—	360	—	1 147	92	Sp. 7. Kamper See nebst Ausfluß an die Fischergemeinde Kamp vererbpachtet.
47	—	1 700	—	1 747	—	5 594	40	Sp. 11. Pacht für den Bangast-See, auch im Kr. Pyritz gelegen, 288 ha. — Sp. 6 und 7. 10 km und 292 ha Domänenzubehör, ohne Angabe der Pacht.
7	20	—	—	7	20	1 371	54	
4	50	6	—	10	50	1 318	50	Sp. 6. Oder mit ihren Armen (auch innerhalb der Kreise Randow und Greifenhagen) wird auf Willzettel nach dem Tarif verpachtet; Pachtbetrag nicht angegeben.
—	—	3 260	—	3 260	—	1 717	17	Sp. 7. Madue-See (zugleich in den Kreisen Saatzig und Greifenhagen) 4000 ha; die übrigen 70 ha Domänenzubehör, ohne Angabe der Pacht.
5	50	—	—	5	50	4 830	15	Sp. 7. Mit der Domäne Köstin verpachtet.
—	—	—	—	—	—	2 963	97	
16	50	1 008	—	1 024	50	2 831	16	Sp. 7. 249 ha Zubehör von Domänenpachtungen; 400 ha mit 1008 ℳ Pacht für den Cremminer-See.
—	—	—	—	—	—	25	05	
1	—	21	—	22	—	1 908	60	Sp. 6. Randowfluß.
478	50	1 278	—	1 756	50	2 463	54	Sp. 7. Schmollen-See 517 ha, Pacht 1275 ℳ; Antheil am Schloen-See 2 ha, Pacht 3 ℳ. — 182 ha und 8 km Domänenzubehör, ohne Angabe der Pacht.
560	20	12 849	50	13 409	70	28 119	99	Ohne Pachtertrag von 163 km u. 885 ha. — Auf Flußfischerei kommen 4525 ℳ für 26 km.

der Ostsee. Das Gr. und Kl. Haff mit den Ausflüssen in die Ostsee, so wie das an den Kreisen Kammin und Uckermünde

Stralsund.

10.		11.		12.		13.		14.
—	—	346	—	346	—	1 676	79	Sp. 6 u. 7. Saaler Bach und Pohl (2,3 km und 16,8 ha) für 45 ℳ und die untere Barthe von der Barth-Bodstedter Brücke bis zur Mündung (244,13 ha) für 301 ℳ besonders verpachtet; alles Uebrige Zubehör von Domänen, ohne Angabe der Pacht.
4	—	12	—	16	—	732	12	Sp. 6 u. 7. 2,18 km Peene bei Neuendorf besonders verpachtet für 12 ℳ; alles Uebrige Zubehör von Domänen, ohne Angabe des Pachtzinses.
3	—	—	—	3	—	115	20	Sp. 6 u. 7. Domänen-Zubehör, wie vorhin.
3	—	—	—	3	—	622	53	Sp. 6 u. 7. Schrowerbach, Lobber- und Bleichsee, Zubehör der Domäne Philippshagen. Afterpacht für beide Seen 100 ℳ.
10	—	358	—	368	—	3 146	64	Sp. 12. Ohne Pachtertrag von 79 km und 408,01 ha. — Auf Flußfischerei kommen 313 ℳ für 2 km und 244 ha.

der Ostsee.

X. Regierungsbezirk

Kreis	Gewässer		Davon steht die Fischerei-Nutzung zu der				Zusammen fiskalische Fischwasser	
	zur Grundsteuer nicht veranlagte Flüsse, Bäche ꝛc.	zur Grundsteuer veranlagte Wasserstücke	Forstverwaltung		Domänenverwaltung		Flüsse und Bäche	Seen und Teiche
			in Flüssen und Bächen	in Seen und Teichen	in Flüssen und Bächen	in Seen und Teichen		
	Hectare.	Hectare.	Kilom.	Hectare.	Kilom.	Hectare.	Kilom.	Hectare.
1.	2.	3.	4.	5.	6.	7.	8.	9.
Arnswalde	341,5301	4 479,5372	—	884,00	4,0	289,960	4,0	1 173,960
Frankfurt a. O. . . .	273,0280	32,9362	—	—	—	—	—	—
Friedeberg N.=M.. .	604,8695	3 043,8704	2,0	4,00	—	—	2,0	4,000
Guben	1 507,6205	874,1012	—	—	—	—	—	—
Kalau . . . . ·. .	537,6669	1 073,0948	—	—	—	5,528	—	5,528
Königsberg N.=M. .	2 252,5119	3 899,9628	13,0	33,00	8,50	98,288	21,50	131,288
Kottbus	682,5931	1 831,3026	—	53,00	—	1 370,247	—	1 423,247
Krossen	1 807,4015	1 478,4757	—	116,00	—	10,561	—	126,561
Landsberg a. W.. .	1 224,7864	1 429,9532	4,0	415,00	4,0	85,278	8,0	500,278
Lebus	1 239,5760	2 234,1609	27,0	17,00	6,0	104,157	33,0	121,157
Luckau	534,5114	966,3616	—	87,00	—	—	—	87,000
Lübben	507,2874	2 582,1553	32,0	12,00	—	1,532	32,0	13,532
Soldin	258,6368	4 737,3718	—	240,00	—	181,524	—	421,524
Sorau	702,1567	1 112,3242	2,0	—	—	12,424	2,0	12,424
Spremberg	123,4912	280,6104	—	—	1,5	—	1,5	—
Sternberg	1 728,3504	3 026,2113	12	72,68	6,0	94,661	18,0	167,341
Züllichau=Schwiebus	484,1662	1 622,3600	—	—	—	0,766	—	0,766
Summe	14 819,5650	34 704,8003	92,0	1 933,680	30,0	2 254,926	122,0	4 188,606

XI. Regierungsbezirk

1.	2.	3.	4.	5.	6.	7.	8.	9.
Angermünde . . .	133,093	7 339,359	—	2 208,0	—	1 498,0	—	3 706,0
Beeskow=Storkow .	1 074,476	6 422,962	4,0	1,0	3,0	40,0	7,0	41,0
Stadt Berlin . . .	183,474	6,477	—	—	—	—	—	—
Jüterbog=Luckenwalde	377,558	649,501	—	—	2,5	—	2,5	—
Niederbarnim . . .	830,996	3 464,148	30,0	776,0	34,0	3 985,3	64,0	4 761,3

Frankfurt a. O.

Jährlicher Pachtertrag der				Gesammt-Pachtertrag der fiskalischen Fischwasser		Gesammt-Reinertrag der zur Grundsteuer veranlagten Wasserstücke		Bemerkungen.
forst-fiskalischen		domänen-fiskalischen						
Fischwasser								
ℳ	₰	ℳ	₰	ℳ	₰	ℳ	₰	
10.		11.		12.		13.		14.
3 689	—	1 011	—	4 700	—	6 660	39	Sp. 5. 1 ha nicht verpachtet. — Sp. 6. Panske- u. Trabuhn-Fließ.
—	—	—	—	—	—	64	50	
6	—	—	—	6	—	6 279	33	
—	—	—	—	—	—	1 944	54	
—	—	91	—	91	—	9 520	95	Sp. 6. Schloßteich und neue Sornoer Elster bei Senftenberg.
151	50	184	50	336	—	12 809	67	Sp. 11. Für 19,915 ha Zubehör der Dom. Grüneberg und 10,712 ha u. 7,5 km der Dom. Wittstock ist ein besonderer Pachtertrag nicht angegeben. — Sp. 6. Ohne Längenangabe der für 6 ℳ 77/79 verpachteten Fischerei in der Oder am Schaumburger und Calenziger Ufer. — Mietzel 8 km.
102	—	51 762	40	51 864	40	24 130	29	
467	50	—	—	467	50	3 484	59	Sp. 7. Zubehör der Domäne Sorge. Pachtertrag nicht angegeben.
1 094	60	1 119	—	2 213	60	4 645	38	Sp. 6. Warthe.
18	—	1 200	—	1 218	—	10 706	67	Sp. 11. Ohne Angabe des Pachtertrages für 4 km Oder und 0,120 ha Zubehör der Domäne Kienitz.
510	—	—	—	510	—	7 027	65	
87	—	3	—	90	—	5 953	89	
470	15	259	50	729	65	9 687	81	
22	30	150	—	172	30	6 264	99	Sp. 11. Ohne Angabe des Pachtertrages für 0,255 ha Zubehör der Domäne Sablath.
—	—	—	50	—	50	1 312	89	Sp. 6. Schloßgraben zu Spremberg.
197	—	1 307	—	1 504	—	5 063	40	Sp. 4. 5 km nicht verpachtet. — Sp. 11. Ohne Angabe der Pacht für 2,043 ha Zubehör der Domäne Neuendorf.
—	—	27	—	27	—	2 291	38	
6 815	05	57 114	90	63 929	95	117 848	52	Sp. 12. Ohne Pachtertrag von 18,5 km und 46,6 ha. — Auf Flußfischerei kommen 373,3 ℳ für 91,5 km für sich verpachtete Flußstrecken.

Potsdam.

10.		11.		12.		13.		14.
7 346	25	6 001	50	13 347	75	16 381	50	Spalte 11. Ohne den Pachtbetrag für 57 ha Fischwasser der Domäne Granzow.
8	—	178	50	186	50	12 905	04	
—	—	—	—	—	—	108	99	
—	—	—	—	—	—	548	25	Sp. 6. Zubehör der Domäne Dahme
2 647	—	7 862	—	10 509	—	16 722	69	Sp. 4. 6 km davon nicht verp. — Sp. 11. Ohne den Betrag für 151 ha der Domäne Hammer u. 70 ha d. D. Lohme.

Kreis	Gewässer		Davon steht die Fischerei-Nutzung zu der				Zusammen fiskalische Fischwasser	
	zur Grundsteuer nicht veranlagte Flüsse, Bäche 2c.	zur Grundsteuer veranlagte Wasserstücke	Forstverwaltung		Domänen-verwaltung			
			in Flüssen und Bächen	in Seen und Teichen	in Flüssen und Bächen	in Seen und Teichen	Flüsse und Bäche	Seen und Teiche
	Hectare.	Hectare.	Kilom.	Hectare.	Kilom.	Hectare.	Kilom.	Hectare
1.	2.	3.	4.	5.	6.	7.	8.	9.
Oberbarnim . . .	494,439	1 830,805	9,0	109,0	—	0,8	9,0	109,8
Osthavelland . . .	3 626,521	1 002,972	15,0	108,0	115,8	821,2	130,8	929,2
Ostpriegnitz . . .	645,526	1 923,101	4,5	517,0	1,0	744,0	5,5	1 261,0
Stadt Potsdam . .	257,266	38,405	—	—	—	—	—	—
Prenzlau	240,127	3 696,782	—	4,0	2,0	143,1	2,0	147,1
Ruppin	678,672	5 787,544	4,0	322,0	60,5	2 314,0	64,5	2 636,0
Teltow	1 615,120	6 022,846	—	166,0	20,0	738,0	20,0	904,0
Templin	369,255	7 606,390	1,0	244,4	—	208,0	1,0	452,4
Westhavelland . .	1 894,954	4 302,683	—	60,0	3,0	0,3	3,0	60,3
Westpriegnitz . . .	2 497,772	688,723	—	—	—	—	—	—
Zauch-Belzig . . .	1 878,204	3 731,209	14,0	29,0	—	—	14,0	29,0
Summe .	18 007,430	54 513,907	81,5	4 544,4	241,8	10 492,7	323,3	15 037,1

XII. Regierungsbezirk

1.	2.	3.	4.	5.	6.	7.	8.	9.
Breslau (Stadtkreis)	145,480	1,746	—	—	—	—	—	—
Breslau (Landkreis)	1 092,717	230,406	12,6	56,5	9	4,33	21,60	60,830
Brieg	673,032	230,983	22	4	8	—	30,00	4,000
Frankenstein . . .	205,912	47,708	—	—	—	—	—	—
Glatz	242,201	21,192	11	0,5	1,7	—	12,70	0,500
Guhrau	373,333	195,634	5	0,65	11,2	0,75	16,20	1,400
Habelschwerdt . . .	244,610	24,642	—	—	—	—	—	—
Militsch-Trachenberg	399,639	6 510,689	—	—	—	—	—	—
Münsterberg . . .	82,842	43,462	—	—	—	—	—	—
Namslau	95,546	210,732	—	—	3,04	—	3,04	—

Jährlicher Pachtertrag der				Gesammt-Pachtertrag der fiskalischen Fischwasser		Gesammt-Reinertrag der zur Grundsteuer veranlagten Wasserstücke		Bemerkungen.
forst-fiskalischen		domänen-fiskalischen						
Fischwasser								
ℳ	₰	ℳ	₰	ℳ	₰	ℳ	₰	
10.		11.		12.		13.		14.
384	—	23	50	407	50	5 819	04	Sp. 4. 4 km davon ohne Pacht.
364	50	4 309	—	4 673	50	2 804	04	Sp. 11. Ohne den Betrag für 87,9 km und 0,2 ha Domänen-Zubehör, meist Gräben und Kanäle.
2 461	50	2 000	—	4 461	50	2 734	38	Sp. 5. 2 ha ohne Nutzung.
—	—	—	—	—	—	45	12	
6	—	—	—	6	—	15 866	91	Sp. 11. Ohne den Betrag für 143,1 ha und 2 km Zubehör der Domäne Schmölln, Drense, Brüssow und Grünow.
967	—	9 819	—	10 786	—	7 836	36	Sp. 4. Die 4 km sind nicht verpachtet. — Sp. 11. Ohne den Betrag für 59,5 km und 100 ha Zubehör der Dom. Dreetz.
746	—	—	—	746	—	14 979	33	Sp. 6 u. 7. Mit Gewässern des Kr. N.-Barnim verpachtet und daher der Pachtertrag in dem für N.-Barnim mit enthalten.
210	50	—	—	210	50	6 449	70	Sp. 5. 187,4 ha beschränkte Berechtigung nicht verpachtet; ebenso die in Sp. 4 mit 1 km aufgeführte Berechtigung. — Sp. 7. Mit der Dom. Potzlow ohne Angabe des Pachtertrages verpachtet.
834	—	—	—	834	—	5 594	79	Sp. 11. Ohne den Betrag für 3 km und 0,3 ha des Vorwerks Berge.
—	—	—	—	—	—	1 126	98	
48	—	—	—	48	—	4 968	24	
16 022	75	30 193	50	46 216	25	114 891	36	Sp. 12. Ohne Pachtertrag von 175,4 km und 919 ha. — Auf Flußfischerei kommen 168,5 ℳ für 66 km für sich verpachtete Flußstrecken.

Breslau.

10.		11.		12.		13.		14.
—	—	—	—	—	—	14	55	Sp. 6. Oder und Weide, Zubehör der Domäne Steine, ohne Angabe der Pacht. — Sp. 7. 3,01 ha Zubehör der Dom. Tschechnitz, ohne Angabe der Pacht.
435	—	14	—	449	—	1 386	57	
19	—	—	—	19	—	554	13	Sp. 6. Stoberbach, Zubehör der Dom. Carlsmarkt.
—	—	—	—	—	—	362	88	
—	—	12	—	12	—	82	53	Sp. 6. Viele in den Gemarkungen Ullersdorf und Eisersdorf.
23	30	—	—	23	30	735	—	Sp. 6 u. 7. Zubehör der Domänen Herrnstadt und Kraschen.
—	—	—	—	—	—	79	65	
—	—	—	—	—	—	50 125	32	
—	—	—	—	—	—	118	71	
—	—	—	—	—	—	1 974	63	Sp. 6. Weide und Studnitz- und Glauscherbach, Zubehör der Domänen Schmograu und Korschau.

Kreis	Gewässer		Davon steht die Fischerei-Nutzung zu der				Zusammen fiskalische Fischwasser	
	zur Grundsteuer nicht veranlagte Flüsse, Bäche ꝛc.	zur Grundsteuer veranlagte Wasserstücke	Forstverwaltung		Domänenverwaltung			
			in Flüssen und Bächen	in Seen und Teichen	in Flüssen und Bächen	in Seen und Teichen	Flüsse und Bäche	Seen und Teiche
	Hectare.	Hectare.	Kilom.	Hectare.	Kilom.	Hectare.	Kilom.	Hectare.
1.	2.	3.	4.	5.	6.	7.	8.	9.
Neumarkt	378,459	290,054	13	2,5	0,5	0,18	13,50	2,680
Neurode	86,503	12,673	—	—	—	—	—	—
Nimptsch	71,678	66,128	—	—	—	—	—	—
Oels	285,489	412,823	—	—	—	—	—	—
Ohlau	476,597	251,098	11	10,5	23	—	34,00	10,500
Reichenbach . . .	54,547	130,504	—	—	—	—	—	—
Schweidnitz	151,355	111,058	—	—	2	—	2,00	—
Steinau	597,216	168,646	14	12	—	—	14,00	12,000
Strehlen	104,614	33,531	—	—	—	—	—	—
Striegau	90,289	15,512	—	—	—	—	—	—
Trebnitz	96,797	408,909	2	—	—	0,9	2,00	0,900
Waldenburg . . .	84,979	10,304	—	—	—	—	—	—
Wartenberg . . .	183,497	1 350,583	—	—	—	—	—	—
Wohlau	614,305	485,427	30	47	1,9	2,01	31,90	49,010
Summe .	6 831,637	11 264,443	120,6	133,65	60,34	8,17	180,94	141,820

XIII. Regierungsbezirk

1.	2.	3.	4.	5.	6.	7.	8.	9
Beuthen	145,130	233,546	—	—	—	—	—	—
Falkenberg	296,452	1 256,112	1	—	—	—	1,00	—
Grottkau	284,555	85,451	—	—	—	—	—	—
Kosel	709,382	140,397	—	—	1	—	1,00	—
Kreuzburg	142,828	325,426	—	—	0,75	—	0,75	—
Leobschütz	202,882	30,700	—	—	—	—	—	—
Lublinitz	162,930	1 129,317	—	—	—	—	—	—
Neisse	510,100	68,117	—	—	19	—	19	—

Jährlicher Pachtertrag der				Gesammt-Pachtertrag der fiskalischen Fischwasser		Gesammt-Reinertrag der zur Grundsteuer veranlagten Wasserstücke		Bemerkungen.
forst-fiskalischen		domänen-fiskalischen						
Fischwasser								
ℳ	₰	ℳ	₰	ℳ	₰	ℳ	₰	
10.		11.		12.		13.		14.
168	—	—	—	168	—	2 459	25	Sp. 6 u. 7. Oder mit Lachen, Zubehör der Dom. Nimkau.
—	—	—	—	—	—	120	24	
—	—	—	—	—	—	258	18	
—	—	—	—	—	—	3 538	32	
169	—	234	—	403	—	1 297	38	Sp. 6. 7 km Oder mit 120 ℳ und 16 km Ohle mit 114 ℳ.
—	—	—	—	—	—	1 045	02	
—	—	3	—	3	—	392	73	Sp. 6. Polsnitzfluß bei Zedlitz.
182	50	—	—	182	50	718	02	
—	—	—	—	—	—	85	17	
—	—	—	—	—	—	118	68	
16	—	—	—	16	—	3 219	51	Sp. 7. Drei Teiche, Zubehör der Domäne Trebnitz.
—	—	—	—	—	—	53	25	
—	—	—	—	—	—	11 056	02	
903	—	66	—	969	—	5 727	84	Sp. 6. Oder bei Althof. — Sp. 7. Drei Teiche, Zubehör der Domänen Buschen und Praukau.
1 915	80	329	—	2 244	80	85 523	58	Sp. 12. Ohne Pacht von 46 km und 7,35 ha. — Auf Flußfischerei kommen 1 224 ℳ 50 ₰ für 100,6 km.

Oppeln.

10.		11.		12.		13.		14.
—	—	—	—	—	—	699	78	
—	—	—	—	—	—	8 599	89	Sp. 4. Alte Oder. Laichschonrevier.
—	—	—	—	—	—	578	01	
—	—	27	—	27	—	317	16	Sp. 6. Wallgraben des Forts Kronprinz und der Neumannsschanze.
—	—	—	—	—	—	3 511	62	Sp. 6. Stoberbach, Zubehör der Domäne Bürgsdorf.
—	—	—	—	—	—	189	81	
—	—	—	—	—	—	1 979	10	
—	—	35	—	35	—	364	35	Sp. 6. Neisse in den Feldmarken Riemertsheide und Glumpenau.

Kreis	Gewässer		Davon steht die Fischerei-Nutzung zu der				Zusammen fiskalische Fischwasser	
	zur Grundsteuer nicht veranlagte Flüsse, Bäche ꝛc.	zur Grundsteuer veranlagte Wasserstücke	Forstverwaltung		Domänenverwaltung		Flüsse und Bäche	Seen und Teiche
			in Flüssen und Bächen	in Seen und Teichen	in Flüssen und Bächen	in Seen und Teichen		
	Hectare.	Hectare.	Kilom.	Hectare.	Kilöm.	Hectare.	Kilom.	Hectare.
1.	2.	3.	4.	5.	6.	7.	8.	9.
Neustadt	406,678	153,088	—	—	—	—	—	—
Oppeln	1 241,332	555,977	43,5	9,0	61,32	64,52	104,82	73,520
Pleß	374,856	1 348,704	—	—	25	—	25,00	—
Ratibor	772,737	768,438	—	—	—	—	—	—
Rosenberg	167,219	456,747	—	—	1	9,553	1,00	9,553
Rybnik	186,663	718,044	—	1,5	—	0,25	—	1,750
Groß-Strehlitz . . .	411,595	421,225	—	—	—	—	—	—
Tost-Gleiwitz . . .	281,065	281,925	—	—	—	—	—	—
Summe .	6 296,404	7 973,214	44,5	10,5	108,07	74,323	152,57	84,823

XIV. Regierungsbezirk

Kreis	zur Grundsteuer nicht veranlagte	zur Grundsteuer veranlagte	in Flüssen und Bächen (Forst)	in Seen und Teichen (Forst)	in Flüssen und Bächen (Domänen)	in Seen und Teichen (Domänen)	Flüsse und Bäche	Seen und Teiche
	1.	2.	3.	4.	5.	6.	7.	8.	9.
Bolkenhain	137,081	25,341	—	—	—	—	—	—
Bunzlau	365,191	153,514	—	—	—	—	—	—
Freistadt	677,043	1 367,420	18,6	—	—	—	18,60	—
Glogau	965,746	355,232	—	—	—	—	—	—
Görlitz	244,519	635,768	—	—	—	—	—	—
Goldberg-Hainau .	130,731	142,738	—	—	—	—	—	—
Grünberg	788,351	512,298	—	—	—	—	—	—
Hirschberg	329,508	347,900	—	—	—	—	—	—
Hoyerswerda . . .	493,357	3 012,678	—	90,157	—	—	—	90,157
Jauer	62,240	15,854	—	—	—	—	—	—
Landeshut	83,644	4,537	1,5	0,36	—	—	1,50	0,360
Lauban	171,837	165,565	—	—	—	—	—	—
Liegnitz	299,589	313,475	7,86	0,539	2	12,497	9,86	13,036

Jährlicher Pachtertrag der				Gesammt-Pachtertrag der fiskalischen Fischwasser		Gesammt-Reinertrag der zur Grundsteuer veranlagten Wasserstücke		Bemerkungen.
forst-fiskalischen		domänen-fiskalischen						
Fischwasser								
ℳ	₰	ℳ	₰	ℳ	₰	ℳ	₰	
10.		11.		12.		13.		14.
—	—	—	—	—	—	671	67	
56	90	217	60	274	50	3 546	57	Sp. 6 u. 7. Oder, Malapane und Mühlgräben. 17,32 km (Afterpacht 42 ℳ) und 8,5 ha (Afterpacht 20 ℳ). Zubehör der Domäne Czarnowanz. — 56,02 ha Teiche der Dom. Proskau, Afterpacht 589 ℳ. — Oder 27 km und Malapane 17 km mit 217,6 ℳ.
—	—	—	—	—	—	9 734	25	Sp. 6. Przemsafluß. Fischerei ruht gegenwärtig; letzte Pacht 12 ℳ.
—	—	—	—	—	—	6 201	03	
—	—	—	—	—	—	1 414	44	Sp. 6 u. 7. Stoberbach, Mühlgraben und 3 Teiche. Zubehör der Domänenpachtungen Jaschine und Bodland.
3	—	—	—	3	—	3 276	36	Sp. 7. Teich, Zubehör der Domäne Gottartowitz.
—	—	—	—	—	—	801	90	
—	—	—	—	—	—	1 838	43	
59	90	279	60	339	50	43 724	37	Ohne Pacht von 64 km und 74,8 ha. — Auf Flußfischerei kommen 311 ℳ für 88,5 km.

Liegnitz.

10.		11.		12.		13.		14.
—	—	—	—	—	—	130	92	
—	—	—	—	—	—	440	07	
488	—	—	—	488	—	3 062	70	Sp. 4. Oder 14,1 und Alte Oder 4,5 km.
—	—	—	—	—	—	1 203	90	
—	—	—	—	—	—	3 034	56	
—	—	—	—	—	—	840	90	
—	—	—	—	—	—	2 215	41	
—	—	—	—	—	—	2 612	64	
3 213	82	—	—	3 213	82	25 809	09	Sp. 5. Alter Neuwieser Teich 60,811 ha, Wilder See 28,206 ha und 3 Teiche.
—	—	—	—	—	—	122	01	
24	—	—	—	24	—	15	12	Bethlehemgraben und Hospitalteich bei Grüssau.
—	—	—	—	—	—	1 642	53	Sp. 6. Katzbach, Zubehör der Domäne Panten. — Sp. 7. Davon 12,157 ha (Großer, Ober- und Nieder-See), Zubehör der Domäne Seedorf, 0,04 ha Teich der Domäne Klein-Schweinitz.
33	—	—	—	33	—	1 119	60	

Kreis	Gewässer zur Grundsteuer nicht veranlagte Flüsse, Bäche ꝛc.	Gewässer zur Grundsteuer veranlagte Wasserstücke	Davon steht die Fischerei-Nutzung zu der Forstverwaltung in Flüssen und Bächen	Davon steht die Fischerei-Nutzung zu der Forstverwaltung in Seen und Teichen	Davon steht die Fischerei-Nutzung zu der Domänenverwaltung in Flüssen und Bächen	Davon steht die Fischerei-Nutzung zu der Domänenverwaltung in Seen und Teichen	Zusammen fiskalische Fischwasser Flüsse und Bäche	Zusammen fiskalische Fischwasser Seen und Teiche
	Hectare.	Hectare.	Kilom.	Hectare.	Kilom.	Hectare.	Kilom.	Hectare.
1.	2.	3.	4.	5.	6.	7.	8.	9.
Löwenberg	320,361	146,792	—	—	80,37	—	80,37	—
Lueben	83,437	82,858	—	—	—	—	—	—
Rothenburg. . . .	643,279	2 711,033	—	—	—	—	—	—
Sagan	731,623	288,474	3	—	—	0,91	3,00	0,910
Schönau	134,750	41,348	—	—	—	—	—	—
Sprottau	243,408	77,519	—	—	—	—	—	—
Summe .	6 905,695	10 400,344	30,96	91,056	82,37	13,407	113,33	104,463

XV. Regierungsbezirk

Kreis	2.	3.	4.	5.	6.	7.	8.	9.
1.	2.	3.	4.	5.	6.	7.	8.	9.
Aschersleben . . .	332,242	—	7,53	—	1,88	0,15	9,41	0,15
Gardelegen	444,168	68,303	—	—	—	—	—	—
Halberstadt	299,651	16,799	—	—	7,66	1,77	7,66	1,77
Jerichow I.	1 656,654	409,402	11,70	59,50	—	—	11,70	59,50
Jerichow II. . . .	2 211,998	1 839,352	—	0,75	15,45	7,5	15,45	8,25
Kalbe	1 345,878	170,359	36,86	30,39	9,50	18,318	46,36	48,708
Magdeburg	340,736	44,167	—	—	30,00	—	30,00	—
Neuhaldensleben . .	269,939	45,908	—	—	17,15	0,35	17,15	0,35
Oschersleben . . .	313,649	39,689	—	0,006	18,45	1,024	18,45	1,03
Osterburg	2 050,166	884,344	—	—	—	—	—	—
Salzwedel	542,944	18,555	2,25	—	—	—	2,25	—
Stendal	1 164,916	148,556	7,0	0,13	—	—	7,00	0,13
Wanzleben	456,655	10,529	2,50	—	2,00	1,66	4,50	1,66
Wernigerode . . .	118,492	48,984	—	—	—	—	—	—
Wolmirstedt . . .	1 044,739	102,610	7,00	8,0	7,90	—	14,90	8,00
Summe .	12 592,827	3 847,557	74,84	98,776	109,99	30,772	184,83	129,548

Jährlicher Pachtertrag der				Gesammt-Pachtertrag der fiskalischen Fischwasser		Gesammt-Reinertrag der zur Grundsteuer veranlagten Wasserstücke		Bemerkungen.
forstfiskalischen		Domänenfiskalischen						
Fischwasser								
ℳ	₰	ℳ	₰	ℳ	₰	ℳ	₰	
10.		11.		12.		13.		14.
—	—	204	70	204	70	1 231	95	Sp. 6. Forellenbäche, zum Bober und Queis fließend.
—	—	—	—	—	—	557	40	
—	—	—	—	—	—	23 677	80	
1	75	—	—	1	75	1 367	16	Sp. 7. Briesnitz, Zubehör der Domäne Nieder-Briesnitz.
—	—	—	—	—	—	324	36	
—	—	—	—	—	—	258	51	
3 760	57	204	70	3 965	27	69 666	63	Sp. 12. Ohne Pachtertrag von 8 km und 13,407 ha. — Auf Flußfischerei kommen 701 ℳ für 100 km.

Magdeburg.

10.		11.		12.		13.		14.
9	—	25	20	34	20	—	—	
—	—	—	—	—	—	311	40	
—	—	—	—	—	—	114	39	Sp. 6 u. 7. Domänenzubehör, ohne Angabe des Pachtzinses.
413	—	—	—	413	—	1 428	90	
1	50	50	—	51	50	5 097	06	Sp. 11. Ohne Angabe der Pacht für 15 km und 7,5 ha Domänenzubehör.
1 535	—	620	—	2 155	—	497	10	
—	—	450	—	450	—	17	28	Sp. 6. Elbe von Frohse bis Hohenwarthe.
—	—	—	—	—	—	272	79	Sp. 6 u. 7. Domänenzubehör, ohne Angabe der Pacht.
0	50	—	—	0	50	78	63	Sp. 6 u. 7. Domänenzubehör, ohne Angabe der Pacht.
—	—	—	—	—	—	452	88	
—	—	—	—	—	—	14	55	
9	—	—	—	9	—	752	64	
3	—	—	—	3	—	49	47	Sp. 6 u. 7. Domänenzubehör, ohne Angabe der Pacht.
—	—	—	—	—	—	908	52	
99	—	316	—	415	—	163	71	Sp. 6. 0,4 km Domänenzubehör, ohne Angabe der Pacht. Die übrigen 7,5 km Elbe von Hohenwarthe ab.
2 070	—	1 461	20	3 531	20	10 159	32	Ohne Pacht von 68 km und 20,804 ha. — Auf Flußfischerei kommen 2554,20 ℳ für 88,3 km.

XVI. Regierungsbezirk

Kreis	Gewässer		Davon steht die Fischerei-Nutzung zu der				Zusammen fiskalische Fischwasser	
	zur Grundsteuer nicht veranlagte Flüsse, Bäche ꝛc.	zur Grundsteuer veranlagte Wasserstücke	Forstverwaltung		Domänenverwaltung			
			in Flüssen und Bächen	in Seen und Teichen	in Flüssen und Bächen	in Seen und Teichen	Flüsse und Bäche	Seen und Teiche
	Hectare.	Hectare.	Kilom.	Hectare.	Kilom.	Hectare.	Kilom.	Hectare
1.	2.	3.	4.	5.	6.	7.	8.	9.
Bitterfeld	493,520	278,045	2,3	—	—	7,50	2,3	7,50
Delitzsch	505,269	381,885	—	—	3,50	—	3,5	—
Eckartsberga . . .	421,784	15,933	?	—	—	—	—	—
Halle (Stadtkreis) .	38,469	1,149	—	—	—	—	—	—
Liebenwerda . .	897,183	494,263	8,4	—	—	—	8,4	—
Mansfeld (Gebirgskr.)	195,396	19,888	1,5	—	—	0,75	1,5	0,75
Mansfeld (Seekreis)	335,852	1 146,831	—	—	1,5	—	1,5	—
Merseburg	673,218	179,427	8,0	1,5	27,00	25,70	35,0	27,2
Naumburg	205,445	7,861	—	—	—	—	—	—
Querfurt	389,327	4,761	—	—	7,75	—	7,75	—
Saalkreis	577,624	31,443	—	1,5	85,65	1,5	85,65	3,0
Sangerhausen . . .	646,785	68,050	—	—	—	—	—	—
Schweinitz	887,803	377,185	18,0	—	3,75	25,25	21,75	25,25
Torgau	1 264,718	477,536	26,0	—	7,0	316,90	33,0	316,90
Weißenfels	321,880	56,985	—	—	80,0	9,00	80,0	9,00
Wittenberg	1 336,105	649,631	—	18,504	31,0	194,76	31,0	213,264
Zeitz	255,180	30,294	12,5	—	—	—	12,5	—
Summe .	9 445,558	4 271,167	76,7	21,504	247,15	581,36	323,85	602,864

XVII. Regierungsbezirk

Kreis	Gewässer		Forstverwaltung		Domänenverwaltung		Zusammen	
1.	2.	3.	4.	5.	6.	7.	8.	9.
Erfurt	199,325	53,641	—	—	—	—	—	—
Heiligenstadt . . .	226,472	2,834	—	—	—	—	—	—
Langensalza . . .	487,508	4,041	—	—	—	—	—	—
Mühlhausen . . .	333,419	11,218	—	—	—	—	—	—
Nordhausen . . .	238,944	21,986	—	—	14,67	1,200	14,67	1,200

Merseburg.

Jährlicher Pachtertrag der				Gesammt-Pachtertrag der fiskalischen Fischwasser		Gesammt-Reinertrag der zur Grundsteuer veranlagten Wasserstücke		Bemerkungen.
forst-fiskalischen		domänen-fiskalischen						
Fischwasser								
ℳ	₰	ℳ	₰	ℳ	₰	ℳ	₰	
10.		11.		12.		13.		14.
2	—	—	—	2	—	1 716	33	Sp. 7. Zubehör der Domäne Schwemsal, ohne Angabe der Pacht.
—	—	60	—	60	—	2 745	57	Sp. 6. Lossabach.
5	—	—	—	5	—	66	66	Sp. 4. ? Vier Bäche. Umfang der Fischerei nicht angegeben.
—	—	—	—	—	—	5	40	
27	10	—	—	27	10	5 610	93	
84	—	—	—	84	—	143	73	Sp. 7. Zubehör der Domäne Ermsleben, ohne Angabe der Pacht.
—	—	9	—	9	—	449	01	Sp. 6. Saale, Zubehör der Domäne Rothenburg.
9	75	2 514	—	2 523	75	2 691	87	
—	—	—	—	—	—	9	27	
—	—	137	47	137	47	97	80	Sp. 6. Unstrut, zur Domäne Wendelstein gehörig.
39	—	344	—	383	—	589	29	{ Sp. 6. Saale, 8,1 km davon Domänenzubehör, ohne Pachtangabe. — Sp. 7. Domänenzubehör, ohne Angabe der Pacht.
—	—	—	—	—	—	637	92	
51	—	130	—	181	—	1 026	99	Sp. 6. Neugraben.
48	—	405	—	453	—	6 365	22	Sp. 6. Elbe. — Sp. 11. Ohne Angabe der Pacht für 316,1 ha Teiche der Domäne Kreyschau.
—	—	162	50	162	50	601	47	Sp. 6. Saale.
18	—	1 077	—	1 095	—	4 611	27	Sp. 6. Elbe. — Sp. 11. Ohne Angabe der Pacht für 16,5 ha Kölke der Domäne Bleesern.
26	—	—	—	26	—	696	36	Sp. 4. Naßberger- und Ossig-Bach.
309	85	4 838	97	5 148	82	28 065	09	{ Ohne Pacht von 14,1 km und 343,15 ha, worunter 321,9 ha Karpfenteiche. — Auf Flußfischerei kommen ca. 1440 ℳ für 300 km.

Erfurt.

10.		11.		12.		13.		14.
—	—	—	—	—	—	42	03	
—	—	—	—	—	—	1	20	
—	—	—	—	—	—	10	38	
—	—	—	—	—	—	59	73	
—	—	—	—	—	—	42	51	Sp. 6 u. 7. Helme, Wipper, Zorge und 2 Teiche. Domänenzubehör, ohne Angabe der Pacht.

Kreis	Gewässer zur Grundsteuer nicht veranlagte Flüsse, Bäche 2c. (Hectare)	Gewässer zur Grundsteuer veranlagte Wasserstücke (Hectare)	Davon steht die Fischerei-Nutzung zu der — Forstverwaltung in Flüssen und Bächen (Kilom.)	Forstverwaltung in Seen und Teichen (Hectare)	Domänenverwaltung in Flüssen und Bächen (Kilom.)	Domänenverwaltung in Seen und Teichen (Hectare)	Zusammen fiskalische Fischwasser Flüsse und Bäche (Kilom.)	Zusammen fiskalische Fischwasser Seen und Teiche (Hectare)
1.	2.	3.	4.	5.	6.	7.	8.	9.
Schleusingen . . .	134,250	19,140	55,60	0,35	12,33	0,085	67,93	0,435
Weißensee	333,869	—	—	—	—	—	—	—
Worbis	153,004	5,415	—	—	5,00	—	5,00	—
Ziegenrück	201,904	60,600	—	—	—	—	—	—
Summe .	2 408,695	178,875	55,60	0,35	32,00	1 285	87,60	1,635

XVIII. Regierungsbezirk

Kreis	2.	3.	4.	5.	6.	7.	8.	9.
1.	2.	3.	4.	5.	6.	7.	8.	9.
Ahaus	134,640	25,428	—	—	—	—	—	—
Beckum	186,469	75,827	—	—	—	—	—	—
Borken	171,771	59,865	—	—	—	—	—	—
Coesfeld	319,130	69,676	—	—	—	—	—	—
Lüdinghausen . . .	190,520	91,377	—	—	—	—	—	—
Münster (Stadt) . .	1,766	16,229	—	—	—	—	—	—
Münster (Land) . .	519,811	98,336	0,8	—	—	—	0,8	—
Recklinghausen . .	197,084	86,953	—	—	—	—	—	—
Steinfurt	265,177	38,525	—	—	21	—	21	—
Tecklenburg . . .	149,877	142,182	—	—	—	—	—	—
Warendorf	254,509	82,822	—	—	—	—	—	—
Summe .	2 390,754	787,220	0,8	—	21	—	21,8	—

XIX. Regierungsbezirk

Kreis	2.	3.	4.	5.	6.	7.	8.	9.
1.	2.	3.	4.	5.	6.	7.	8.	9.
Bielefeld	43,777	68,538	—	—	—	—	—	—
Büren	238,266	21,540	18	—	31	—	49,00	—
Halle	68,860	31,680	100	0,5	—	—	100,00	0,500
Herford	187,097	55,931	—	—	—	—	—	—
Höxter	473,502	22,954	2	—	—	—	2,00	

Jährlicher Pachtertrag der forst-fiskalischen Fischwasser		Jährlicher Pachtertrag der domänen-fiskalischen Fischwasser		Gesammt-Pachtertrag der fiskalischen Fischwasser		Gesammt-Reinertrag der zur Grundsteuer veranlagten Wasserstücke		Bemerkungen
ℳ	₰	ℳ	₰	ℳ	₰	ℳ	₰	
10.		11.		12.		13.		14.
83	04	—	—	83	04	227	58	Sp. 4. u. 5. Forellenbäche und 3 Teiche. — Sp. 6 u. 7. Werra, Schleuse mit Nebenbächen und 1 Teich, Zubehör der Domäne Kühndorf und des Klosters Veßra, ohne Angabe der Pacht.
—	—	—	—	—	—	—	—	
—	—	3	—	3	—	3	21	Sp. 6. Leine bei Domäne Reifenstein.
—	—	—	—	—	—	336	93	
83	04	3	—	86	04	723	57	Sp. 12. Ohne Pacht von 33,5 km und 1,285 ha. Auf Fluß- oder Bachfischerei kommen 73,81 ℳ für 53,4 km.

Münster.

10.		11.		12.		13.		14.
—	—	—	—	—	—	115	89	
—	—	—	—	—	—	414	30	
—	—	—	—	—	—	354	18	
—	—	—	—	—	—	421	08	
—	—	—	—	—	—	591	09	
—	—	—	—	—	—	150	09	
1	50	—	—	1	50	377	58	Sp. 4. Angel, Nebenflüßchen der Werse, Emsgebiet.
—	—	—	—	—	—	471	84	
—	—	25	19	25	19	318	87	Sp. 6. Ems und zwar in drei getrennten Strecken.
—	—	—	—	—	—	647	43	
—	—	—	—	—	—	294	12	
1	50	25	19	26	69	4 156	47	Auf Flußfischerei kommen 26,69 ℳ für 21,8 km.

Minden.

10.		11.		12.		13.		14.
—	—	—	—	—	—	493	89	Sp. 4. Afte, Altenau und Nebenbäche. — Sp. 6. Dem Hause Büren zustehende Fischwasser in der Alme und Afte mit Nebenbächen. Gebiet der Lippe.
10	50	86	—	96	50	105	87	
3	—	—	—	3	—	209	22	Sp. 4. Alte und Neue Hessel mit Nachbarbächen zur Ems fließend, mit einer 0,5 ha großen Teichfläche zu 3 ℳ verp.
—	—	—	—	—	—	438	33	
1	50	—	—	1	50	212	25	Sp. 4. Bäche, zu Nebenflüßchen der Weser gehörig.

Kreis	Gewässer		Davon steht die Fischerei-Nutzung zu der				Zusammen fiskalische Fischwasser	
			Forstverwaltung		Domänenverwaltung			
	zur Grundsteuer nicht veranlagte Flüsse, Bäche 2c.	zur Grundsteuer veranlagte Wasserstücke	in Flüssen und Bächen	in Seen und Teichen	in Flüssen und Bächen	in Seen und Teichen	Flüsse und Bäche	Seen und Teiche
	Hectare.	Hectare.	Kilom.	Hectare.	Kilom.	Hectare.	Kilom.	Hectare.
1.	2.	3.	4.	5.	6.	7.	8.	9.
Lübbecke	126,197	26,138	—	—	—	—	—	—
Minden	817,960	31,950	1,.	0,087	—	—	1,00	0,087
Paderborn	190,421	25,221	4,8	—	—	—	4,80	—
Warburg	141,722	12,681	10,9	—	—	—	10,90	—
Wiedenbrück . . .	149,307	69,465	—	—	—	—	—	—
Summe .	2 437,109	366,098	136,7	0,587	31	—	167,70	0,587

XX. Regierungsbezirk

	1.	2.	3.	4.	5.	6.	7.	8.	9.
Altena	380,315	4,036	—	—	4,5	—	4,50	—
Arnsberg	267,419	17,874	23,1	—	—	—	23,10	—
Bochum	185,338	47,519	—	—	—	—	—	—
Brilon	219,254	5,175	9	—	—	—	9,00	—
Dortmund	149,371	53,766	—	—	—	—	—	—
Hagen	275,461	0,209	—	—	—	—	—	—
Hamm	183,285	41,032	—	—	—	—	—	—
Iserlohn	206,755	10,646	—	—	3	—	3,00	—
Lippstadt	195,022	30,700	—	—	—	—	—	—
Meschede	338,344	14,353	14,5	—	—	—	14,50	—
Olpe	266,694	12,931	—	—	2,0	—	2,00	—
Siegen	157,017	6,962	43,6	0,25	6,5	—	50,10	0,250
Soest	215,345	59,222	22,5	1,25	—	—	22,50	1,250
Wittgenstein . . .	157,267	11,767	—	—	—	—	—	—
Summe .	3 196,887	316,192	112,7	1,50	16,0	—	128,70	1,500

XXI. Regierungsbezirk

	1.	2.	3.	4.	5.	6.	7.	8.	9.
Barmen	17,480	0,233	—	—	—	—	—	—
Düsseldorf	1 375,893	117,252	28,05	5,86	—	—	28,05	5,860
Duisburg	1 586,968	73,343	—	—	—	—	—	—

Jährlicher Pachtertrag der				Gesammt-Pachtertrag der fiskalischen Fischwasser		Gesammt-Reinertrag der zur Grundsteuer veranlagten Wasserstücke		Bemerkungen.
forst-fiskalischen		domänen-fiskalischen						
Fischwasser								
ℳ	₰	ℳ	₰	ℳ	₰	ℳ	₰	
10.		11.		12.		13.		14.
—	—	—	—	—	—	129	60	
7	—	—	—	7	—	163	89	Hellerbach und kleine Teiche.
4	—	—	—	4	—	59	22	Sp. 4. Bäche, zum Gebiet der Lippe gehörig.
1	50	—	—	1	50	22	26	Sp. 4. Bäche des Diemelgebiets.
—	—	—	—	—	—	95	97	
27	50	86	—	113	50	1 930	50	Ohne Ertrag von 100 km (Alte und Neue Hessel 2c.) — Auf Flußfischerei kommen 103,50 ℳ für 66,7 km.

Arnsberg.

10.		11.		12.		13.		14.
—	—	15	50	15	50	11	19	Sp. 6. Gebiet der Lenne.
45	—	—	—	45	—	20	97	
—	—	—	—	—	—	197	13	
29	60	—	—	29	60	19	62	
—	—	—	—	—	—	275	07	
—	—	—	—	—	—	—	45	
—	—	—	—	—	—	86	46	
—	—	1	—	1	—	63	54	Sp. 6. Gebiet der Lenne.
—	—	—	—	—	—	83	49	
2	—	—	—	2	—	63	15	
—	—	—	50	—	50	66	33	Sp. 6. Ruhrgebiet.
34	40	15	—	49	40	20	49	Sp. 6. 4 km Sieg und 2,5 km Nebenbäche.
23	—	—	—	23	—	126	39	
—	—	—	—	—	—	42	81	
134	—	32	—	166	—	1 077	09	Ohne Pachtertrag von 6 km Bächen. — Auf Flußfischerei kommen 159 ℳ für 122,7 km.

Düsseldorf.

10.		11.		12.		13.		14.
—	—	—	—	—	—	2	76	
660	—	—	—	660	—	688	80	Sp. 4. 21,05 km davon Rhein am rechten Ufer. Pacht siehe Kr. Rees. — Sp. 5 u. 10. Mündelheimer Teich.
—	—	—	—	—	—	666	54	

Kreis	Gewässer		Davon steht die Fischerei-Nutzung zu der				Zusammen fiskalische Fischwasser	
	zur Grundsteuer nicht veranlagte Flüsse, Bäche 2c.	zur Grundsteuer veranlagte Wasserstücke	Forstverwaltung		Domänenverwaltung			
			in Flüssen und Bächen	in Seen und Teichen	in Flüssen und Bächen	in Seen und Teichen	Flüsse und Bäche	Seen und Teiche
	Hectare.	Hectare.	Kilom.	Hectare.	Kilom.	Hectare.	Kilom.	Hectare.
1.	2.	3.	4.	5.	6.	7.	8	9.
Elberfeld	14,621	2,280	—	—	—	—	—	—
Essen	282,158	28,857	17	—	—	—	17,00	—
Geldern	329,648	395,564	—	—	—	—	—	—
Gladbach . . .	139,412	30,393	—	—	—	—	—	—
Grevenbroich . . .	81,339	33,306	—	—	—	—	—	—
Kempen	112,623	185,848	—	—	—	—	—	—
Kleve	1 303,398	174,914	24,1	85,5	—	—	24,10	85,500
Krefeld	330,289	83,450	12,5	—	—	—	12,50	—
Lennep	131,967	67,430	58	—	—	—	58,00	—
Mettmann	78,556	77,662	7	—	—	—	7,00	—
Moers	1 865,324	249,382	66,65	75,75	—	—	66,65	75,750
Neuß	993,214	19,834	37,20	7,85	—	—	37,20	7,850
Rees	1 484,825	347,915	45,1	35,11	—	—	45,10	35,110
Solingen	567,302	37,532	20,15	—	—	—	20,15	—
Summe .	10 695,017	1 925,195	315,75	210,070	—	—	315,75	210,070

XXII. Regierungsbezirk

Kreis								
1.	2.	3.	4.	5.	6.	7.	8.	9.
Bergheim	98,168	41,476	—	—	—	—	—	—
Bonn	825,002	28,371	26	0,03	—	—	26,00	0,030
Euskirchen	166,302	34,381	—	—	—	—	—	—
Gummersbach . . .	136,782	2,719	—	—	—	—	—	—
Köln (Land) . . .	1 078,247	30,411	41	—	—	—	41,00	—
Köln (Stadt) . . .	75,418	—	—	—	—	—	—	—
Mühlheim	499,589	32,318	43	0,25	—	—	43,00	0,250
Rheinbach	141,508	27,917	—	—	—	—	—	—
Sieg	1 170,055	77,550	59,4	0,59	—	—	59,40	0,590
Waldbroel	213,086	16,439	—	—	—	—	—	—
Wipperfürth . . .	153,167	3,503	—	—	—	—	—	—
Summe .	4 557,324	295,085	169,4	0,87	—	—	169,40	0,870

Jährlicher Pachtertrag der forst-fiskalischen Fischwasser		Jährlicher Pachtertrag der domänen-fiskalischen Fischwasser		Gesammt-Pachtertrag der fiskalischen Fischwasser		Gesammt-Reinertrag der zur Grundsteuer veranlagten Wasserstücke		Bemerkungen.
ℳ	₰	ℳ	₰	ℳ	₰	ℳ	₰	
10.		11.		12.		13		14.
—	—	—	—	—	—	26	79	
105	—	—	—	105	—	56	49	Sp. 4. Ruhr.
—	—	—	—	—	—	385	20	
—	—	—	—	—	—	500	64	
—	—	—	—	—	—	311	34	
—	—	—	—	—	—	593	31	
1 563	—	—	—	1 563	—	524	85	Sp. 4. Linkes Rheinufer. Pacht siehe Kr. Rees. — Sp. 10. Summarische Pacht für die in den Kreisen Kleve, Moers, Rees und Neuß gelegenen Kolten und alte Rheinarme.
—	—	—	—	—	—	358	59	Sp. 4. Linkes Rheinufer. Pacht siehe Kr. Rees.
324	60	—	—	324	60	638	46	Sp. 4. Gebiet der Wupper.
6	—	—	—	6	—	912	60	Sp. 4. Gebiet der Wupper.
2 997	40	—	—	2 997	40	1 035	78	Sp. 4. Rhein am linken Ufer. Pacht siehe Kr. Rees.
33	—	—	—	33	—	116	49	Sp. 4. Rhein am linken Ufer. Pacht siehe Kr. Rees.
22 073	—	—	—	22 073	—	1 533	15	Sp. 4. Rhein am linken Ufer. — Sp. 10. Diese Pacht bezieht sich auf die sämmtl. fiskal. Strecken am linken und rechten Rheinufer im Reg.-Bezirk.
219	—	—	—	219	—	308	79	Sp. 4. 4,15 km Rhein am rechten Ufer; im Uebrigen Gebiet der Wupper.
27 981	—	—	—	27 981	—	8 660	58	Ohne Pachtertrag von 9 km. — Auf Flußfischerei kommen 22 727,60 ℳ für 306,75 km.

Köln.

ℳ	₰	ℳ	₰	ℳ	₰	ℳ	₰	
10.		11.		12.		13.		14.
—	—	—	—	—	—	703	47	
97	—	—	—	97	—	517	32	Sp. 4. Rhein, linke Seite von der Grenze mit Reg.-Bezirk Coblenz bis zum Oberwesslinger Hofe.
—	—	—	—	—	—	161	25	
—	—	—	—	—	—	63	84	
338	—	—	—	338	—	1 071	96	Sp. 4. Rhein, linke Seite vom Oberwesslinger Hof bis zur Grenze mit dem Reg.-Bez. Düsseldorf.
—	—	—	—	—	—	—	—	
420	—	—	—	420	—	598	17	Sp. 4. 26 km davon Rhein, rechte Seite bis zur Grenze mit Reg.-Bez. Düsseldorf.
—	—	—	—	—	—	281	61	
1 361	—	—	—	1 361	—	1 576	35	Sp. 4. 30 km Rhein, rechte Seite von der Oelmühle unterhalb Unkel bis zum Langeler Bannstein (994 ℳ Pacht, desiguirtes Laichschonrevier bei Honnef von der Verpachtung ausgenommen. — Sieg 27,8 km mit 326 ℳ.
—	—	—	—	—	—	104	94	
—	—	—	—	—	—	123	45	
2 216	—	—	—	2 216	—	5 202	36	Ohne Pachtertrag von 0,03 ha. — Auf Flußfischerei kommen 2211 ℳ für 169,4 km.

XXIII. Regierungsbezirk

Kreis	Gewässer		Davon steht die Fischerei-Nutzung zu der				Zusammen fiskalische Fischwasser	
	zur Grundsteuer nicht veranlagte Flüsse, Bäche rc.	zur Grundsteuer veranlagte Wasserstücke	Forstverwaltung		Domänen-verwaltung			
			in Flüssen und Bächen	in Seen und Teichen	in Flüssen und Bächen	in Seen und Teichen	Flüsse und Bäche	Seen und Teiche
	Hectare.	Hectare.	Kilom.	Hectare.	Kilom.	Hectare.	Kilom.	Hectare.
1.	2.	3.	4.	5.	6.	7.	8.	9.
Aachen (Land) . . .	92,235	82,541	—	—	—	—	—	—
Aachen (Stadt) . .	6,847	17,874	—	—	—	—	—	—
Düren	265,755	85,612	3	1,277	—	—	3,00	1,277
Erfelenz	49,646	67,062	—	—	—	—	—	—
Eupen	57,210	27,044	25	—	—	—	25,00	—
Geilenkirchen . . .	45,474	15,068	—	—	—	—	—	—
Heinsberg	93,769	41,570	—	—	—	—	—	—
Jülich	137,282	23,125	2	—	2	2	4,00	2,000
Malmedy	170,842	9,888	1	—	—	—	1,00	—
Montjoie	85,528	7,881	29	—	—	—	29,00	—
Schleiden	297,164	25,239	12	—	—	—	12,00	—
Summe .	1 301,752	402,904	72	1,277	2	2	74,00	3,277

XXIV. Regierungsbezirk

1.	2.	3.	4.	5.	6.	7.	8.	9.
Adenau	240,419	—	—	—	—	—	—	—
Ahrweiler	636,953	0,751	—	—	23	—	23,00	—
Altenkirchen . . .	479,359	10,858	—	—	—	—	—	—
St. Goar	858,038	—	—	—	45	—	45,00	—
Koblenz	884,369	4,001	—	—	50	—	50,00	—
Kochem	651,485	6,477	7,85	—	41,3	—	49,15	—
Kreuznach	394,543	91,620	15,4	—	10	—	25,40	—
Mayen	491,274	332,390	—	—	22	—	22,00	—
Neuwied	862,084	12,295	—	—	21	—	21,00	—
Simmern	126,095	9,456	—	—	—	—	—	—
Wetzlar	291,611	0,003	20,27	—	—	—	20,27	—
Zell	670,847	5,754	—	—	33,7	—	33,70	—
Summe .	6 587,077	473,605	43,52	—	246,0	—	289,52	—

Aachen.

Jährlicher Pachtertrag der				Gesammt-Pachtertrag der fiskalischen Fischwasser		Gesammt-Reinertrag der zur Grundsteuer veranlagten Wasserstücke		Bemerkungen.
forstfiskalischen		domänenfiskalischen						
Fischwasser								
ℳ	₰	ℳ	₰	ℳ	₰	ℳ	₰	
10.		11.		12.		13.		14.
—	—	—	—	—	—	1 635	24	
—	—	—	—	—	—	692	34	
33	—	—	—	33	—	2 407	26	Wehbach, 3 ℳ, und ein Karpfenteich.
—	—	—	—	—	—	581	28	
6	—	—	—	6	—	511	68	Hill, Vesdre und Geß.
—	—	—	—	—	—	338	34	
—	—	—	—	—	—	341	31	
—	50	61	—	61	50	425	49	Sp. 6 u. 7. (In der Bürgermeisterei Jülich.) 1 km Roer und 2 ehemalige Festungsgräben.
—	—	—	—	—	—	59	22	Sp. 4. Ungenutzt.
32	87	—	—	32	87	62	01	Roer mit Nebenbächen.
55	50	—	—	55	50	224	70	Sp. 4. 1 km davon ungenutzt. 11 km Roer und Urft.
127	87	61	—	188	87	7 278	87	Ohne Pachtertrag von 2 km. — Auf Flußfischerei kommen 149 ℳ 87 ₰ für 71 km.

Koblenz.

10.		11.		12.		13.		14.
—	—	—	—	—	—	—	—	Sp. 6. Rhein von der Mündung des Brohlbaches bis zur Erpeler Fähre oberhalb Unkel und von der Kirche zu Remagen bis zur Grenze des Regierungsbezirks.
—	—	78	50	78	50	—	60	
—	—	—	—	—	—	54	90	
—	—	2 918	45	2 918	45	—	—	Sp. 6. Rhein, linke Seite von Niederheimbach bis Rhens mit Salmenwaag Kloodt, Lützelstein und Werb.
—	—	1 879	—	1 879	—	20	52	Sp. 6. Rhein, linke Seite 7 km, ganze Strombreite 19 km von Rhens bis zum Bollwerk bei Andernach. — Mosel 17 km mit 440 ℳ Pacht.
3	—	651	50	654	50	2	52	Sp. 6. Mosel von Reef bis Hatzenport.
1	—	220	—	221	—	1 832	85	Sp. 4. 11,4 km davon ohne Nutzung. Sp. 6. Rhein, linke Seite von Bingen bis zur Mündung des Baches bei Niederheimbach.
—	—	354	—	354	—	13	20	Sp. 6. 7 km Rhein vom Bollwerk zu Andernach bis zur Mündung des Brohlbaches (318 ℳ). — 15 km Mosel von Hatzenport bis Gondorf mit 36 ℳ.
—	—	653	50	653	50	160	65	Sp. 6. Rhein von der Mündung des Saynbaches bis zur Fahr-Leutesdorfer Grenze und von der Erpeler Fähre bis zur Oelmühle unterhalb Unkel.
—	—	—	—	—	—	11	07	
362	13	—	—	362	13	—	—	Sp. 4. Lahn mit 5,3 km Nebenbächen.
—	—	594	—	594	—	6	72	Sp. 6. Mosel von Traben bis Reef (Fähre) und von Mesenich bis Bruttig.
366	13	7 348	95	7 715	08	2 103	03	Ohne Pachtertrag von 11,4 km. — Auf Flußfischerei kommen 7715 ℳ 08 ₰ für 278,12 km.

XXV. Regierungsbezirk

Kreis	Gewässer		Davon steht die Fischerei-Nutzung zu der				Zusammen fiskalische Fischwasser	
	zur Grundsteuer nicht veranlagte Flüsse, Bäche ꝛc.	zur Grundsteuer veranlagte Wasserstücke	Forstverwaltung		Domänenverwaltung		Flüsse und Bäche	Seen und Teiche
			in Flüssen und Bächen	in Seen und Teichen	in Flüssen und Bächen	in Seen und Teichen		
	Hectare.	Hectare.	Kilom.	Hectare.	Kilom.	Hectare.	Kilom.	Hectare.
1.	2.	3.	4.	5.	6.	7.	8.	9.
Bernkastel	615,878	—	14	—	40	—	54,00	—
Bitburg	371,387	3,158	2,6	—	19,5	—	22,10	—
Daun	170,911	66,088	11,5	—	—	—	11,50	—
Merzig	280,628	10,881	—	—	27,0	—	27,00	—
Ottweiler . . .	81,714	—	0,80	—	—	—	0,80	—
Prüm	218,710	0,659	—	—	—	—	—	—
Saarbrücken . . .	183,893	57,677	—	0,682	33,8	—	33,80	0,682
Saarburg	530,554	—	9	—	61,0	—	70,00	—
Saarlouis	316,424	—	0,38	—	30,9	—	31,28	—
Trier (Land) . . .	1 051,504	12,859	16	—	74,5	—	90,50	—
Trier (Stadt . . .	173,119	7,110	—	—	—	—	—	—
St. Wendel . . .	184,191	4,345	2,65	—	—	—	2,65	—
Wittlich	371,193	30,840	3,0	—	—	—	3,00	—
Summe .	4 550,106	193,617	59,93	0,682	286,7	—	346,63	0,682

XXVI. Regierungsbezirk

Kreis	zur Grundsteuer nicht veranlagte Flüsse, Bäche ꝛc.	zur Grundsteuer veranlagte Wasserstücke	in Flüssen und Bächen	in Seen und Teichen	in Flüssen und Bächen	in Seen und Teichen	Flüsse und Bäche	Seen und Teiche
1.	2.	3.	4.	5.	6.	7.	8.	9.
Biedenkopf	176,212	0,391	241,20	—	—	—	241,20	—
Dillkreis	121,652	19,784	225,90	0,503	—	—	225,90	0,503
Frankfurt a. M. . .	159,791	1,895	—	—	—	—	—	—
Ober-Lahnkreis . .	315,596	35,352	156,55	24,500	—	—	156,55	24,500
Unter-Lahnkreis . .	481,974	4,505	220,34	—	—	—	220,34	—
Rheingaukreis . . .	1 980,487	—	252,30	—	—	—	252,30	—
Ober-Taunuskreis .	161,558	16,550	205,80	4,600	—	—	205,80	4,600
Unter-Taunuskreis .	110,020	—	307,40	0,440	—	—	307,40	0,440

Trier.

Jährlicher Pachtertrag der				Gesammt-Pachtertrag der fiskalischen Fischwasser		Gesammt-Reinertrag der zur Grundsteuer veranlagten Wasserstücke		Bemerkungen.
forst-fiskalischen		Domänen-fiskalischen						
Fischwasser								
$\mathcal{M}$	₰	$\mathcal{M}$	₰	$\mathcal{M}$	₰	$\mathcal{M}$	₰	
10.		11.		12.		13.		14.
12	—	393	—	405	—	—	—	Sp. 6. Mosel (auch den Kreis Wittlich berührend) von Dusemond bis zum Kautenbach.
—	—	332	—	332	—	37	08	Sp. 4. Ohne Nutzung. — Sp. 6. Sauer vom Ausfluß der Dur bis zur Brücke von Echternach.
—	—	—	—	—	—	51	81	Sp. 4. Ohne Nutzung.
—	—	342	—	342	—	152	37	Sp. 6. Saar vom Schwellenbach bis an den Grauenstein.
—	—	—	—	—	—	—	—	
—	—	—	—	—	—	—	51	
21	—	762	50	783	50	1 020	99	Sp. 6. Saar von dem Bannsteine Hostenbach-Wehrden bis zum Fischerei-Grenzstein oberhalb Kl. Blittersdorf.
—	—	1 642	—	1 642	—	—	—	Sp. 6. 26,5 km Saar vom Schwellenbach bei Saarhölzbach bis zur Conzer-Brücke (322 $\mathcal{M}$). — 34,5 km Mosel von der Grenze bis zur Mündung der Sauer (1320 $\mathcal{M}$).
1	—	249	50	250	50	—	—	Sp. 6. Saar vom Grauenstein bis an die Grenze zwischen Hostenbach und Wehrden.
2	17	1 097	—	1 099	17	302	16	Sp. 6. 23,5 km Sauer von der Brücke von Echternach bis zur Mündung in die Mosel (548 $\mathcal{M}$). — 51 km Mosel (auch im Stadtkreis Trier belegen) von der Conzer-Brücke bis zum Einfluß der Saar (549 $\mathcal{M}$).
—	—	—	—	—	—	334	11	
2	—	—	—	—	—	76	59	
—	—	—	—	—	—	24	12	Sp. 4. Ohne Nutzung.
38	17	4 818	—	4 856	17	1 999	74	Ohne Pachtertrag von 50,9 km. Auf Flußfischerei kommen 4 835 $\mathcal{M}$ 17 ₰ für 295,73 km.

Wiesbaden.

10.		11.		12.		13.		14.
732	66	—	—	732	66	—	48	Sp. 4. Gebiet der obern Eder und Lahn. 23 km davon sind Schonrevier.
527	10	—	—	527	10	84	90	Sp. 4. 6,5 km ungenutzt.
—	—	—	—	—	—	4	44	
803	20	—	—	803	20	338	67	Sp. 5. 23,150 ha administrirt.
632	92	—	—	632	92	10	59	
1 519	07	—	—	1 519	07	—	—	
1 025	85	—	—	1 025	85	81	09	Sp. 5. 0,600 ha administrirt und 1,227 ha mit dem Dienstlande an den Oberförster verpachtet.
1 158	05	—	—	1 158	05	—	—	

Kreis	Gewässer		Davon steht die Fischerei-Nutzung zu der				Zusammen fiskalische Fischwasser	
			Forstverwaltung		Domänen-verwaltung			
	zur Grundsteuer nicht veranlagte Flüsse, Bäche ꝛc.	zur Grundsteuer veranlagte Wasserstücke	in Flüssen und Bächen	in Seen und Teichen	in Flüssen und Bächen	in Seen und Teichen	Flüsse und Bäche	Seen und Teiche
	Hectare.	Hectare.	Kilom.	Hectare.	Kilom.	Hectare.	Kilom.	Hectare.
1.	2.	3.	4.	5.	6.	7.	8.	9.
Ober-Westerwaldkreis	229,995	22,634	203,10	14,000	—	—	203,10	14,000
Unter-Westerwaldkreis	377,167	115,087	177,10	2,133	—	—	177,10	2,133
Wiesbaden (Stadt) .	11,184	0,170	19,70	—	—	—	19,70	—
Wiesbaden (Land) [Mainkreis]	663,398	8,884	109,86	—	—	—	109,86	—
Summe	4 789,034	225,252	2 119,25	46,176	—	—	2 119,25	46,176

XXVII. Regierungsbezirk

Kreis	Gewässer		Forstverwaltung		Domänen-verwaltung		Zusammen	
1.	2.	3.	4.	5.	6.	7.	8.	9.
Eschwege	236,329	9,777	105,4	—	—	—	105,40	—
Frankenberg . . .	278,670	18,090	169,63	—	—	—	169,63	—
Fritzlar	233,271	8,885	66,57	—	—	—	66,57	—
Fulda	190,335	20,360	159,60	2	—	—	159,60	2,000
Gelnhausen . . .	170,587	35,658	105,78	1,200	—	—	105,78	1,200
Gersfeld	95,550	1,684	42,35	—	—	—	42,35	—
Hanau	356,523	16,949	49,10	0,020	—	0,477	49,10	0,497
Hersfeld	251,950	18,638	123,65	—	—	—	123,65	—
Hofgeismar	419,204	58,986	95,30	1,550	25,6	32,874	120,90	34,424
Homberg	104,754	5,424	24,70	—	13	—	37,70	—
Hünfeld	82,061	2,256	56,12	—	—	—	56,12	—
Kassel (Stadt) . .	35,825	20,873	—	—	—	19,843	—	19,843
Kassel (Land) . . .	332,769	9,526	54,68	0,358	41,5	4,517	96,18	4,875
Kirchhain	89,320	5,352	57,81	1,000	—	—	57,81	1,000
Marburg	241,694	14,101	111,89	0,500	—	—	111,89	0,500
Melsungen	380,791	6,710	142,44	0,128	—	—	142,44	0,128
Rinteln	337,369	17,352	48,00	0,819	15	—	63,00	0,819
Rotenburg	199,346	7,896	135,10	1,667	—	—	135,10	1,667
Schlüchtern . . .	102,106	4,174	98,86	—	—	—	98,86	—
Schmalkalden . . .	67,598	13,007	41,54	—	—	—	41,54	—
Witzenhausen . . .	207,426	4,572	53,30	—	18,5	3,541	71,80	3,541
Wolfhagen	98,301	6,843	130,23	—	—	—	130,23	—
Ziegenhain	138,470	38,233	24,18	1,019	4	19,414	28,18	20,433
Summe .	4 650,249	345,346	1 896,23	10,261	117,6	80,666	2 013,83	90,927

Jährlicher Pachtertrag der				Gesammt-Pachtertrag der fiskalischen Fischwasser		Gesammt-Reinertrag der zur Grundsteuer veranlagten Wasserstücke		Bemerkungen.
forst-fiskalischen		domänen-fiskalischen						
Fischwasser								
ℳ	₰	ℳ	₰	ℳ	₰	ℳ	₰	
10.		11.		12.		13.		14.
523	51	—	—	523	51	107	58	Sp. 10. Ohne Angabe der Pacht für 21 km Fischwasser der Oberförsterei Westerburg.
415	44	—	—	415	44	1 216	77	Sp. 4. 2,50 km sind nicht verpachtet.
157	—	—	—	157	—	—	21	
182	53	—	—	182	53	24	66	
7 677	33	—	—	7 677	33	1 869	39	{Ohne Pachtertrag von 56,8 km und 24,977 ha. Auf Flußfischerei kommen 7 307 ℳ 39 ₰ für 2 062,45 km excl. des Salmfanges bei St. Goarshausen.

Kassel.

10.		11.		12.		13.		14.
204	50	—	—	204	50	38	04	
472	95	—	—	472	95	98	19	
219	40	—	—	219	40	10	44	
447	50	—	—	447	50	73	41	
486	90	—	—	486	90	348	51	
226	79	—	—	226	79	7	35	
914	25	70	—	984	25	34	26	Sp. 7. Teich und Wassergraben in den Anlagen von Wilhelmsbad.
302	50	—	—	302	50	46	56	
462	58	930	—	1 392	58	445	02	Sp. 6 u. 7. Gehört zur Pacht des Fischhof-Etablissements in Bettenhausen; ebenso die für die Kreise Kassel, Homberg, Witzenhausen und Ziegenhain in Sp. 6 u. 7 befindlichen Angaben, zusammen 97,6 km Flüsse und Bäche und 80,189 ha Teiche. Pacht 1 316 ℳ 60 ₰ (davon für 2 km Fulda und 1 km Losse 186 ℳ 60 ₰).
45	50	—	—	45	50	6	36	
66	60	—	—	66	60	2	64	
—	—	200	—	200	—	161	37	Sp. 6. 5 km Fulda bei Kassel Laichschonrevier. Die Flüsse und Bäche sind nicht für Kassel Stadt und Land getrennt. Sp. 7. Teiche in der Carls-Aue u. Fackelteich.
180	60	186	60	367	20	68	46	
108	40	—	—	108	40	6	30	
347	90	—	—	347	90	16	56	
658	75	—	—	658	75	7	14	
124	10	—	—	124	10	81	90	Sp. 4. Weser und Seitenbäche. Sp. 6. Aue mit der Domäne Rodenberg verpachtet.
154	15	—	—	154	15	55	86	
1 081	60	—	—	1 081	60	4	32	
243	50	—	—	243	50	111	18	
40	50	—	—	40	50	4	53	
146	20	—	—	146	20	20	79	
14	—	—	—	14	—	319	35	
6 949	17	1 386	60	8 335	77	1 968	54	Ohne Pacht von 100 km. — Auf Flußfischerei kommen 6 795 ℳ für 1 772 km.

Kreis	Gewässer		Davon steht die Fischerei-Nutzung zu der				Zusammen fiskalische Fischwasser	
	zur Grundsteuer nicht veranlagte Flüsse, Bäche ꝛc.	zur Grundsteuer veranlagte Wasserstücke	Forstverwaltung		Domänenverwaltung		Flüsse und Bäche	Seen und Teiche
			in Flüssen und Bächen	in Seen und Teichen	in Flüssen und Bächen	in Seen und Teichen		
	Hectare.	Hectare.	Kilom.	Hectare.	Kilom.	Hectare.	Kilom.	Hectare.
1.	2.	3.	4.	5.	6.	7.	8.	9.
Lehe	1 808,868	868,181	—	—	27	250,000	27,00	250,000
Neuhaus a. O. . . .	1 007,044	209,838	—	—	—	173,097	—	173,097
Osterholz	1 061,488	538,240	—	—	35	3,000	35,00	3,0'0
Otterndorf	308,042	33,185	—	—	—	9,524	—	9,524
Rotenburg	523,659	41,034	—	—	1	—	1,00	—
Stader Geestkreis .	677,851	116,963	—	1,600	4,5	—	4,50	1,600
Stader Marschkreis .	2 086,133	50,231	—	—	10,2	2,250	10,20	2,250
Verden	1 079,341	114,000	—	—	57,5	10,551	57,50	10,551
Summe . (Landdrostei Stade)	8 552,426	1 971,672	—	1,600	135,2	448,422	135,20	450,022
Celle	931,533	177,671	—	—	16,8	—	16,80	—
Dannenberg . . .	2 480,653	434,102	4	1	88,34	72,820	92,34	73,820
Fallingbostel . . .	1 166,455	175,315	12,6	1,463	8,33	8,583	20,93	10,046
Gifhorn	777,820	191,131	13,5	—	29,10	5,875	42,60	5,875
Harburg	2 016,001	199,527	6	—	182,22	28,256	188,22	28,256
Lüneburg . . ' . .	1 780,356	314,938	—	—	50,60	48,004	50,60	48,004
Uelzen	446,670	54,791	—	—	55,00	20	55 00	20,000
Summe . (Landdrostei Lüneburg)	9 599,488	1 547,475	36,1	2,463	430,39	183,538	466,49	186,001
Diepholz	606,216	1 761,868	1	—	17,8	1 201,49	18,80	1 201,490
Hameln	775,783	25,684	—	—	69,75	0,66	69,75	0,660
Hannover (Stadt und Land)	882,830	150,249	2,5	—	8,75	4,50	11,25	4,500
Hoya	655,960	155,010	0,5	0,3	17,0	6,50	17,50	6,800
Nienburg	887,122	67,663	20	—	186,33	6,202	206,33	6,202
Wennigsen	381,685	21,587	1	0,13	24	3,268	25,00	3,398
Summe . (Landdrost. Hannover)	4 189,596	2 182,061	25,0	0,43	323,63	1 222,620	348,63	1 223,050

Hannover.

Jährlicher Pachtertrag der forst-fiskalischen		domänen-fiskalischen		Gesammt-Pachtertrag der fiskalischen Fischwasser		Gesammt-Reinertrag der zur Grundsteuer veranlagten Wasserstücke		Bemerkungen.
| Fischwasser								
ℳ	₰	ℳ	₰	ℳ	₰	ℳ	₰	
10.		11.		12.		13.		14.
—	—	718	50	718	50	1 336	14	Sp. 6. Weser im Amte Lehe und Hagen 23 km. — Sp. 7. Bederkesaer See.
—	—	27	—	27	—	246	57	Sp. 7. Balk-See.
—	—	162	50	162	50	267	75	Sp. 6. Weser von Fähr bis Haassel 20 km. — Halbe Wümme 15 km. — Sp. 7. Hafen-Canal und Bassin in Osterholz und einige Braken in der Truperdeichs-Weide.
—	—	19	—	19	—	39	—	Wannaer See.
—	—	—	—	—	—	99	36	Mehde am Amtsgarten und im Forstort Ahe bei Zeven.
73	40	2	—	75	40	226	53	Sp. 6 Mühlenbach bei Himmelpforten.
—	—	188	—	188	—	70	41	Sp. 6. Elbe unterhalb der Este-Mündung bis zur östl. Spitze des Hanover Sandes und Süderelbe. Sp. 7. Braken und Gräben in Neuland.
—	—	207	20	207	20	230	13	Weser (rechte Hälfte) 27 km, Aller (linke Hälfte) von der Mündung aufwärts 25,5 km. — Wümme 5 km. — Sp. 7. Alte Weser und einige Kuhlen.
73	40	1 324	20	1 397	60	2 515	89	Ohne Pacht von 14 km und 1,067 ha. — Auf Flußfischerei kommen 973 ℳ für 121 km.
—	—	93	—	93	—	118	80	Aller vom Allerplack bis Celler-Amtsgrenze 8 km. — Mühlenkanal bei Wienhausen 7 km. — Magnusgraben bei Celle.
3	—	799	15	802	15	417	39	Sp. 4. Nicht zu verpachten. — Sp. 6. Elbe 48 u. 4,42 km, Krainke 8,5, Seetzel 20, Dumme 2, Aland 2 km. — Sp. 7. Einige Seen und Taube Elbe.
24	70	21	60	46	30	440	10	Sp. 6. Grefelder Forellenbach und Fuldebach, je 4 km. — Sp. 7. Leinefolk bei Ahlden und Bierder-See.
16	—	102	40	118	40	270	03	Sp. 4. 1 km bislang nicht verpachtet. Sp. 6. Aller zw. Nienhof und Langlingen 19 km. — Oker 8, Unter-Aller 2 km. — Gifhorner Schloßgraben und einige Teiche.
—	—	6 312	50	6 312	50	687	93	Sp. 4. Nicht verpachtet. — Sp. 6. Elbe mit Beigewässern in den Aemtern Winsen und Harburg. — Este mit Zufl. 76 km Domänenzubehör. — Luhe 30 km und Beigew. Domänenzubehör.
—	—	566	50	566	50	654	81	Sp. 6 u. 7. Elbe und Beigewässer.
—	—	—	—	—	—	160	80	Sp. 6. Ilmenau 15, Wipperau 40 km. Sp. 7. 3 Fischteiche bei Vieperhöfen. Zubehör der Domäne Oldenstadt.
43	70	7 895	15	7 938	85	2 749	86	Ohne Pacht von 232,35 km und 72,1294 ha. Auf Flußfischerei kommen 7685 ℳ für 234 km.
3	—	518	80	521	80	3 872	37	Sp. 6. Hunte 9 km; Lohne bei Lembruch und Lake bei Burlage, zusammen 2,5 km. — Bassumer Mühlenbach 6,3 km. — Sp. 7. Dümmer See und Diepholzer Schloßgraben (1,5 ha).
—	—	3	60	3	60	30	18	Mit Ausnahme von 9,7 km Lunau mit Nebenbächen alles Uebrige Domänenzubehör, resp. nicht verpachtet (Saale, Humme, Emmer).
—	30	222	—	222	30	190	62	Sp. 6. Leine 3 und 2,7 km, Aue mit Nebenbächen bei Bokeloh 3 km. — Sp. 7. Bannsee 2,5 ha und ein Antheil am Steinhuder Meere c. 2 ha (31 ℳ 50 ₰).
2	50	304	—	306	50	207	63	Sp. 6. Ochtum vom Weyher See an 9 km, 227 ℳ. — Heiligenroder Mühlenbach 8 km. — Sp. 7. Alte Weser und Rieder See.
123	—	142	60	265	60	133	86	Sp. 4. Ohne Größenangabe des für 3 ℳ verpachteten Fischwassers der Oberförsterei Nienburg. — Sp. 6. Weser 157,5 und 3,83 km. — Mühlenbach bei Stolzenau 10 Aue 8 km. — Warnau und Führsebach.
7	—	—	—	7	—	102	12	Sp. 6. Leine und Alte Leine 5,5 und 1,5 km. — Aue 7, Haller 10 km. — Sp. 7. Fünf Fischteiche. Alles Domänenzubehör.
135	80	1 191	—	1 326	80	4 536	78	Ohne Pacht von 248,3 km und 6 497 ha. Auf Flußfischerei kommen 729 ℳ für 99 km.

Kreis	Gewässer		Davon steht die Fischerei-Nutzung zu der				Zusammen fiskalische Fischwasser	
	zur Grundsteuer nicht veranlagte Flüsse, Bäche ꝛc.	zur Grundsteuer veranlagte Wasserstücke	Forstverwaltung		Domänenverwaltung			
			in Flüssen und Bächen	in Seen und Teichen	in Flüssen und Bächen	in Seen und Teichen	Flüsse und Bäche	Seen und Teiche
	Hectare.	Hectare.	Kilom.	Hectare.	Kilom.	Hectare.	Kilom.	Hectare
1.	2.	3.	4.	5.	6.	7.	8.	9.
Einbeck	616,538	33,174	27,8	0,56	98,7	10,54	126,50	11,100
Göttingen	587,825	4,841	29,2	—	19	—	48,20	—
Hildesheim	376,136	41,225	—	—	9,6	4,00	9,60	4,000
Liebenburg	673,224	89,806	—	—	12,6	4,643	12,60	4,643
Marienburg . . .	477,611	70,536	16	—	18,5	2,27	34,50	2,270
Osterode	446,463	167,329	4,8	—	54,0	7,45	58,80	7,450
Zellerfeld	317,863	290,055	252,9	0,475	—	—	252,90	0,475
Summe . (Landdr. Hildesheim)	3 495,660	696,966	330,7	1,035	212,4	28,903	543,10	29,938
Bersenbrück . . .	389,787	102,461	—	—	47,5	10,0	47,50	10,000
Lingen	909,451	193,767	—	—	74,4	—	74,40	—
Melle	141,136	85,756	1,1	—	15	3,77	16,10	3,770
Meppen	1 629,106	672,974	—	—	—	—	—	—
Osnabrück	258,401	89,781	—	—	28,0	0,83	28,00	0,830
Summe . (Landdrost. Osnabrück)	3 327,881	1 144,739	1,1	—	164,9	14,60	166,00	14,600
Aurich	656,183	866,172	—	—	—	—	—	—
Emden	1 216,377	257,269	—	—	2	—	2,00	—
Leer	4 319,095	191,666	—	—	—	57,874	—	57,874
Summe . (Landdrostei Aurich)	6 191,655	1 315,107	—	—	2	57,874	2,00	57,874

XXIX. Regierungsbezirk

Kreis								
1.	2.	3.	4.	5.	6.	7.	8.	9.
Altona	63,384	2,397	—	—	—	—	—	—
Apenrade	139,171	466,891	—	—	—	12,368	—	12,368
Dithmarschen, Norder=	877,338	330,808	—	—	—	—	—	—
Dithmarschen, Süder=	2 213,320	576,299	—	—	—	41,534	—	41,534
Eckernförde . . .	1 317,231	2 471,570	—	—	4,6	1 246,900	4,60	1 246,900
Eiderstedt	224,053	207,731	—	—	—	10,887	—	10,887

Jährlicher Pachtertrag der				Gesammt-Pachtertrag der fiskalischen Fischwasser		Gesammt-Reinertrag der zur Grundsteuer veranlagten Wasserstücke		Bemerkungen.
forst-fiskalischen		domänen-fiskalischen						
Fischwasser								
ℳ	₰	ℳ	₰	ℳ	₰	ℳ	₰	
10.		11.		12.		13.		14.
19	50	50	50	70	—	192	87	Sp. 6. Ilme, 3,9 Laichschonrevier. — Leine 4,5 — Schwülme mit Zuflüssen 69 km. — Rhume und Seitenbäche der Leine Domänenzubehör; desgl. Sp. 7: Denkershäuser Teich.
8	—	2	—	10	—	28	71	Sp. 4. 4,7 km nicht verpachtet. — Sp. 6. Leine (1 km) mit Harste-, Garte- und Wendebach. Domänenzubehör.
—	—	94	40	94	40	242	22	Sp. 6. Fuhse von Peine bis Berger Mühle 5,5 km. — Innerste 4,1 km, nicht verpachtet. — Sp. 7. Gießener Teich, Domänenzubehör.
—	—	—	—	—	—	675	24	Nette 4 — Oker 3 — Radau 2,4 — Stümmecke 1,8 und Ecker 1,4 km. — Sp. 7. 6 Teiche. Alles Domänenzubehör.
25	—	—	—	25	—	325	23	Sp. 6. Innerste 6,5 — Lamme 7,5 — Leine 2,5 und Seitenbach 2 km. — Sp. 7. Sieben Teiche zu Dom. Winzenburg gehörig.
—	—	133	10	133	10	162	33	Sp. 4. Mit Bächen im Kr. Zellerfeld verpachtet. — Sp. 6. Söse, Oder, Sieber, Rhume, zum Theil Domänenzubehör. Sp. 7. Der Jües bei Herzberg.
161	70	—	—	161	70	276	09	
214	20	280	—	494	20	1 902	69	Ohne Pacht von 100,7 km und 21,453 ha. — Auf Flußfischerei kommen 454 ℳ für 441,5 km.
—	—	13	50	13	50	167	73	Hase im Amt Vörden und Bersenbrück c. 40 km. — Nonnenbach bei Malgarten 7,5 km, nicht verpachtet.
—	—	36	20	36	20	75	90	Sp. 6. Ems im Amtsbezirk Lingen 43 km, Beefter Aa und Hoopster Aa 19 und 12 km.
—	—	40	75	40	75	381	09	Sp. 4. Nicht verpachtet. — Sp. 6. Else von Gesmold bis Bruchmühlen 12 und Violenbach bei Sondermühlen 3 km.
—	—	—	—	—	—	401	22	
—	—	68	50	·68	50	360	15	Sp. 6. Hase 16 km und Hunte von Welplage bis Dümmer-See.
—	—	158	95	158	95	1 386	09	Ohne Pacht von 8,6 km und 1,02 ha. — Auf Flußfischerei kommen 149 ℳ für 157 km.
—	—	—	—	—	—	999	24	
—	—	36	—	36	—	312	21	Sp. 6. Sielmönker Tief.
—	—	44	25	44	25	128	88	Sp. 7. Rhauder und Langholter-Meer; Wynhamster Kolk (1,394 ha).
—	—	80	25	80	25	1 440	33	Auf Flußfischerei kommen 36 ℳ für 2 km.

Schleswig.

10.		11.		12.		13.		14.
—	—	—	—	—	—	28	17	
—	—	25	—	25	—	1 116	42	Sp. 7. 1 ha ohne Nutzung (Schloßteich). — Skov-See 10,6 ha. — Stampfmühlenteich.
—	—	—	—	—	—	8 868	57	
—	—	2 130	—	2 130	—	13 474	68	Sp. 7. Fieler See.
—	—	1 765	—	1 765	—	6 344	43	Sp. 6. Hüttener Aue 4,1 km, 3 ℳ. — Seeaue, 0,5 km Ausfluß des Owschläger-Sees bis zur Mühlenaue. — Sp. 7. Owschläger-, Bisten- und Witten-See.
—	—	11	—	11	—	5 891	40	Fischtiefe im Marsch- und Altenkoog, sowie in Uelvesbüll.

Kreis	Gewässer		Davon steht die Fischerei-Nutzung zu der				Zusammen fiskalische Fischwasser	
	zur Grundsteuer nicht veranlagte Flüsse, Bäche rc.	zur Grundsteuer veranlagte Wasserstücke	Forstverwaltung		Domänenverwaltung			
			in Flüssen und Bächen	in Seen und Teichen	in Flüssen und Bächen	in Seen und Teichen	Flüsse und Bäche	Seen und Teiche
	Hectare.	Hectare.	Kilom.	Hectare.	Kilom.	Hectare.	Kilom.	Hectare.
1.	2.	3.	4.	5.	6.	7.	8.	9.
Flensburg	830,135	680,969	—	54	20	139,433	20,00	193,433
Hadersleben . . .	460,184	892,802	—	—	30	311,622	30,00	311,622
Husum	680,928	417,294	—	—	6	40,706	6,00	40,706
Kiel	255,754	1 511,575	—	—	22,5	298,325	22,50	298,325
Oldenburg	370,708	1 699,572	—	—	—	883	—	883,000
Pinneberg	1 361,088	376,578	—	—	127,75	45,892	127,75	45,892
Plön	156,336	10 602,830	—	—	—	2 534,550	—	2 534,550
Rendsburg	634,646	1 385,535	—	—	13	274,345	13,00	274,345
Schleswig	346,198	937,064	—	—	93,1	76,890	93,10	76,890
Segeberg	309,344	1 551,460	—	—	6,87	—	6,87	—
Sonderburg . . .	63,740	70,208	—	—	—	151,511	—	151,511
Steinburg	3 870,711	263,840	0,3	—	—	24	0,30	24,000
Stormarn	284,028	752,808	—	120	35	128,574	35,00	248,574
Tondern	445,014	1 947,548	—	—	35	1 137,503	35,00	1 137,503
Summe .	14 903,311	27 145,779	0,3	174	393,82	7 358,040	394,12	7 532,040

Anmerkung. Die der Küstenfischerei angehörige Schlei von der Flensburger Kreisgrenze bis zur Stadt Schleswig augenfang für 32 ℳ verpachtet.
Die Fischerei in der Elbe im Herzogthum Lauenburg (rechte Stromhälfte) ist von der Mecklenburger

Jährlicher Pachtertrag der				Gesammt-Pachtertrag der fiskalischen Fischwasser		Gesammt-Reinertrag der zur Grundsteuer veranlagten Wasserstücke		Bemerkungen.
forst-fiskalischen		domänen-fiskalischen						
Fischwasser								
ℳ	₰	ℳ	₰	ℳ	₰	ℳ	₰	
10.		11.		12.		13		14.
230	—	664	70	894	70	2 815	14	Sp. 6. Treene=Fluß mit 79 ℳ Pacht. — Sp. 7. Sankel-marker=, Trae= u. Niehufer=See. — Meyner Mühlen-teich, 3,485 ha.
—	—	341	—	341	—	2 285	40	Sp. 6. Süderau mit 10 ℳ Pacht. — Sp. 7. Graruper=See. Stefnings= und Törning=Mühlendamm und der sog Haderslebener Damm.
—	—	453	—	453	—	7 120	86	Sp. 6. Treene (3 ℳ). — Sp. 7. Ausbroer Fischteiche.
—	—	866	40	866	40	7 920	27	Sp. 6. Eider incl. Aalwehr bei Bissee. Sp. 7. Molf= Ein-felder= und Bordesholmer=See.
—	—	1 982	90	1 982	90	11 900	67	Sp. 7. Davon 362 ha nördliche Binnenseen der Insel Fehmarn mit 21,9 ℳ Pacht. — Fasten= und Sahrendorfer=See, ebenfalls auf Fehmarn (37 und 43 ha, 11 und 3 ℳ).
—	—	714	—	714	—	10 078	38	Sp. 6. Pinnau, Mühlenau, Hörnerau u. f. w. — Sp. 7. Kruvunder=See, Pinneberger=, Wedeler=, Wolfsmühlen- und Bockler-Mühlenteich.
—	—	980	—	980	—	28 085	73	Gr. u. Kl. Plöner=See, Vierer=, Pohmer=, Heiden=, Mühlen-See und Antheile an anderen Seen.
—	—	419	86	419	86	6 638	13	Sp. 6. Haaler und Duvenstedter Aue.
—	—	1 178	50	1 178	50	12 568	08	Sp. 6. Loiter Au von Wellspang bis Winning 29,6 km mit 41 ℳ. — Tetenhufener Au 14 km mit 27 ℳ. — Treene 24 km mit 105 ℳ. — Sp. 7. Rendsburger Festungs-gewässer und 9 Seen, darunter Böwer= und Schiernauer-See ohne Größenangabe.
—	—	45	—	45	—	4 193	10	Sp. 6. Trave, auf 1 km von der Mönchsmühle an ruht die Fischerei.
—	—	1 365	—	1 365	—	634	68	Norburger=See, Miang=See, Nydamm, Kleinhaff. — Pacht incl. Rethnutzung.
—	—	36	—	36	—	3 069	78	Sp. 4. Drager= oder Hof=Aue ohne Nutzung. — Sp. 7. Kubensee-Flethsee'r Brake.
150	—	16 305	—	16 455	—	19 079	49	Sp. 6. Bille 20 km mit 480 ℳ. — Heilsaue 15 km mit Reinfelder Herrenteich verpachtet. — Sp. 7. 15 Teiche (Moorteich 22,3158 ha, Structteich 19,4193 ha).
—	—	298	40	298	40	11 730	12	Sp. 6. Widau 25 km mit 131 ℳ Pacht. — 10 km Canal des Fridrichen Koogs mit 45 ℳ. — Sp. 7. Haasberger See, Seen im fiskal. Gottes= und Maasbüller Koog.
380	—	29 580	76	29 960	76	163 843	50	Ohne Pacht von 1,3 km und 1 ha. Auf Flußfischerei kommen 1 354 ℳ für 306 km (ohne Elbe im Herzogthum Lauenburg).

ift hier nicht mitgerechnet; ebenso nicht die Heringsgrube im Nübelnoor und der preußische Antheil von Heilsminde.
Grenze bis zur Borghorst (ca. 21 km), mit Ausschluß der Strecke neben dem Gut Gülzow, für 160 ℳ, außerdem der Neun-

Regierungs-Bezirk bezw. Landdroſtei	Gewäſſer		Davon ſteht die Fiſcherei-Nutzung zu der				Zuſammen fiskaliſche Fiſchwaſſer	
			Forſtverwaltung		Domänen-verwaltung			
	zur Grundſteuer nicht veranlagte Flüſſe, Bäche ꝛc.	zur Grundſteuer veranlagte Waſſer-ſtücke	in Flüſſen und Bächen	in Seen und Teichen	in Flüſſen und Bächen	in Seen und Teichen	Flüſſe und Bäche	Seen und Teiche
	Hectare.	Hectare.	Kilom.	Hectare.	Kilom.	Hectare.	Kilom.	Hectare.
1.	2.	3.	4.	5.	6.	7.	8.	9.
Gumbinnen . . .	10 641,998	78 247,576	227,50	7 541,790	467,50	52 595,000	695,00	60 136,790
Königsberg	8 042,844	47 666,501	258,85	18 795,736	455,50	2 726,000	714,35	21 521,736
Danzig	8 094,280	21 588,138	81,80	1 489,300	241,80	108,030	323,60	1 597,330
Marienwerder . . .	12 837,202	45 478,273	172,30	4 308,347	346,00	1 400,522	518,30	5 708,869
Preußen . . .	39 616,324	192 980,488	740,45	32 135,173	1 510,80	56 829,552	2 251,25	88 964,725
Bromberg	4 528,242	24 355,073	4,00	1 742,000	35,00	863,000	39,00	2 605,000
Poſen	5 890,000	22 813,353	34,82	1 236,839	29,20	613,810	64,02	1 850,649
Poſen	10 418,242	47 168,426	38,82	2 978,839	64,20	1 476,810	103,02	4 455,649
Köslin	4 404,952	46 616,887	35,18	1 315,980	33,00	6 256,000	68,18	7 571,980
Stettin	9 052,296	24 331,246	55,00	282,000	134,00	7 025,000	189,00	7 307,000
Stralſund	2 283,463	3 183,751	19,90	12,400	87,25	697,220	107,15	709,620
Pommern . . .	15 740,711	74 131,884	110,08	1 610,380	254,25	13 978,220	364,33	15 588,600
Frankfurt a. O. . .	14 819,565	34 704,800	92,00	1 933,680	30,00	2 254,926	122,00	4 188,606
Potsdam	18 007,430	54 513,907	81,50	4 544,400	241,80	10 492,700	323,30	15 037,100
Brandenburg .	32 826,995	89 218,707	173,50	6 478,080	271,80	12 747,626	445,30	19 225,706
Breslau	6 831,637	11 264,443	120,60	133,650	60,34	8,170	180,94	141,820
Oppeln	6 296,404	7 973,214	44,50	10,500	108,07	74,323	152,57	84,823
Liegnitz	6 905,695	10 400,344	30,96	91,056	82,37	13,407	113,33	104,463
Schleſien . . .	20 033,736	29 638,001	196,06	235,206	250,78	95,900	446,84	331,106

Regierungsbezirken.

Jährlicher Pachtertrag der forst-fiskalischen Fischwasser		Jährlicher Pachtertrag der domänen-fiskalischen Fischwasser		Gesammt-Pachtertrag der fiskalischen Fischwasser		Gesammt-Reinertrag der zur Grundsteuer veranlagten Wasserstücke		Bemerkungen.
ℳ	₰	ℳ	₰	ℳ	₰	ℳ	₰	
10.		11.		12.		13.		14.
20 706	20	118 584	40	139 290	60	86 035	20	Ohne Pachtertrag von 126,7 km und 261 ha. — Auf Flußfischerei kommen 11 897 ℳ 50 ₰ für 289,2 km.
32 331	94	2 977	50	35 309	44	43 599	45	Ohne Pachtertrag von 320.5 km und 2663 ha. — Auf Flußfischerei kommen 5 745 ℳ 30 ₰ für 372 km.
2 848	80	5 305	10	8 153	90	18 621	27	Ohne Pachtertrag von 17 km und 22 ha. — Auf Flußfischerei kommen 3 643 ℳ für 307 km.
12 395	40	8 430	—	20 825	40	55 900	02	Ohne Pachtertrag von 105 km und 209,80 ha. — Auf Flußfischerei kommen 2 440 ℳ 50 ₰ für 402,8 km.
68 282	34	135 297	—	203 579	34	204 155	94	Ohne Ertrag von 569,2 km und 3155,8 ha. — Auf Flußfischerei kommen 23 726 ℳ für 1371 km.
5 392	10	795	10	6 187	20	27 212	67	Ohne Pachtertrag von 1,3 km und 583,3 ha. — Auf Flußfischerei kommen 90 ℳ für 34 km.
4 962	25	2 073	—	7 035	25	41 944	08	Ohne Pachtertrag von 33,5 km und 53,8 ha. — Auf Flußfischerei kommen 16 ℳ für 7,9 km.
10 354	35	2 868	10	13 222	45	69 156	75	Ohne Ertrag von 34,8 km und 637,1 ha. — Auf Flußfischerei kommen 106 ℳ für 41,9 km.
2 668	75	10 965	40	13 634	15	39 927	27	Ohne Pachtertrag von 11 km und 5 ha. — Auf Flußfischerei kommen 207 ℳ 65 ₰ für 56 km.
560	20	12 849	50	13 409	70	28 119	99	Ohne Pachtertrag von 163 km und 885 ha. — Auf Flußfischerei kommen 4 525 ℳ für 26 km.
10	—	358	—	368	—	3 146	64	Ohne Pachtertrag von 79 km und 408 ha. — Auf Flußfischerei kommen 313 ℳ für 2 km und 244 ha.
3 238	95	24 172	90	27 411	85	71 193	90	Ohne Pachtertrag von 253 km und 1298 ha. — Auf Flußfischerei kommen 5 045 ℳ 65 ₰ für 84 km und 244 ha.
6 814	05	57 114	90	63 928	95	117 848	52	Ohne Pachtertrag von 18,5 km und 46,6 ha. — Auf Flußfischerei kommen 373 ℳ 30 ₰ für 91,5 km.
16 022	75	30 193	50	46 216	25	114 891	36	Ohne Pachtertrag von 175,4 km und 919 ha. — Auf Flußfischerei kommen 168 ℳ 50 ₰ für 66 km.
22 836	80	87 308	40	110 145	20	232 739	88	Ohne Pachtertrag von 193,9 km und 965,6 ha. — Auf Flußfischerei kommen 541 ℳ 80 ₰ für 157,5 km.
1 915	80	329	—	2 244	80	85 523	58	Ohne Pacht von 46 km und 7,35 ha. — Auf Flußfischerei kommen 1 224 ℳ 50 ₰ für 100,6 km.
59	90	279	60	339	50	43 724	37	Ohne Pacht von 64 km und 74,8 ha. — Auf Flußfischerei kommen 311 ℳ für 88,5 km.
3 760	57	204	70	3 965	27	69·666	63	Ohne Pacht von 8 km und 13,407 ha. — Auf Flußfischerei kommen 701 ℳ für 100 km.
5 736	27	813	30	6 549	57	198 914	58	Ohne Pacht von 118 km und 95,557 ha. — Auf Flußfischerei kommen 2 236 ℳ 50 ₰ für 289,1 km.

Regierungs-Bezirk bezw. Landdrostei	Gewässer		Davon steht die Fischerei-Nutzung zu der				Zusammen fiskalische Fischwasser	
	zur Grundsteuer nicht veranlagte Flüsse, Bäche 2c.	zur Grundsteuer veranlagte Wasserstücke	Forstverwaltung		Domänen-verwaltung			
			in Flüssen und Bächen	in Seen und Teichen	in Flüssen und Bächen	in Seen und Teichen	Flüsse und Bäche	Seen und Teiche
	Hectare.	Hectare.	Kilom.	Hectare.	Kilom.	Hectare.	Kilom.	Hectare.
1.	2.	3.	4.	5.	6.	7.	8.	9.
Magdeburg . . .	12 592,827	3 847,557	74,84	98,776	109,99	30,772	184,83	129,548
Merseburg	9 445,558	4 271,167	76,70	21,504	247,15	581,360	323,85	602,864
Erfurt	2 408,695	178,875	55,60	0,350	32,00	1,285	87,60	1,635
Sachsen . . .	24 447,080	8 297,599	207,14	120,630	389,14	613,417	596,28	734,047
Münster	2 390,754	787,220	0,80	—	21,00	—	21,80	—
Minden	2 437,109	366,098	136,70	0,587	31,00	—	167,70	0,587
Arnsberg . . .	3 196,887	316,192	112,70	1,500	16,00	—	128,70	1,500
Westfalen . .	8 024,750	1 469,510	250,20	2,087	68,00	—	318,20	2,087
Düsseldorf	10 695,017	1 925,195	315,75	210,070	—	—	315,75	210,070
Köln	4 557,324	295,085	169,40	0,870	—	—	169,40	0,870
Aachen	1 301,752	402,904	72,00	1,277	2,00	2,000	74,00	3,277
Koblenz	6 587,077	473,605	43,52	—	246,00	—	289,52	—
Trier	4 550,106	193,617	59,93	0,682	286,70	—	346,63	0,682
Rheinland . .	27 691,276	3 290,406	660,60	212,899	534,70	2,000	1 195,30	214 899
Wiesbaden	4 789,034	225,252	2 119,25	46,176	—	—	2 119,25	46,176
Kassel	4 650,249	345,346	1 896,23	10,261	117,60	80,666	2 013,83	90,927
Hessen-Nassau .	9 439,283	570,598	4 015,48	56,437	117,60	80,666	4 133,08	137,103
Stade	8 552,426	1 971,672	—	1,600	135,20	448,422	135,20	450,022
Lüneburg	9 599,488	1 547,475	36,10	2,463	430,39	183,538	466,49	186,001
Hannover	4 189,596	2 182,061	25,00	0,430	323,63	1 222,620	348,63	1 223,050
Hildesheim	3 495,660	696,966	330,70	1,035	212,40	28,903	543,10	29,938
Osnabrück	3 327,881	1 144,739	1,10	—	164,90	14,600	166,00	14,600
Aurich	6 191,655	1 315,107	—	—	2,00	57,874	2,00	57,874
Hannover . .	35 356,706	8 858,020	392,90	5,528	1 268,52	1 955,957	1 661 42	1 961,485
Schleswig	14 903,311	27 145,779	0,30	174,000	393,82	7 358,040	394,12	7 532,040

Jährlicher Pachtertrag der				Gesammt-Pachtertrag der fiskalischen Fischwasser		Gesammt-Reinertrag der zur Grundsteuer veranlagten Wasserstücke		Bemerkungen.
forst-fiskalischen		domänen-fiskalischen						
Fischwasser								
ℳ	₰	ℳ	₰	ℳ	₰	ℳ	₰	
10.		11.		12.		13.		14.
2 070	—	1 461	20	3 531	20	10 159	32	Ohne Pacht von 68 km und 20,804 ha. — Auf Flußfischerei kommen 2554,20 ℳ für 88,3 km.
309	85	4 838	97	5 148	82	28 065	09	Ohne Pacht von 14,1 km u. 343,15 ha, worunter 321,9 ha Karpfenteiche. — Auf Flußfischerei kommen ca. 1440 ℳ für 300 km.
83	04	3	—	86	04	723	57	Ohne Pacht von 33,5 km und 1,285 ha. — Auf Flußfischerei kommen 73 ℳ 81 ₰ für 53,4 km.
2 462	89	6 303	17	8 766	06	38 947	98	Ohne Pacht von 115,6 km und 365,239 ha, worunter 321,9 ha Karpfenteiche. — Auf Flußfischerei kommen 4068 ℳ 1 ₰ für 441,7 km.
1	50	25	19	26	69	4 156	47	Auf Flußfischerei kommen 26 ℳ 69 ₰ für 21,8 km.
27	50	86	—	113	50	1 930	50	Ohne Ertrag von 100 km (Alte und Neue Hessel mit Zuflüß.). Auf Flußfischerei kommen 103 ℳ 50 ₰ für 66,7 km.
134	—	32	—	166	—	1 077	09	Ohne Pacht von 6 km Bächen. — Auf Flußfischerei kommen 159 ℳ für 122,7 km.
163	—	143	19	306	19	7 164	06	Ohne Pacht von 106 km. — Auf Flußfischerei kommen 289 ℳ 19 ₰ für 211,2 km.
27 981	—	—	—	27 981	—	8 660	58	Ohne Pacht von 9 km. — Auf Flußfischerei kommen 22 727 ℳ 60 ₰ für 306,75 km.
2 216	—	—	—	2 216	—	5 202	36	Ohne Pacht von 0,03 ha. — Auf Flußfischerei kommen 2 211 ℳ für 169,4 km.
127	87	61	—	188	87	7 278	87	Ohne Pacht von 2 km. — Auf Flußfischerei kommen 149 ℳ 87 ₰ für 71 km.
366	13	7 348	95	7 715	08	2 103	03	Ohne Pacht von 11,4 km. — Auf Flußfischerei kommen 7 715 ℳ 8 ₰ für 278,12 km.
38	17	4 818	—	4 856	17	1 999	74	Ohne Pacht von 50,9 km. — Auf Flußfischerei kommen 4835 ℳ 17 ₰ für 295,73 km.
30 729	17	12 227	95	42 957	12	25 244	58	Ohne Pacht von 73,3 km und 0,03 ha. — Auf Flußfischerei kommen 37 638 ℳ 72 ₰ für 1 121 km.
7 677	33	—	—	7 677	33	1 869	39	Ohne Pacht von 56,8 km und 24,977 ha. — Auf Flußfischerei kommen 7 307 ℳ 39 ₰ für 2062,45 km excl. des Salmfanges bei St. Goarshausen.
6 949	17	1 386	60	8 335	77	1 968	54	Ohne Pacht von 100 km. — Auf Flußfischerei kommen 6795 ℳ für 1772 km.
14 626	50	1 386	60	16 013	10	3 837	93	Ohne Pacht von 156,8 km und 24,977 ha. — Auf Flußfischerei kommen 14 102 ℳ 39 ₰ für 3 834,45 km.
73	40	1 324	20	1 397	60	2 515	89	Ohne Pacht von 14 km und 1,067 ha. — Auf Flußfischerei kommen 973 ℳ für 121 km.
43	70	7 895	15	7 938	85	2 749	86	Ohne Pacht von 232,35 km und 72,1294 ha. — Auf Flußfischerei kommen 7 685 ℳ für 234 km.
135	80	1 191	—	1 326	80	4 536	78	Ohne Pacht von 248,3 km und 6 497 ha. — Auf Flußfischerei kommen 729 ℳ für 99 km.
214	20	280	—	494	20	1 902	69	Ohne Pacht von 100,7 km und 21,453 ha. — Auf Flußfischerei kommen 454 ℳ für 441,5 km.
—	—	158	95	158	95	1 386	09	Ohne Pacht von 8,6 km und 1,02 ha. — Auf Flußfischerei kommen 149 ℳ für 157 km.
—	—	80	25	80	25	1 440	33	Auf Flußfischerei kommen 36 ℳ für 2 km.
467	10	10 929	55	11 396	65	14 531	64	Ohne Pacht von 603,95 km und 102,1664 ha. — Auf Flußfischerei kommen 10 026 ℳ für 10 54,5 km.
380	—	29 580	76	29 960	76	163 843	50	Ohne Pacht von 1,3 km und 1 ha. Auf Flußfischerei kommen 1354 ℳ für 306 km (excl. Elbe im Hzgthm. Lauenburg).

Provinz	Gewäſſer		Davon ſteht die Fiſcherei-Nutzung zu der				Zuſammen fiskaliſche Fiſchwaſſer	
			Forſtverwaltung		Domänen-verwaltung			
	zur Grundſteuer nicht veranlagte Flüſſe, Bäche 2c.	zur Grundſteuer veranlagte Waſſerſtücke	in Flüſſen und Bächen	in Seen und Teichen	in Flüſſen und Bächen	in Seen und Teichen	Flüſſe und Bäche	Seen und Teiche
	Hectare.	Hectare.	Kilom.	Hectare.	Kilom.	Hectare.	Kilom.	Hectare.
1.	2.	3.	4.	5.	6.	7.	8.	9.
Preußen	39 616,324	192 980,488	740,45	32 135,173	1 510,80	56 829,552	2 251,25	88 964,725
Poſen	10 418,242	47 168,426	38,82	2 978,839	64,20	1 476,810	103,02	4 455,649
Pommern. . . .	15 740,711	74 131,884	110,08	1 610,380	254,25	13 978,220	364,33	15 588,600
Brandenburg . .	32 826,995	89 218,707	173,50	6 478,080	271,80	12 747,626	445,30	19 225,706
Schleſien	20 033,736	29 638,001	196,06	235,206	250,78	95,900	446,84	331,106
Sachſen	24 447,080	8 297,599	207,14	120,630	389,14	613,417	596,28	734,047
Weſtfalen . . .	8 024,750	1 469,510	250,20	2,087	68,00	—	318,20	2,087
Rheinland . . .	27 691,276	3 290,406	660,60	212,899	534,70	2,000	1 195,30	214,899
Heſſen-Naſſau . .	9 439,283	570,598	4 015,48	56,437	117,60	80,666	4 133,08	137,103
Hannover . . .	35 356,706	8 858,020	392,90	5,528	1 268,52	1 955,957	1 661,42	1 961,485
Schleswig-Holſtein	14 903,311	27 145,779	0,30	174,000	393,82	7 358,040	394,12	7 532,040
Zuſammen .	238 498,414	482 769,418	6 785,53	44 009,259	5 123,61	95 138,188	11 909,14	139 147,447

nach Provinzen.

Jährlicher Pachtertrag der forst-fiskalischen Fischwasser		Jährlicher Pachtertrag der domänen-fiskalischen Fischwasser		Gesammt-Pachtertrag der fiskalischen Fischwasser		Gesammt-Reinertrag der zur Grundsteuer veranlagten Wasserstücke		Bemerkungen.
$\mathcal{M}$	₰	$\mathcal{M}$	₰	$\mathcal{M}$	₰	$\mathcal{M}$	₰	
10.		11.		12.		13.		14.
68 282	34	135 297	—	203 579	34	204 155	94	Ohne Pacht von 569,20 km und 3 155,800 ha. — Auf Flußfischerei kommen 23 726 $\mathcal{M}$ 30 ₰ für 1371 km.
10 354	35	2 868	10	13 222	45	69 156	75	Ohne Pacht von 34,80 km und 637,100 ha. — Auf Flußfischerei kommen 106 $\mathcal{M}$ für 41,90 km.
3 238	95	24 172	90	27 411	85	71 193	90	Ohne Pacht von 253 km und 1298 ha. — Auf Flußfischerei kommen 5045 $\mathcal{M}$ 65 ₰ für 84 km und 244 ha.
22 836	80	87 308	40	110 145	20	232 739	88	Ohne Pacht von 193,90 km und 965,600 ha. — Auf Flußfischerei kommen 541 $\mathcal{M}$ 80 ₰ für 157,50 km.
5 736	27	813	30	6 549	57	198 914	58	Ohne Pacht von 118 km und 95,557 ha. — Auf Flußfischerei kommen 2 236 $\mathcal{M}$ 50 ₰ für 289,10 km.
2 462	89	6 303	17	8 766	06	38 947	98	Ohne Pacht von 115,60 km und 365,239 ha. — Auf Flußfischerei kommen 4 068 $\mathcal{M}$ für 441,70 km.
163	—	143	19	306	19	7 164	06	Ohne Pacht von 106 km. — Auf Flußfischerei kommen 289 $\mathcal{M}$ 19 ₰ für 211,2 km.
30 729	17	12 227	95	42 957	12	25 244	58	Ohne Pacht von 73,3 km und 0,03 ha. — Auf Flußfischerei kommen 37 638 $\mathcal{M}$ 72 ₰ für 1121 km.
14 626	50	1 386	60	16 013	10	3 837	93	Ohne Pacht von 156,8 km und 24,977 ha. — Auf Flußfischerei kommen 14 102 $\mathcal{M}$ für 3 834,4 km.
467	10	10 929	55	11 396	65	14 531	64	Ohne Pacht von 604 km und 102,1664 ha. — Auf Flußfischerei kommen 10026 $\mathcal{M}$ für 1 054,5 km.
380	—	29 580	76	29 960	76	163 843	50	Ohne Pacht von 1,3 km und 1 ha. — Auf Flußfischerei kommen 1 354 $\mathcal{M}$ für 306 km.
159 277	37	311 030	92	470 308	29	1 029 730	74	Ohne Pacht von 2 225,9 km und 6 645,469 ha. — Auf Flußfischerei kommen 99 134 $\mathcal{M}$ 16 ₰ für 8 912 km.

Anhang zu Uebersicht B. und C.,

enthaltend die Zusammenstellung der ohne Angabe des Pachtertrages aufgeführten Fisch= wasser, sowie der nach Flüssen und Seen gesonderten Pachterträge.

Regierungsbezirk	Verpachtete Flüsse	Jährlicher Pachtertrag		Flüsse, ohne Angabe des Pacht= ertrages	Seen oder Teiche, ohne Angabe des Pacht= ertrages	Verpachtete Seen oder Teiche	Mit Seen oder Teichen zusammen verpachtete Flüsse	Jährlicher Pachtertrag für Sp. 6 u. 7.	
	Kilometer.	$\mathcal{M}$	₰	Kilometer.	Hectare.	Hectare.	Kilometer.	$\mathcal{M}$	₰
1.	2.	3.		4.	5.	6.	7.	8.	
Gumbinnen . . .	289,20	11 897	50	126,70	261,000	59 875,790	279,10	127 393	10
Königsberg . . .	372,00	5 745	30	320,50	2 663,000	18 858,736	21,85	29 564	14
Danzig	307,00	3 643	—	17,00	22,000	1 575,330	—	4 510	90
Marienwerder . .	402,80	2 440	50	105,00	209,800	5 499,069	10,50	18 384	90
Preußen . . .	1 371,00	23 726	30	569,20	3 155,800	85 808,925	311,45	179 853	04
Bromberg . . .	34,00	90	—	1,30	583,300	2 021,700	3,70	6 097	20
Posen	7,90	16	—	33,50	53,800	1 796,849	22,62	7 019	25
Posen	41,90	106	—	34,80	637,100	3 818,549	26,32	13 116	45
Köslin	56,00	207	65	11,00	5,000	7 566,980	1,18	13 426	50
Stettin	26,00	4 525	—	163,00	885,000	6 422,000	—	8 884	70
Stralsund . . .	2,00 u. 244 ha	313	—	79,00	408,000	57,620	26,00	55	—
Pommern . .	84,00 244 ha	5 045	65	253,00	1 298,000	14 046,600	27,18	22 366	20
Frankfurt a. O. .	91,50	373	30	18,50	46,600	4 142,006	12,00	63 555	65
Potsdam	66,00	168	50	175,40	919,000	14 118,100	81,90	46 047	75
Brandenburg .	157,50	541	80	193,90	965,600	18 260,106	93,90	109 603	40
Breslau	100,60	1 224	50	46,00	7,350	134,470	34,34	1 020	30
Oppeln	88,50	311	—	64,00	74,800	10,023	—	28	50
Liegnitz	100,00	701	—	8,00	13,407	91,056	5,33	3 264	27
Schlesien . . .	289,10	2 236	50	118,00	95,557	235,549	39,67	4 313	07

Regierungsbezirk	Verpachtete Flüsse	Jährlicher Pachtertrag		Flüsse, ohne Angabe des Pachtertrages	Seen oder Teiche, ohne Angabe des Pachtertrages	Verpachtete Seen oder Teiche	Mit Seen oder Teichen zusammen verpachtete Flüsse	Jährlicher Pachtertrag für Sp. 6 u. 7.	
	Kilometer.	$\mathcal{M}$	₰	Kilometer.	Hectare.	Hectare.	Kilometer.	$\mathcal{M}$	₰
1.	2.	3.		4.	5.	6.	7.	8.	
Magdeburg . . .	88,30	2 554	20	68,00	20,804	108,744	28,53	977	—
Merseburg . . .	300,00	1 440	—	14,10	343,150	259,714	9,75	3 708	82
Erfurt	53,40	73	81	33,50	1,285	0,350	0,70	12	23
Sachsen . . .	441,70	4 068	01	115,60	365,239	368,808	38,98	4 698	05
Münster	21,80	26	69	—	—	—	—	—	—
Minden	66,70	103	50	100,00	—	0,587	1,00	10	—
Arnsberg . . .	122,70	159	—	6,00	—	1,500	—	7	—
Westfalen . .	211,20	289	19	106,00	—	2,087	1,00	17	—
Düsseldorf . . .	306,75	22 727	60	9,00	—	210,070	—	5 253	40
Köln	169,40	2 211	—	—	0,030	0,840	—	5	—
Aachen.	71,00	149	87	2,00	—	3,277	1,00	39	—
Koblenz	278,12	7 715	08	11,40	—	—	—	—	—
Trier	295,73	4 835	17	50,90	—	0,682	—	21	—
Rheinland . .	1 121,00	37 638	72	73,30	0,030	214,869	1,00	5 318	40
Wiesbaden . . .	2 062,45	7 307	39	56,80	24,977	21,199	—	369	94
Kassel	1 772,00	6 795	—	100,00	—	90,927	141,83	1 540	77
Hessen-Nassau	3 834,45	14 102	39	156,80	24,977	112,126	141,83	1 910	71
Stade	121,00	973	—	14,00	1,067	448,955	0,20	424	60
Lüneburg . . .	234,00	7 685	—	232,35	72,129	113,872	0,14	253	85
Hannover. . . .	99,00	729	—	248,30	6,497	1 216,553	1,33	597	80
Hildesheim . . .	441,50	454	—	100,70	21,453	8,485	0,90	40	20
Osnabrück . . .	157,00	149	—	8,60	1,020	13,580	0,40	9	95
Aurich	2,00	36	—	—	—	57,874	—	44	25
Hannover . .	1 054,50	10 026	—	603,95	102,166	1 859,319	2,97	1 370	65
Schleswig . .	306,00	1 354	—	1,30	1,000	7 531,040	86,82	28 606	76
Zusammenstellung für den ganzen Staat:									
	8 912,35 u. 244 ha	99 134	56	2 225,85	6 645,469	132 257,978	771,12	371 173	73

4*

D. Die Fischwasser der Forstverwaltung

Anmerkung. Ein * vor den Zahlen in Spalte 2 bedeutet, daß die betreffende Fluß- oder Bachstrecke nicht für sich,

Oberförsterei	Länge der verpachteten Flüsse Kilometer.	Jährlicher Pachtertrag M	₰	Länge der nicht verpachteten Flüsse Kilometer.	Größe der verpachteten Seen oder Teiche Hectare.	Jährlicher Pachtertrag M	₰	Größe der nicht verpachteten Seen oder Teiche Hectare.
1.	2.	3.		4.	5.	6.		7.
Reg.-Bez. Gumbinnen.								
Wolfsbruch	—	—	—	—	831,487	913	—	—
Kullik	—	—	—	—	6,383	95	—	—
Kurwien	—	—	—	—	12,794	12	—	—
Johannisburg	—	—	—	—	476,000	1 302	50	—
Breitenheide	—	—	—	—	1 826,459	5 265	—	—
Guszianka	5,00	43	—	—	125,600	317	—	—
Cruttinnen	* 13,00	—	—	—	1 394,000	4 329	—	—
Pfeilswalde	* 9,00	—	—	—	415,763	643	—	—
Nikolaiken	—	—	—	—	205,479	1 035	—	—
Grondowken	—	—	—	—	73,425	116	—	—
Lyck	* 2,50	—	—	—	25,000	23	20	—
Borken	* 7,40	—	—	—	306,954	2 180	—	—
Rothebude	* 7,50	—	—	—	1 045,877	840	—	—
Heydtwalde	—	—	—	—	150,087	241	—	—
Rominten	2,80	2	60	2,80	—	—	—	0,600
Goldap	—	—	—	—	74,000	6	—	—
Naffawen	8,00	12	30	—	34,090	417	—	—
Warnen	15,00	10	50	—	1,780	2	—	—
Aftrawischken	—	—	—	—	12,708	6	—	—
Wilhelmsbruch	23,30	35	—	—	—	—	—	—
Schnecken	49,70	656	—	—	—	—	—	—
Dingken	—	—	—	3,90	—	—	—	—
Tawellningken	26,40 * 16,90	150	—	—	308,000	1 550	—	—

nach Oberförstereien zusammengestellt.

sondern mit einem See oder Teich zusammen verpachtet und daher der Pachtertrag nicht getrennt nachgewiesen ist.

Bemerkungen.

8.

Vorder-Pogobien- 697 u. Mittel-Pogobien- u. Kally-See 99 ha, 823 ℳ. Hecht, Barsch, Karausche, Plötze, im Vorder-Pogobien-See auch Schlei. Berechtigung Dritter. — Piskorszewer See 35,487 ha, 90 ℳ. (Fang ca. 300 kg pro Jahr.)

Linowko-See. Schlei, Karausche, Kaulbarsch, Hecht und Krebs. Jährl. Fang ca. 100 kg.

Ein See zwischen Jagen 127 u. 128. Hecht und wenig Barsch.

8 Seen. Im Brzozalaśck-See, 212 ha, Blei u. Zander, im Gr. Jegodschin-See, 153 ha, Wels u. zahlreiche Krebse. Berechtigungen Dritter nur im Concewer-See, 38 ha, 40 ℳ Pacht.

7 Seen. Im Nieder-S. 1570,855 ha, außer Blei, Plötze, Schlei, Hecht, Barsch, Ukelei, Stint auch Zander u. Aal in wenigen Exemplaren. Maräne vor 2 Jahren eingesetzt. Berechtigungen, gewerbliche Anlagen (Mühlen), Flößerei an den Ufern. — Der nächstgrößte See, Wiartel-See, 179,146 ha.

Sp. 2. Nieden-Fluß. Sägemühle, Wasserpest. — Sp. 5. 8 Seen, wovon die größten der Gr. u. Kl. Guszin-See, 57,330 u. 42,236 ha.

Sp. 2. Cruttin-Fluß bis zur Brücke in Alt-Ukta, 11 km. — Sp. 5. Musker-See, 828 ha, 4309 ℳ. Barsch, Stint, Blei, Zander, Maräne. — Kl. u. Gr. Sdrusno-See, 13 u. 250 ha, mit Przeyma-Fluß, 2 km. — Cruttin-See 58 ha, Schlei u. Barsch. Diese u. noch 8 kleinere Seen mit Musker-See zusammen verpachtet. Außerdem 5 Seen, zus. 26 ha für 11 ℳ.

Sp. 2. Gartschanka-Fluß mit Bubrowka-See, 13,679 ha, für 19 ℳ. Wels, Krebs. — Fortsetzung des Cruttin-Fl. aus voriger O. F. bis an den Garten-See 33,703 u. 26,298 ha. Wels u. Blei. — Außerdem noch 7 Seen, darunter Gr. u. Kl. Maitz-See, 167,53 u. 12,638 ha, sowie Gr. u. Kl. Collogiener-See, 82,622 u. 25,8 ha.

Malinowsko-Bucht 156,157 ha mit 13 andern Seen und dem bei voriger O. F. genannten Garten-See u. Cruttin-Fluß zus. verpachtet. Die gewöhnlichen Fischarten. Wegen Senkholz und unzugänglicher Ufer in einigen Seen der Fischereibetrieb sehr schwierig.

Gr. u. Kl. Kempnio-See. Im ersteren, 67,675 ha, auch Blei; im letzteren wenig Wasser mit tiefer Schlamm- u. Moorschicht u. daher Winterfischerei gar nicht möglich.

Gr. u. Kl. Tartarren-See, 10 u. 6 ha, 10 ℳ. Karausche, Schlei, Barsch u. Hecht. — Sareck- u. Mühlen-See, 4 u. 5 ha, nebst Mühlen-Fluß (Sp. 2) zus. für 13 ℳ 20 ₰ verpachtet.

Litigaino-Fluß u. See, 7,4 km u. 150,215 ha, mit Gr. u. Kl. Lenkuck-See, 96,64 u. 37,668 ha und zwei andere Seen zus. verpachtet. Blei u. die gew. Fischarten; im Litigaino-See auch Stint und Krebs. — Berechtigungen Dritter.

Bierg-Fluß 2, u. Haaszener-Fl. 5,5 km mit Bierg-See 31,236, Haaszener-S. 549,511, Pillwung 171,633, Gr. u. Kl. Schwalg-See 161,137 u. 65,533 ha, sowie mit 6 anderen Seen zus. verp. — Wels, Blei, Schlei, Stint, Hecht, Barsch u. Weißfisch. Aal wird von den jüd. Pächtern nicht gefangen, Aalschnüre unbekannt. — Die Flüsse wenig fischreich.

Krumme Kutte u. Smollak-See, 111,774 u. 17,036 ha zus. für 181 ℳ. Krebs, Blei, die gew. Fischarten u. Stint. — Weiße Kutte, 21,277 ha, 60 ℳ. Wie vorhin, doch ohne Stint.

Sp. 2. Blinder-Fluß 1,5 u. Bludszer-Fl. Wenige Weißfische u. Hechte. Flößerei. — Sp. 4. Drei Gräben, in denen Forellen vorkommen; die Fischerei ruht behufs Schonung. — Sp. 7. Drei kl. Teiche mit Karauschen. Fischerei wegen Kleinheit der Fische nicht lohnend.

Perszolawer-See. — Karausche, Barsch, Weißfisch u. Hecht.

Sp. 2. Dobawer- u. Rominte-Fluß, 4 km, 10 ℳ 80 ₰. Hecht, Döbel, Rothfeder, Plötze, einzeln Quappen u. Krebs. — Flößerei. — Szinkuhnen-Fl., 4 km. Hecht, Weißfisch, Plötze, Barsch u. Krebs. Jährl. Fang ca. 20 kg. — Sp. 5. Szinkuhner-S., 22,5 ha, 390 ℳ. Gr. u. Kl. Naffawer-See, 8,65 u. 2,69 ha. — Blei fehlt.

Sp. 2. Rominte. Forellen. Weißfisch, Hecht u. Quappen selten. Krebs häufig. Stauwerke u. Mühlenwehre. Flößerei. Gegen Abgabe von Laichforellen findet aus der Privat-Fischzucht-Anstalt in Pogrimmen regelmäßige Besetzung mit Brut statt. — Sp. 5. Igler- oder Lange-See. Versumpft. Schlei u. wenig Weißfisch.

Pillon-See. Hecht u. Karausche.

Alte Arge 4 km, u. Lauknen-Strom 3,8 km, 24 ℳ. Hecht, Barsch, Plötze. — Im Winter fast fischleer. — Alte Offa 1,5 km, 3 ℳ. — Neue Arge 4,5, Budup 5, und Offa 4,5 km, zus. 8 ℳ.

Gr. u. Kl. Kanalgraben u. Medlauk 5,6 km, 30 ℳ. — Schnecke-Fl. 7,5 u. 3,4 km, zus. 123 ℳ. — Nemonien von Jodgallen bis Petricker Todtenhof 1,3 km, 131 ℳ. — Graituschka 2,5 km, 85 ℳ. — Schalteik 8,8 km, 178 ℳ. — Warsze 3,4 km, 15 ℳ. — Medlauk 4, Arge bis zum Lauknen 4, Uszleik 6, Balluck 1,2 km. — Hecht, Blei, Schlei, Finte (Topare) u. Aal. Krebs fehlt. Der Fischreichthum der einzelnen Gewässer ist je nach der Verbindung mit dem Haff verschieden.

Wilke-Fluß. Z. Zeit noch nicht verp.

Tawell 10,6, Smalupp 2,7 u. noch 2 kurze Wasserzüge mit 3 Teichen (27, 21 u. 35 ha) u. Esze bei Tawe 225 ha, zusammen für 1550 ℳ verp. — Alte Gilge 5, Neue Gilge 3,3, Schneckenburger Kanal 3,8 km und 12 andere meist sehr kurze Wasserzüge, zusammen für 150 ℳ verp. In der Neuen Gilge und im Seckenburger Kanal: Hecht, Schlei, Barsch, Blei, Plötze, gr. u. kl. Stint, Neunaugen, Quappen, Wels und sehr vereinzelt auch Lachs. Im Tawell-Fl. noch einige Krebse.

Oberförsterei	Länge der verpachteten Flüsse	Jährlicher Pachtertrag		Länge der nicht verpachteten Flüsse	Größe der verpachteten Seen oder Teiche	Jährlicher Pachtertrag		Größe der nicht verpachteten Seen oder Teiche
	Kilometer.	$\mathcal{M}$	₰	Kilometer.	Hectare.	$\mathcal{M}$	₰	Hectare.
1.	2.	3.		4.	5.	6.		7.
Ibenhorst	18,30 * 3,00	51	—	—	9,100	14	10	—
Schmalleningken	13,00	3	—	—	—	—	—	—
Jura	—	—	—	—	6,0	4	—	—
Broedlauken	—	—	—	—	7,000	8	—	—
Summe	161,80 * 59,30	963	40	6,70	7 347,986	19 318	80	0,600
Reg.-Bez. Königsberg.								
Puppen	—	—	—	—	310,967	691	—	2,300
Ratzeburg	—	—	—	—	1 156,000	2 635	—	—
Corpellen	20,00 * 17,40	6	—	—	2 133,000	3 809	50	14,000
Hartigswalde	0,80	3	20	—	346,000	558	50	100,000 230,000
Napiwoda	2,00	29	50	—	266,000	219	80	—
Purden	—	—	—	—	524,000	932	—	—
Ramuk	12,00	70	—	—	1 481,000	2 041	—	—
Landskerofen	17,00	28	90	—	1 579,000	854	80	2,000
Kudippen	60,00	31	—	—	68,343	27	84	—
Jablonken	2,00	1	60	3,00	801,000	876	50	4,000
Taberbrück	5,50 * 4,50	6	50	—	1 318,000	1 683	70	7,000
Liebemühl	11,00	132	50	—	1 640,000	4 035	50	—
Alt-Christburg	—	—	—	—	3 692,000	655	60	—
Sadlowo	—	—	—	—	3 105,730	7 981	40	—
Wichertshof	—	—	—	—	141,400	487	50	28,50
Pr. Eylau	—	—	—	—	17,700	6	50	—
Foedersdorf	1,20	1	—	2,45	—	—	—	—
Mehlauken	28,00	154	50	—	—	—	—	—
Pfeil	8,10	1	90	—	—	—	—	—
Nemonien	59,10	4 457	90	—	21,000	330	—	—

Bemerkungen.

8.

Sp. 2. Ackminge-Fl. 6,9 km, 40 M 50 ₰. Hecht, Plötze, Döbel, Karausche u. Schlei, seltener Blei u. Barsch u. selten Aal. — Berechtigung Dritter. — Im Uebrigen eine Reihe von Gräben, die im Frühjahr von einigen Hechten und Plötzen aufgesucht werden. — Sp. 5. Ein 4,1 ha großer Teich im Jagen 79 (Schlei u. Karausche) u. einige Ausrisse u. Untergründe der Torfgräberei Bridszull, 5 ha, 11 M 10 ₰. Hecht, Plötze u. Schlei.

Schwentoje 3, Rastig 2 km. Hecht u. Krebs. — Wischwill 8 km. Forelle. Der Vermehrung der Forelle steht der Hecht entgegen, der auf russischem Gebiet sich ungehindert vermehren kann. — Mühlen u. Schleusen bei Wischwill hindern das Aufsteigen von Fischen aus der Memel.

Kupferhammer-Teich. Hecht, Plötze, Barsch. Koppelfischerei. Zwischen Teich und Memelstrom 4 Mühlen.

Torfausstiche (2 ha, 5 M) u. zwei fischarme nur wenig Hecht, Plötze u. Ukelei führende Wasserstücke (Gr. u. Kl. Padugnes).

Sp. 5. 12,708 ha (der O. F. Astrawischken) liegen im Rgbzk. Königsberg.

Gr. u. Kl. Sisdroy-See, 205,912 u. 51,626 ha, 430 u. 200 M. — Blei nicht angegeben. — Puppener-See 53,263 ha, 60 M. — Antheil am See in den Babienter Wiesen. — Sp. 7. See im Jagen 133.

11 Seen (Rheinswein- 308, Gr. Babant- 265, Schwentainer- 191, Marröwener- 167, Gr. Krawnow-See 87 ha). — Zander im Kl. Krawnow- u. Kaly-See. Wels in den größeren; Blei fast in allen, nur nicht, wo der Zander. — Krebs reichlich.

Sp. 2. Waldpusch 7 u. Schoben-Fluß 13 km. — Sawitz 9 u. Mater-Fluß 8 km mit resp. Schoben- u. Mater-See verp. — Sp. 5. 1 Teich (Gownatz-T. 4 ha, 32 M) u. 24 Seen, wovon der größte der Kobelhals-See 953 ha. In diesem Zander, Wels und Stint neben Barsch, Blei, Hecht, Schlei, Karausche, Plötze u. Krebs.

Sp. 2. Omulef. Sp. 5. 6 Seen, darunter der Gimmen-See 175 ha, verpachtet. Sp. 7. In drei Seen ruht die Fischerei wegen Rohranpflanzung; der Gr. u. Kl. Krzyweck sind in Folge von Meliorationen zum größten Theil entwässert u. im Malschower-See, 230 ha, ist die Fischerei vererbpachtet ohne Angabe der Pacht.

Sp. 2. Reide. Hecht, Barsch, Plötze, Gründling. — Sp. 5. 9 Seen resp. See-Antheile. Blei und Krebs nicht angegeben.

10 Seen. Sommerfischerei im Servent-See, 268 ha für 550 M, Herbst- u. Winterfischerei im fisc. Theil des Koschno-See, 103 ha, für 290 M, die Sommerfischerei in Erbpacht gegen 24 M. — Blei nur im Koschno-S. angegeben, woselbst auch Stint. Wels u. Quappen in einigen Seen.

Sp. 2. Alle. Sp. 5. Lansker-See 1 134 ha, 1 075 M. Hecht, Plötze, Ukelei, Stint; dann Blei, Barsch, Karausche, Schlei, Kaulbarsch. Aal u. Karpfen eingesetzt. Wels, Quappe u. Zärthe selten. Ebenso im Ustrich-See, 98 ha, 260 M. Außerdem noch 6 Seen.

Sp. 2. Passarge. Hecht, Barsch, Döbel, Schlei, Plötze, Krebs. — Sp. 5. Maransener-S. 469 ha, 171 M. Maräne, Rohrkarpfen. — Gr. u. Kl. Plautziger-S. 833 ha, 296 M. Blei fehlt. — Stint, Stichling, Krebs. — Sarong-S. 196 ha, 166 M. Blei. — Außerdem noch 10 Seen, darunter der in Sp. 7 stehende Zabienneck-See mit Karauschen u. Blutigeln.

Sp. 2. Passarge 45 km, der Aalfang zu 14 u. die sonstige Fischerei zu 3 M verp. Forelle kommt vor. — Mahrung 15 km, 14 M. — Sp. 5. 5 Seen, wovon 2 vererbpachtet. Blei fehlt.

Sp. 2. Parowe-Bach. Sp. 4. Drewenz. Forelle, Laichplätze im Parowe-Bach innerhalb der Jagen $\frac{16.\ 17.\ 18.}{19.\ 20.\ 21.}$ — Sp. 5. 9 Seen, wovon der Schilling-See 753 ha, 833 M, Zander u. Wels besitzt. Blei fehlt in allen. Sp. 7. Krumm-See, Fischerei ruht.

Sp. 2. Schillings-Fluß. Wehr bei Osterode. — Taber-Fließ 4,5 km mit Taber-See 84 ha für 45 M 50 ₰ verp. — Sp. 5. 13 Seen. (Pausen-See 236 ha, 1025 M. Im Wilden Gehl-See 183, Poerscken- 16 u. Tharden-See 41 ha, nur Winterfischerei fiscalisch; ebenso im Bärting-See 374 ha, 96 M. — Blei fehlt in allen Seen. — Sp. 7. sog. Trockne Poersken-See. Berechtigung Dritter.

Sp. 2. Ilge 2 km, 120 M. Liebe-Kanal 9 km, 12 M 50 ₰. — Sp. 5. 7 Seen. Drewenz-S. 915 ha, 3 000 M. Blei, Karpfen, Zander, Aal, Hecht, Barsch, Plötze, Stint. Gr. Gehl-See 579 ha, 450 M. Ohne Zander u. Karpfen. — Zander noch vereinzelt im Klinack- u. Straske-See.

Geserich-S. 2310 ha. Zander, Blei, Barsch, Hecht, Schlei, wenig Aal und ganz selten Wels. — Flach- 636, Kl. u. Gr. Ratzung- 110 u. 236, Klostwedt- 81, Bensee- 155, Ossa-See 2c. 128 ha. Die Fischereinutzung ist zumeist vererbpachtet oder mittelst Erbverschreibung verliehen. Die angegebene Pachtsumme bezieht sich fast nur auf Rohr- u. Schilfnutzung.

14 Seen. Daddey-See 1110 ha, 3 000 M u. außerdem 305 M für Rohr- 2c.-Nutzung. Lautern-See 765,97 ha, 2 600 M u. 350 für Rohrntzg. Blanken- u. Simser-See 466,76 u. 144,5 ha, 255 M 40 ₰ u. 18 M 50 ₰ für Rohrntzg. Teistimmer-S. 238,67 ha, 450 M. — Die Rohrnutzung ist in Sp. 6 mit begriffen, sie beträgt im Ganzen 749 M. — Maräne im Daddey-, Stint in mehreren Seen, Zander im Rodeyker-See eingesetzt.

Sp. 5. Tafter-See 123 ha, 360 M für Fischerei, 90 M für Rohrntzg. u. 30 M für Stauberechtigung; außerdem 5 Kl. Seen, 37 M 50 ₰. — Sp. 7. Potar-S. u. Kl. Lautern-See vererbpachtet.

Gr. u. Kl. Poerschker-See 10,1 u. 3,3 ha nebst dem sog. Schafsloch 4,3 ha. Fischarm. Hechte u. Plötze.

Sp. 2. Bahnau-Fluß. Krebse. — Sp. 4. Passarge 0,2 u. Baude 2,25 km. Wegen Ertragslosigkeit fiscal. Seits nicht genutzt.

Parwe 14 u. Laukne 8 km, 54 M 50 ₰. Hecht, Barsch, Schlei, Blei u. wenig Krebse. — Timber-Fluß 6 km, 100 M. Schlei, Hecht, Karausche, Barsch, Weißfische, Quappen u. zieml. viel Krebse. Dampfschifffahrt.

Bercze- u. Szoge-Graben. Hecht u. Schlei an der Mündung in die Timber.

Remonien- 14,2 u. Laukne- 5 km. Ersterer vom Petricker Todtenhof bis zur Nähe des Timberkruges für 415 M; der untere Theil mit Laukne-, jedoch unter Ausschluß des Neunaugenfanges für 1 800 M verp. Szubbel- 7,7 u. Szubbelied- 1,2 km, zuf. 205 M. — Timber 7,4 km bis zur Mündung in den Remonien 42 M. — Gilge 6,4 km bis zur Mündung in's Haff mit Beigewässern (Szogen, Beiszogen, Meyschkate sowie Kl. Escher am Haffufer 2c.) für 1055 M u. der Neunaugenfang (incl. Seckenburger Kanal 4,5 km) für 915 M verp. Außerdem noch einige Gräben. — Sp. 5. Welmteich u. Welmgraben. Hecht, Barsch, Blei, Schlei, Plötze u. Halbbrassen.

Oberförsterei	Länge der verpachteten Flüsse	Jährlicher Pachtertrag		Länge der nicht verpachteten Flüsse	Größe der verpachteten Seen oder Teiche	Jährlicher Pachtertrag		Größe der nicht verpachteten Seen oder Teiche
	Kilometer.	$\mathcal{M}$	₰	Kilometer.	Hectare.	$\mathcal{M}$	₰	Hectare.
1.	2.	3.		4.	5.	6.		7.
Greiben	1,80	2	—	—	—	—	—	—
Kobbelbude	3,00	3	30	—	—	—	—	—
Summe	231,50 * 21,90	4 929	80	5,45	18 601,140	27 826	14	387,80
Reg.-Bez. Danzig.								
Steegen	2,2	572	—	—	47,4	90	—	—
Wirthy	23	74	—	—	463,9	1 069	—	—
Wilhelmswalde	—	—	—	16,5	127,5	212	20	—
Wildungen	15	8	—	—	35	9	—	—
Hagenort	—	—	—	—	191,9	360	—	—
Okonin	—	—	—	—	11,9	12	—	—
Königswiese	1,4	3	—	—	75,3	62	50	—
Sobbowitz	9	4	10	—	—	—	—	3,7
Buchberg	—	—	—	2	80,8	145	—	—
Stangenwalde	5	1	50	—	5,8	21	—	—
Carthaus	* 0,5	—	—	—	394,0	191	20	—
Mirchau	—	—	—	0,2	71,0	17	80	4
Oliva	2	2	—	2	2,8	—	—	—
Kielau	—	—	—	3	—	—	—	—
Gnewau	—	—	—	—	4,6	3	50	—
Darzlub	—	—	—	—	—	—	—	4,70
Summe	57,6 * 0,5	664	60	23,7	1 511,9	2 193	20	12,4
Reg.-Bez. Marienwerder.								
Gollub	—	—	—	2,5	4,450	15	—	—
Strembaczno	—	—	—	—	41,897	61	—	—
Lautenburg	—	—	—	—	250,012	1 050	80	—
Ruda	—	—	—	—	81,000	178	—	—
Wilhelmsberg	—	—	—	—	946,000	2 668	50	—
Lonkorsz	—	—	—	—	604,782	2 702	—	—
Jammi	—	—	—	—	9,768	13	50	—

B e m e r k u n g e n.

8.

Dunauer Beck. Grenzfließ. Am Gegenufer Berechtigungen Dritter.
Elendskrüger-Fließ. Hecht, Barsch, Blei u. Weißfische zur Laichzeit. — Krebse reichlich.

Sp. 2. Krakauer Zug im Weichsel-Ausfluß 1,3 km, 240 ℳ. Maaß'scher Zug 0,9 km, 332 ℳ. Hecht, Blei, Karpfen, Zander, Neunaugen, Lachs, Flunder, Zärthe, Stör. — Sp. 5. Kolke in der Weichsel-Anschwemmung. Schlei, Hecht, Karausche, Blei. — Karpfen, Aal.

Sp. 2. Schwarzwasser-Fl. Aal, Schlei, Barsch, Hecht, Forelle. Wehre, Mühlen, Flößerei. — Sp. 5. 10 Seen. Maräne nur im Gr. Bordzichower-See (178,6 ha, 526 ℳ 50 ₰). Blei in demselben u. im Tschechauer-See, 78,8 ha, 156 ℳ. In den übrigen (Niedatz-, Schwente-, Ostrowitt-S. 132,1, 13,2 u. 33,6 ha u. s. f.) Schlei, Hecht, Barsch, Plötze ꝛc.

Sp. 4. Schwarzwasser. Forelle. Sp. 5. 7 Seen (darunter Dlugi- u. Gellonnek-S. 39 u. 23,5 ha, 31 u. 22 ℳ 20 ₰). Blei nicht angegeben. — Außerdem werden noch 11 Seen mit 887,1 ha Gesammtfläche aufgeführt, welche ausschließlich durch andere Berechtigte genutzt werden. Wels, Blei, Krebs im Czarno-, Kalemba- u. Slone-See (204, 452, 121 ha).

Sp. 2. Schwarzwasser. Döbel, Aal, Barsch, Plötze. Flößerei. Sp. 5. Piaszezno-See. Hecht, Barsch, Plötze, Krebs. Berechtigungen Dritter.

16 Seen, resp. Seen-Antheile, doch steht dem Fiscus nur in sieben die Fischereiberechtigung zu. Die Seen werden als fischreich bezeichnet. Blei scheint zu fehlen. Die größten sind der Gr. Occipel-, Viereck- u. Dlugi-See 107,2 u. 56,6 ha.

3 Seen, davon Glemboczeck 7,2 ha u. 1 ℳ 50 ₰, der größte. Die gewöhnl. Fischarten.

Sp. 2. Struga-Fließ. Forellen, Barsch, Krebs. Schleuse an der Wiecker Mühle. Wehr zur Wiesenberieselung. — Sp. 5. 4 Seen u. 6 Brücher, in denen Schlei, Karausche u. Barsch. Waren früher Weideflächen u. sind erst nach Anlage der Rieselwiesen durch das Druckwasser des Meliorations-Kanals zu Wasserflächen geworden.

Gardschau- u. Kladau-Fließ, je 4,5 km. Kleine Hechte u. Barsche in geringer Zahl. Mühlen außerhalb der Forst. Sp. 7. Prausterkruger-See. — Fischleer.

Sp. 4. Schwarzwasser. Mit der angrenzenden domänenfiscal. Strecke zus. verpachtet. Forelle. Neben Hecht, Barsch u. Plötze wird auch Blei angegeben. Sp. 5. 8 nicht sehr fischreiche Seen; die beiden größten Debrino- u. Ogoni-See 14,2 u. 6,9 ha. — Außerdem wird noch der zum fiscal. Gut Sdroien gehörige Lubiczeno-See aufgeführt mit 45 ha u. 127 ℳ. Pacht. Blei nur in diesem See.

Sp. 2. Radaune. Forelle, Aesche, Krebs. Auf einer Strecke Koppelfischerei. — Sp. 5. Jesurke-See. Nur Karausche.

Sp. 2. Radaune innerhalb des Ostritz-See u. mit diesem (220 ha) für 51 ℳ verp. Aal, Maräne, Blei, Hecht, Barsch, Kaulbarsch, Schlei, Plötze, Ukelei, Gründlinge, Maifisch u. große Krebse, Laichschonrevier eingerichtet. Saiblinge u. Forellen eingesetzt. Fischerei-Genossenschaft des Radaune-Gebiets. Schleusen am Ein- u. Austritt der Radaune. — Außerdem 5 S., in zweien Blei; in zwei anderen, Weiße- u. Schwarze-See 57 u. 8 ha, Saiblinge u. Forellen 1875 eingesetzt.

Sp. 4. Leba-Fl. Grenzfluß. — Sp. 5. 7 nicht fischreiche Seen; der achte Zweiter Okoniewko (Sp. 7) ungenutzt.

Sp. 2. Olivaer Bach. Forellen, die zur Laichzeit aus 3 Olivaer Teichen (Sp. 5) in den Bach steigen. Die Teiche, welche außer Forellen auch einige Karpfen u. Weißfische, sowie viele Stichlinge enthalten, sind mit dem forstfiscal. Mühlengut Freudenthal zus., woselbst eine fiscal. Fischbrut-Anstalt besteht, für 396 ℳ verp. — Sp. 4. Strieß-Bach, wenig Forellen. Mühlen-Wehre, namentlich im Olivaer Bach.

Sagorsch-Fluß. Forellen. Mühlen- u. Hammerwerke. Mit einer angrenzenden domänenfiscal. Strecke zus. verpachtet.

Lange Okoniewo- u. Blinde-See. Barsch, Hecht, Krebs. Große Steine auf dem Grunde machen das Fischen mit Netzen unmöglich.

Stobbe-See. Hecht u. Barsch. — Baumstämme unter dem Wasserspiegel lassen das Fischen mit Netzen nicht zu. Bislang vergeblich zur Pacht ausgeboten.

Sp. 5. Davon 35 ha, Piaszezno-See, 9 ℳ Pacht, im Rgbzk. Marienwerder.

Sp. 4. Drewenz, Grenzfluß. — Sp. 5. Mielno-See.
Okonin- und Skrzinka-See.
6 Seen. Rumian-See 176 ha — 630 ℳ. Kelpiner See 21 ha — 125 ℳ. Plötze, Blei, Hecht, Barsch, Ukelei.
4 Seen.
16 Seen. Sosno-, Ibiczno-, Bachottek-See resp. 171, 109, 137 ha; 396, 250, 393 ℳ. Schlei, Barsch, Hecht, Aal, Krebs; Blei nur in zwei Seen. Maräne im Glowin-See.
3 größere und 7 kleinere Seen. Gr. Partenczin-, Dembno-, Schwarzenauer-See, 345, 62, 128 ha, 1560, 30, 803 ℳ. Zander in den ersten beiden. Blei in 3 Seen. Krebse hauptsächlich in den kleineren Seen.
3 Seen, der größte 5,3 ha mit 9 ℳ Pacht, verkrautet. Hecht, Schlei, Karausche, Blei.

Oberförsterei	Länge der verpachteten Flüsse	Jährlicher Pachtertrag		Länge der nicht verpachteten Flüsse	Größe der verpachteten Seen oder Teiche	Jährlicher Pachtertrag		Größe der nicht verpachteten Seen oder Teiche
	Kilometer.	ℳ	₰	Kilometer.	Hectare.	ℳ	₰	Hectare.
1.	2.	3.		4.	5.	6.		7.
Rehhoff	1,0	2	—	—	148,000	931	—	—
Münsterwalde	—	—	—	16,0	13,000	124	—	—
Lindenbusch	—	—	—	—	116,560	157	40	—
Schwiedt	12,0	9	—	—	261,422	629	—	18,000
Grünfelde	—	—	—	—	35,782	38	—	—
Vandsburg	* 1,5	—	—	—	605,300	2 310	50	—
Plietnitz	2,0	—	50	—	1,600	3	—	—
Schoenthal	—	—	—	12,0	90,000	213	—	5,000
Schloppe	* 2,0	—	—	—	1,835	2	50	—
Hagen	—	—	—	9,0	37,794	159	60	—
Bülowsheide	—	—	—	—	93,235	398	50	—
Osche	—	—	—	6,0	75,131	28	—	—
Charlottenthal	1,0	1	—	15,0	24,533	40	50	—
Woziwoda	11,0	2	—	—	187,856	294	—	—
Königsbruch	—	—	—	4,0	202,776	45	—	—
Czersk	—	—	—	22,8	60,354	64	—	—
Rittel	—	—	—	13,0	160,000	103	—	—
Landeck	1,3 * 3,1	3	—	6,6	11,806	13	—	—
Lindenberg	1,0	2	—	—	82,267	83	40	—
Zanderbrück	7,0	—	50	—	—	—	—	—
Pflastermühl	8,0 * 6,0	2	—	—	25,000	12	—	15,000
Eisenbrück	12,5	4	50	—	63,487	21	70	—
Summe	56,8 * 12,6	26	50	106,9	4 235,347	12 359	90	38,000
Reg.-Bez. Bromberg.								
Mirau	—	—	—	—	402,000	1 126	—	3,000
Schirpitz	—	—	—	—	23,000	6	—	—
Glinke	—	—	—	—	26,000	159	—	—
Korschin	—	—	—	—	838,000	3 000	—	—
Taubenwalde	—	—	—	—	182,000	631	50	—
Stephanswalde	—	—	—	—	2,000	1	50	—
Selgenau	—	—	—	—	107,000	360	—	—
Richlich	* 1,00	—	—	—	2,000	7	40	—
Stronnau	—	—	—	—	15,000	25	70	—
Rosengrund	* 3,00	—	—	—	142,000	75	—	—
Summe	* 4,00	—	—	—	1 739,000	5 392	10	3,000

Bemerkungen.

8.

{ Sp. 2. Liebe-Fluß. — Sp. 5. 4 Seen und Conradswalder Mühlenteich, letzterer 22 ha, 206 *M* Pacht. — Barlewitzer- und
Hinter-See, 63 und 57 ha, 489 und 230 *M*.
{ Sp. 4. Bielitza- und 2 Mühlenfließe. Sp. 5. 4 Seen. Pacht incl. Rohr-, Schilf- und Grasnutzung im fiscal. Antheil des
Kleinkruger Sees, 11 ha, 115 *M*.
9 Seen. Die beiden größten Mukrz- und Suchom-See 45 und 30 ha, 60 und 80 *M* Pacht. Letzterer mit Berechtigungen Dritter.
{ Sp. 2. Brahe. Außer Döbel, Hecht, Plötze und Barsch auch Blei, Strommaräne, Forelle und Aal. — Sp. 5. 17 Seen.
Pacht bei einigen incl. Rohr- und Grasnutzung.
{ Rudno-See und Swirzke-Bruch. Letzteres 12,08 ha incl. Grasnutzung für 15 *M* 50 ₰ verpachtet. — Außerdem noch ein
Wasserdümpel, in welchem nur Hechte, Karauschen und Weißfische.
{ 14 Seen, 1 Mühlenteich und Fließ. — Vandsburger See 218 ha 1005 *M*. Zempelburger See nebst Wisniewker Blotten 160 ha,
512 *M*. — Blei in 6 Seen.
Plietnitz, Forellen, Aeschen, Barben und einige Krebse. — 4 kl. Seen, in einem Blei, sonst Hecht, Schlei und Karauschen.
{ Sp. 4. Rohra 1 km Laichschonrevier, Plietnitz 6,5 km, Pilow 4,5 km, Forellen. Fischbrut-Anstalt. — 4 Seen; Maräne und
Wels im langen Kramske- und im Trebeske-See, jeder 37 ha groß.
Sp. 2. Plötzen-Fließ. Hecht, Forelle, Barsch, Plötze u. Zärthe. — Sp. 5. Spring-Bruch, mit Schlei u. Karausche besetzt.
{ Sp. 4. Montau- 8 km, Grenzfluß, ebenso Sobbin-Fließ. Krebse. — Sp. 5. 6 Seen. Karausche, Plötze, Hecht. Im Gr. u.
Kl. Ribno-See, 28,3 ha, auch Blei.
10 Seen. Blei nur im Lonk- u. Lissa-See. Auf 4 Seen Berechtigungen Dritter.
{ Sp. 4. Schwarzwasser-Fluß. Forelle. Stauwerke. Berechtigungen der Adjacenten. — Sp. 5. Miedzno-See 66 ha u. 3 kleinere
Seen. Blei fehlt.
{ Sp. 2. Prussina. Sp. 4. Schwarzwasser. Forellen, im Schwrzw. auch Aeschen. — Adjacenten sehr zahlreich. — Sp. 5.
5 Seen. Vorwiegend Hecht u. Karausche. Blei nicht angegeben.
{ Brahe. Schleuse bei Mühlhof; Rieselkanal sehr nachtheilig. — 9 Seen, darunter 88,5 ha Antheil am Okonin-See. In allen
geringer oder kaum mittelmäßiger Fischbestand.
{ Sp. 4. Prussina- u. Wildgarten-Fließ. Nur Weißfische. — Sp. 5. 11 Seen. Im Blinder- u. Langer-See 97,5 u. 68 ha, 15 *M*
Pacht, Zander u. Blei, Krebs.
{ Sp. 4. Schwarzwasser-, Nechwarcz- u. Czersker-Fließ. Plötze, Hecht, Aal, Krebs. — Sp. 5. Swina- u. Ostrowitter-See,
42 u. 18 ha, Blei u. Schlei in geringer Zahl vorhanden.
{ Sp. 4. Czersker-, Friedenthaler-Fließ u. Brahe. In letzterer Forellen. Sp. 5. 2 Seen. Im Przyars-S., 142 ha groß,
Maräne u. Wels. Berechtigungen.
{ Sp 2. u. 4. Dobrinka-, Zarne-, Küddow-, Zier- u. Haak-Fluß. Forelle. — Mühlenwehre. Ungeregelte Fischerei der berechtigten
Gemeinden. — Sp. 5. 5 Seen. Blei nicht angegeben.

Sp. 2. Brahe. — Sp. 5. 8 Seen. Blei u. Wels. Schilf u. Rohr fehlt an den Ufern der Waldseen.

Zahne-Fluß. Forelle, Hecht, Quappe, Aal, Weißfisch u. Krebs. — 3 Mühlen außerhalb des Reviers.
{ Sp. 2. Moder-, Rosen-Fließ u. Brahe. Forelle in geringer Zahl. Ebenso im Hammer-Fließ, 6 km. Mühlen. — Sp. 5 u. 7.
Ein Mühlenteich, 2 ha, u. 7 Seen, davon 3 nicht genutzt, bei zweien Kalkmergel im Grunde; fast keine Fische u. Krebse.

Sp. 2. Brahe, 6,5 km, Lepzyn- u. Chotzen-Fließ. Forelle, Krebs. Sp. 5. 11 Seen. Hecht, Barsch, Schlei u. Krebs.

3 km Küddow u. 1 km Zarne liegen im Kreis Neustettin, Rgbzk. Köslin.

{ 6 Seen. Ostrowo-S. 369 ha u. 1903 *M*. Maräne, Wels u. Blei. Cincisko-S. 11 ha u. 1195 *M*. Cysta-S. 15 ha mit 6,
Wengrzynowo-S. 4 ha mit 15 *M*. — Der Skrzynska-S., 3 ha, wird vom Vorwerk Ostrowo genutzt.
Neuer See. Nicht fischreich.
2 Seen, davon der Jesuiter-S. 24 ha u. 150 *M* Pacht. Blei wenig.
Skorzenciner-See 751 ha. — Maräne u. Wels selten. Schwarze- 37, Weiß-See 50 ha. — Krebsfang lohnend.
{ 13 Seen u. einige „Dümpel". Die Seen im Allgemeinen nicht fischreich. Blei u. Wels in den meisten. Die Dümpel enthalten
nur Karauschen.
Schelisko-See. Wenig Karauschen, keine Krebse.
{ Seen: Waconter- 57, Kopp- 19, Schwarze- 15, Arndt- 10, Trun- 3 u. Kl. Schwarze-See 3 ha. Die gewöhnlichen Fischarten
u. Krebs.
Sp. 2 u. 5. Richlicher Mühlen-Fließ u. Teich. Schlei, Karausche, Plötze u. Hecht.
Sp. 5. 7 Seen, resp. Antheile. Hecht, Karausche, Schlei u. Barsch.
{ Sp. 2 u. 5. Struga-Fließ u. 5 Seen, resp. Antheile (zus. 141 ha) der Kroner Klostermasse vererbpachtet für 72 *M*. — 2 Teiche
in den Jagen 1 u. 3, zus. 1 ha. — Hecht, Blei, Kaulbarsch, Karausche, Barsch, Aal u. Zander in den Seen. Krebs sehr
selten. In den Teichen Plötze u. Blei.

Oberförsterei	Länge der verpachteten Flüsse	Jährlicher Pachtertrag		Länge der nicht verpachteten Flüsse	Größe der verpachteten Seen oder Teiche	Jährlicher Pachtertrag		Größe der nicht verpachteten Seen oder Teiche
	Kilometer.	ℳ	₰	Kilometer.	Hectare.	ℳ	₰	Hectare.
1.	2.	3.		4.	5.	6.		7.
Reg.-Bez. Posen.								
Ludwigsberg	* 5,30	—	—	4,00	30,500	222	50	—
Grünheide	—	—	—	—	67,700	363	50	—
Eckstelle	4,52	1	—	—	40,630	271	—	—
Hartigsheide	1,70	3	—	—	—	—	—	—
Mauche	—	—	—	—	126,763	96	—	—
Buchwerder	—	—	—	—	77,848	183	—	—
Braetz	—	—	—	2,00	40,000	78	—	—
Hundeshagen	—	—	—	—	85,000	825	—	—
Zirke	—	—	—	—	458,502	1 594	50	—
Birnbaum	* 17,30	—	—	—	172,910	1 092	50	—
Waice	—	—	—	—	0,620	1	25	—
Schwerin a. W.	—	—	—	—	136,366	231	—	—
Summe	6,22 * 22,60	4	—	6,00	1 236,839	4 958	25	—
Reg.-Bez. Koeslin.								
Balster	7,58	45	75	—	32,235	159	—	—
Neuhof	—	—	—	—	43,175	} 255	—	—
Linichen	—	—	—	—	38,570		—	—
Claushagen	—	—	—	—	595,000	1 670	50	5,000
Neustettin	—	—	—	—	288,000	434	—	—
Oberfier	4,00	3	—	—	53,000	25	50	—
Karnkewitz	—	—	—	3,60	—	—	—	—
Zerrin	—	—	—	—	120,000	16	—	—
Borntuchen	15,00	3	50	5,00	141,000	56	50	—
Summe	26,58	52	25	8,60	1 310,980	2 616	50	5,000
Reg.-Bez. Stettin.								
Jacobshagen	—	—	—	—	21,000	16	50	—
Klütz	—	—	—	—	9,000	47	—	—
Rothenfier	—	—	—	5,00	11,000	4	50	—
Hohenbrück	—	—	—	8,00	4,000	4	20	—
Stepenitz	2,00	3	—	15,00	—	—	—	—
Warnow	—	—	—	—	9,000	24	—	3,000
Friedrichsthal	—	—	—	—	121,000	13	50	—
Pudagla	—	—	—	—	97,000	441	—	—
Falkenwalde	—	—	—	16,00	2,000	5	50	—
Mützelburg	—	—	—	—	5,000	1	—	—
Jaeckemühl	—	—	—	9,00	—	—	—	—
Summe	2,00	3	—	53,00	279,000	557	20	3,000

Bemerkungen.

8.

Sp. 2 u. 4. Warthe 3,9 km mit 13 ha Wasserlöchern zu 21 ℳ verp., ferner 1,4 km mit 2,5 ha Wasserlöchern zu 31 ℳ 50 ₰. — Zander u. Wels häufig. Krebs selten; in den Wasserlöchern Schlei.
Zielonkaer Mühlenteich (8 ha) u. 9 Seen.
Sp. 2. Linke Hälfte der Warthe. — Sp. 5. 2 Seen: Briesener= 25 u. Tuczno=See 15 ha.
Welna=Fluß.
Priementer=See. — Zander. — Krebse häufig.
Gr. Hammer=See. — Wels selten, Krebse häufig.
Sp. 4. Jordan= oder Packlitzfluß. — Sp. 5. Wischener=See, Wels und Zander. — Krebse im Flusse reichlich, im See weniger.
2 Teiche: Kuppker= (73 ha) und Bucharzewo=Teich. — Hecht, Barsch, Blei und Karpfen. — Krebse.
2 Teiche und 8 Seen. — Im Jaroczewo=See (94 ha) Wels, Aal, Maräne, Karpfen ꝛc. — Krebs. — Im Klossowski=See (143 ha) Rapfen. — Im Barlin=See (107 ha) Zander, Rapfen und Karpfen.
Sp. 2. Warthe: Zander, Wels, Rapfen und sehr selten Stör. — Sp. 5. 8 Seen. Jeziorka=Fließ (2,5 ha) und Alte Warthe (1,9 ha). — Maräne im Lubiwitz=See. — Rapfen im Schulzen=See. — Zander in 4 Seen.
Grenz=See (Kr. Friedeberg N.=M.).
2 Seen. Im Glembock=See (103 ha) auch Wels.

Sp. 2. Drage= (7 km) und Klestien=Fließ. — Sp. 5. Drei Seen, der größte, Klestin=See, 19,7 ha.
Kl. und Gr. Stübnitz=See, 12,3 und 30,9 ha. Bleie fehlen.
4 Seen. Im größten, Hans=Machlin=See, 27,4 ha, vereinzelt Wels. Bleie nicht vorhanden.
9 Seen. Im Kämmerer See, 500 ha, Wels und viele Krebse. In dem sog. Fünf=See fehlt der Blei. — Sp. 7. Gr. und Mittlerer Fehnen=See, 3 und 2 ha, Moorwasser, nur Karauschen. Kein Pächter.
Voelzkow= und Veltow=See, 97 und 191 ha, im letzteren Koppelfischerei.
Sp. 4. Radue=Fluß und Gotzel=Bach. Forellen und Maränen. Rieselwiesenbetrieb sehr nachtheilig. — Sp. 5. Sechs Seen, in welchen der Blei fehlt.
Mühlenbach, führt Forellen. Fischerei jedoch durch gewerbl. Anlagen völlig beeinträchtigt.
10 Seen, darunter der Gr. Borree=See, 83 ha. Alle fischarm, meist Torfgrund. Blei fehlt.
Sp. 2. Camenz 6 und Stolpe 9 km bis zur Mitte, am andern Ufer Berechtigungen Dritter. Kl. Forellen. — Sp. 5. 16 Seen, resp. See=Antheile, die meisten fischarm. Blei im Borntuchner=, Buchholz= und Strabny=See, in letzteren mit Karpfen zugleich eingesetzt.

Stabenow=See. Morastig und verkrautet.
Kl. Petznick=See 5 ha, 41 ℳ. — Gr. Woglin=See 4 ha, 6 ℳ; nur Winterfischerei; Sommerfischerei im Besitz Dritter.
Sp. 4. Stepenitz=, Völzer= und Mühlenbach. Berechtigungen der Adjacenten nicht geregelt und daher fast ausgefischt. — Sp. 5. 4 Seen. Hecht, Schlei, Karausche.
Sp. 4. Gubenbach, Berechtigungen Dritter; Flößerei. — Sp. 5. Lewin=See, Karausche, selten Schlei.
Sp. 2. Schützendorfer Kanal. — Sp. 4. Gubenbach, Berechtigungen Dritter.
Sp. 5. Linow=See. Pacht incl. Rohr= und Streunutzung. Schlei und Hecht. — Sp. 7. Jordan=See. Ohne Zu= und Abfluß, z. Z. ohne nutzbare Fische.
Wolgast=, Zernin= und Krebs=See, 49, 66 und 6 ha. Hecht, Barsch, Plötze; im Wolgast=See auch Aal und Krebs. Fischereibetrieb schwierig.
4 Seen. Blei im Wocknin=See. — Gr. und Kl. Krebs=See 42 und 32 ha, 393 ℳ. Schlei, Barsch, Aal.
Sp. 4. Aal=Bach. 3 Wassermühlen. — Sp. 5. 2 Seen à 1 ha. Stark verkrautet.
Kl. Paetsch=See. Flach und morastig. Hecht und Karausche.
Kühl'scher Graben. Hecht und einige Krebse. 3 Schleusen, starke Verkrautung.

Oberförsterei	Länge der verpachteten Flüsse	Jährlicher Pachtertrag		Länge der nicht verpachteten Flüsse	Größe der verpachteten Seen oder Teiche	Jährlicher Pachtertrag		Größe der nicht verpachteten Seen oder Teiche
	Kilometer.	ℳ	₰	Kilometer.	Hectare.	ℳ	₰	Hectare.
1.	2.	3.		4.	5.	6.		7.
Reg.-Bez. Stralsund.								
Jägerhof	* 10,70	—	—	—	10,000	4	—	—
Poggendorf	1,70	3	—	—	—	—	—	—
Werder	* 7,50	—	—	—	2,400	3	—	—
Summe	1,70 * 18,20	3	—	—	12,400	7	—	—
Reg.-Bez. Frankfurt a. O.								
Christianstadt	2,00	22	30	—	—	—	—	—
Tauer	—	—	—	—	53,000	102	—	—
Braschen	—	—	—	—	58,000	290	50	—
Crossen	—	—	—	—	58,000	177	—	—
Grünhaus	—	—	—	—	84,000	450	—	—
Dobrilugk	—	—	. .	—	3,000	60	—	—
Börnichen	32,00	66	—	—	—	—	—	—
Dammendorf	—	—	—	—	12,000	21	—	—
Neubrück	23,00	9	—	—	17,000	3	—	—
Hangelsberg	4,00	6	—	—	—	—	—	—
Lagow	1,00	1	50	3,00	—	—	—	—
Reppen	—	—	—	—	57,680	135	50	—
Limmritz	6,00	12	—	2,00	15,000	48	—	—
Zicher	2,00	12	—	—	19,000	105	—	—
Neumühl	6,00	12	—	—	—	—	—	—
Lietzegöricke	* 5,00	—	—	—	14,000	22	50	—
Lubiathfließ	—	—	—	—	3,000	3	—	—
Driesen	* 2,00	—	—	—	1,000	3	—	—
Hochzeit	—	—	—	—	2,000	2	—	—
Regenthin	—	—	—	—	326,000	1 224	—	—
Marienwalde	—	—	—	—	555,000	2 463	—	1,000
Massin	3,00	12	—	—	30,000	183	—	—
Cladow	1,00	—	50	—	40,000	64	60	—
Hohenwalde	—	—	—	—	13,000	31	50	—
Lichtefleck	—	—	—	—	12,000	8	—	—
Carzig	—	—	—	—	39,000	31	25	—
Wildenow	—	—	—	—	365,000	817	—	—
Neuhaus	—	—	—	—	156,000	416	90	—
Summe	80,00 * 7,00	153	30	5,00	1 932,680	6 661	75	1,000
Reg.-Bez. Potsdam.								
Zossen	—	—	—	—	154,000	733	—	—
Cunersdorf	—	—	—	—	7,000	19	50	—
Lehnin	14,00	13	50	—	22,000	15	—	—
Grünau	—	—	—	—	60,000	834	—	—
Potsdam	—	—	—	—	108,000	360	—	—
Colpin	—	—	—	—	1,000	2	—	—
Friedersdorf	4,00	6	—	—	—	—	—	—

Bemerkungen.

8.

{ Sp. 2. Praegel-, Ziesa- und Waldbach. Hechte in der Laichzeit, in 1 und 2 auch wenig Plötze und Krebse. — Sp. 5. Gr.
  und Kl. Schwarze See und 3 ha Torflöcher. In letztern Schlei, sonst Hecht, Barsch und Plötze.
Trebel. Die linke Hälfte des Flusses gehört nach Mecklenburg. Aal, Hecht, Schlei und Barsch.
{ Sp. 2. Kollicker-, Kieler- und südlicher Steinbach: Forellen; nördlicher Steinbach fischleer. — Sp. 5. Hertha-See, über
  20 m tief und mit vielem Senkholz angefüllt. Hecht, Barsch, Plötze und Krebs.

Sp. 2. Bober.
Sp. 5. Großer und Kl. See incl. Rohrnutzung. Wels, Karpfen.
Bloch- (52 ha) und Kämpfer-See. Wels. Eingesetzt Zander und Karpfen.
2 Seen und 1 Teich (1 ha). Karpfen und Krebse wenig.
3 Teiche. Karpfenzucht.
1 Teich. Karpfenzucht.
Fließe im Ober- und Unterspreewalde. Krebse und Quappen zahlreicher im Oberspreewald.
3 Seen.
Sp. 2. Spree mit vielen Berechtigungen Dritter. — Sp. 5. 2 Seen.
Spree, durch Berechtigungen Dritter beschränkt.
Sp. 2. Postum-Fließ. — Sp. 4. Bechen-See-, Lagow- und Gold-Fließ, fischarm.
5 Seen, 2 Teiche (4 ha) und ein Pfuhl. — Wels, Karpfen.
{ Sp. 2. Raudener- und Postum-Fließ (4 km), im letztern Forellen. — Sp. 4. Zeiner- und Libba-Fließ, fischleer. —
  Sp. 5. Drei Seen.
Sp. 2. Rohrteich-Fließ. — Schlei. — Sp. 5. Vier Seen.
Mietzel. Aal, Hecht und Krebs, weniger Blei, Schlei, Karausche.
{ Sp. 2. Schlippenbach. Forellen. — Sp. 5. Fünf Seen, isolirt belegen. — Zander und Karpfen im Gr. Röth-See. Wels
  im Prachusen-See.
Drei Pfühle, wenig fischreich. Barsch, Plötze und einzelne Hechte.
Arche-Fließ mit Gräben und Kesselpfuhl. Hecht und Weißfische.
Schwarz- und Kl. Seglin-See.
4 Seen. Regenthin- 181, Wusterwitz- 46, Pätznick- 87 und Jerichow-See 12 ha. — Wels. — Guter Krebsbestand.
6 Seen. Printzen-See 229 ha, Barmdeich-See 214 ha. Wels.
Sp. 2. Sennewitz-Mühlenfließ. — Sp. 5. 2 Seen. Zander im Dolgen-See (20 ha).
Sp. 2. Hammer- und Stechsee-Kanal. Hecht nur in der Laichzeit. — Sp. 5. Drei Seen. Wels im Gräwen-See (38 ha).
Drei Seen, der größte, Mitzelthin-See, 11 ha.
Cladow-See. Viel Krebse.
Parenske- und Stech-See. Jährlich ca. 1000 kg Fische und 500 Stück Krebse.
17 Seen und 1 Pfuhl. Gr. Lübbe- 78, Gr. Klopp- 62, Gr. Prilang-See 50 ha.
9 Seen, 1 Pfuhl und 1 Teich oder vielmehr Torfwasserloch (2 ha). Pacht incl. Rohr- und Schilfnutzung.

5 Seen. Neuendorfer- 74, Krumme- u. Hege-See, jeder 34 ha.
2 Seen. Im Teufels-See (5 ha) Zander (eingesetzt), Karpfen.
{ Sp. 2. Brücker-Kanal, Plaue (Forellen), Fredersdorfer- und Baitzer-Bach. — Hechte und Krebse. — Sp. 5. Mittel-See. Zander
  und Blei eingesetzt.
Wolzen-See. Zander und Hecht vorherrschend, Blei, Schlei, Aal, Barsch und Karausche. Krebs sehr selten.
Sacrower-See. Aal, Hecht, Barsch, Blei. Wels und Quappen. Berechtigungen Dritter.
Teufels-See. Nur Döbel u. Plötze.
Torf- und Flößereigraben am Dahme-Fließ. Hecht und Schlei im Frühjahr.

Oberförsterei	Länge der verpachteten Flüsse	Jährlicher Pachtertrag		Länge der nicht verpachteten Flüsse	Größe der verpachteten Seen oder Teiche	Jährlicher Pachtertrag		Größe der nicht verpachteten Seen oder Teiche
	Kilometer.	ℳ	₰	Kilometer.	Hectare.	ℳ	₰	Hectare.
1.	2.	3.		4.	5.	6.		7.
Rüdersdorf	—	—	—	—	360,000	1 222	—	—
Coepenick	—	—	—	—	—	—	—	—
Freienwalde	—	—	—	—	28,000	82	—	—
Biesenthal	10,00 * 1,00	38	—	4,00	168,000	580	—	—
Liepe	—	—	—	—	176,000	1 135	25	—
Grunewald	—	—	—	—	12,000	13	—	—
Falkenhagen	15,00	4	50	—	—	—	—	—
Oranienburg	2,00	3	—	6,00	33,000	156	—	—
Liebenwalde	4,00	6	—	—	—	—	—	—
Neuholland	2,00	14	—	—	—	—	—	—
Grimnitz	—	—	—	—	1 659,000	4 402	—	—
Pechteich	—	—	—	—	222,000	823	—	—
Groß-Schoenebeck	10,00	14	—	—	74,000	93	—	—
Glambeck	—	—	—	—	308,000	1 200	—	—
Reiersdorf	—	—	—	1,00	51,000	207	50	187,400
Zehdenick	—	—	—	—	6,000	3	—	—
Granzow	—	—	—	—	69,000	615	—	—
Alt-Ruppin	—	—	—	—	131,000	414	—	—
Neuendorf	—	—	—	4,50	4,000	1	50	2,000
Zechlin	—	—	—	—	513,000	2 465	—	—
Menz	—	—	—	4,00	189,000	548	—	—
Summe	61,00 * 1,00	99	—	19,50	4 355,000	15 923	75	189,400
Reg.-Bez. Breslau.								
Nesselgrund	—	—	—	6,00	—	—	—	0,500
Reinerz	—	—	—	5,00	—	—	—	—
Nimkau	17,00 * 10,00	674	—	—	12,500	198	—	—
Schöneiche	22,00 * 10,00	216	—	—	49,000	181	50	—
Woidnig	5,00	12	—	—	0,650	11	30	—
Kottwitz	* 14,60	—	—	—	59,000	500	50	—
Rogelwitz	19,00	3	50	—	—	—	—	—
Stoberau	—	—	—	3,00	—	—	—	—
Peisterwitz	9,00	4	—	—	12,000	115	—	—
Summe	72,00 * 34,60	909	50	14,00	133,150	1 006	30	0,500
Reg.-Bez. Oppeln.								
Rybnik	—	—	—	—	1,000	3	—	0,500
Dembio	17,00	28	40	—	—	—	—	—
Jelowa	—	—	—	—	2,000	3	—	—

Bemerkungen.

8.

7 Seen. Zander, Wels und Stint. Im Möllen= 75, Peetz= 67 u. Werl=See 73 ha.

{ Der Flaken= und Doemeritz=See forstfiscal. Antheils mit der domänenfiscal. Nutzung verpachtet. Der Pachtantheil beläuft
sich auf ca. 300 ℳ. — Wels, Zander und Krebs gut vertreten.

2 Seen.

{ Sp. 2 und 4. Schwärze=, Pregnitz=, Nonnen=Fließ, Untere Finow und Samithgraben. — Sp. 5. 7 Seen und 2 Pfühle. 1877
sind 10 000 Stück Forellenbrut in das Nonnenfließ gesetzt. — Fischbrut=Anstalt der Forstakademie Eberswalde.

10 Seen u. 1 Pfuhl, darunter der Choriner= (15), Rosin= (21), Große u. Kl. Plage=See (80 u. 27 ha). Im letzteren auch Wels.

Halen= und Hundekehlen=See. Im letzteren Wels, Hecht, Barsch, Aal, Blei, Schlei und Plötze.

Nieder=Neuendorfer Kanal. Hecht, Quappen, Blei, Plötze, Barsch.

{ Sp. 2 und 4. Gr. Stintgraben, Beckgraben und Brieso. Im ersteren nur Stinte zur Laichzeit; Krebse vereinzelt; im zweiten
keine Fische; im dritten die Fischerei nicht geregelt. — Sp. 5. Grabow=See. Zander, Wels, Aal und die gew. Fischarten.

Theil des Finow=Kanals.

Havel. Blei, Hecht, Schlei, Barsch, Döbel, Aal. Wels. Der Aalfang wird besonders verpachtet.

Werbellin=See 789 ha; Grimnitz=See 830 ha, Wels. — 7 kleinere Seen. — Pacht incl. Rohr=, Schilf= und Streunutzung.

10 Seen. Im Pech=, Grabow= und Ueder=See (14, 10 und 80 ha) Wels; im Gr. und Kl. Pinnow=See (55 und 24 ha) Zander.

Sp. 2. Tremmer= und Dölln=Fließ. — Sp. 5. Glasow=, Tremmer= und Rarang=See.

4 Seen, darunter Gr. und Kl. Prütznick=See 146 und 67 ha.

{ Sp. 4. Dölln=Fließ. — Sp. 5. Gr. Gollin=See 49 ha, Barß=See 1 ha und ca. 1 ha Moorpfühle. — Sp. 7. Gr. und Kl.
Dölln=See 132 und 29 ha, Wucker=See 26 ha, alle drei wegen beschränkter Berechtigung nicht verpachtet.

Mahnkopf=See. Wels ziemlich häufig.

{ 17 kleinere Seen, 2 Pfühle, Entengrütz= und Birkenbruch, letzteres mit 10 ha Fenne. Bei ca. 57 ha ist Schilf= und Heunutzung
inbegriffen; die Fischereinutzung allein ist auf diesen Flächen zu ca. 380 ℳ zu veranschlagen. Wels im Gr. und Kl.
Rathsburg=See. — Blutigel in den genannten und Dreieck=See.

Tornow=See 129 ha und Teufels=See 2 ha.

Sp. 4. Dosse=Fluß und Brausebach, fischarm. — Sp. 5 und 7. 2 Mühlenteiche, der Neuendorfer ohne Fische, weil angeblich zu kalt.

{ 18 Seen, resp. See=Antheile. — Maräne im Plötzen=, Zootzen=, Paetsch= und Gr. Wunn=See (10, 167, 12 u. 152 ha). Zander
im Kl. Wunn=See. 7 ha. — Wels in 10 Seen.

Sp. 4. Polzow=Fließ, ertraglos. — Sp. 5. 13 Seen. Maräne früher im Roofen=See, 61 ha. Wels in 4 Seen.

Kressenbach. Forellen. Nachhilfe durch Aussetzen lohnend.

Erlitzbach (4 km) und Weißer Fluß. Wenig Forellen.

{ Oder und Wasserlöcher in 5 Schutzbezirken: Barsch und Barbe am häufigsten. Hecht, Schlei und Zander weniger häufig;
Wels und Krebs selten. — Gräben im Schutzbezirk Hasenwerder (3·km). Nur Weißfisch und kleine Hechte.

{ Oder auf 4 verschiedenen Strecken. Blei, Zander, Wels, Karpfen ꝛc. — Sp. 5. Lachen, 21 ha, bei Dombsen und Borschen.
Mitberechtigung Dritter. Haideteich, 23 ha. Karpfen, Hecht, Schlei. Stauwerke zur Wiesenmelioration.

{ Sp. 2. Entwässerungsgräben im Kraschner Bruch. Hecht. — Sp. 5. Kalkteich bei Bobiele. Karpfen, Karausche und einzelne
Hechte.

{ Sp. 2. Alte Oder, alte und neue Weida, Flöß=Kanal. — Sp. 5. Jungfern=See, Rattwitzer=See und verschiedene Lachen. —
Hecht, Schlei, Zander, Karpfen, Aal und Krebs.

Baruther Flößbach. Zu seicht, trocknet stellenweise aus. Diebstahl nicht zu verhindern. — Hecht.

Stoberbach und Kreuzburger Wasser. Flößerei. — Barsch, Blei und Weißfische. Hecht und Krebs nicht häufig.

Sp. 2. Baruther Flößbach.

Sp. 5. Gewässer im Jagen 80. — Sp. 7. Korus Mühlteich. Karpfen, Hecht, Krebs.

Chronstauer= und Stubendorfer Flößbach, 13 und 4 km. Weißfisch, Barsch, Hecht, Krebs.

Flößreservoir. Weißfisch, Hecht und Schlei.

Oberförsterei	Länge der verpachteten Flüsse	Jährlicher Pachtertrag		Länge der nicht verpachteten Flüsse	Größe der verpachteten Seen oder Teiche	Jährlicher Pachtertrag		Größe der nicht verpachteten Seen oder Teiche
	Kilometer.	$\mathcal{M}$	₰	Kilometer.	Hectare.	$\mathcal{M}$	₰	Hectare.
1.	2.	3.		4.	5.	6.		7.
Murow	7,50	3	—	—	—	—	—	—
Poppelau	—	—	—	1,00	5,000	13	50	—
Budkowitz	—	—	—	19,00	2,000	9	—	—
Summe	24,50	31	40	20,00	10,000	28	50	0,500
Reg.-Bez. Liegnitz.								
Grüßau	1,50	4	—	—	0,360	20	—	—
Panten	2,56 *5,30	3	—	—	0,539	30	—	—
Tschiefer	21,60	489	75	—	—	—	—	—
Hoyerswerda	—	—	—	—	90,157	3 213	82	—
Summe	25,66 *5,30	496	75	—	91,056	3 263	82	—
Reg.-Bez. Magdeburg.								
Lödderitz	32,76	1 360	—	—	30,390	175	—	—
Grünwalde	11,70	221	—	4,10	1,500	32	—	—
Biederitz	*7,00	—	—	—	66,000	259	—	—
Altenplatow	—	—	—	—	0,750	1	50	—
Weißewarte	*7,00	—	—	—	0,130	9	—	—
Thale	7,53	9	—	—	—	—	—	—
Heteborn	2,50	3	—	—	—	—	—	—
Dingelstedt	—	—	—	—	0,006	—	50	—
Diesdorf	—	—	—	2,25	—	—	—	—
Summe	54,49 *14,00	1 593	—	6,35	98,776	477	—	—
Reg.-Bez. Merseburg.								
Elsterwerda	7,00	16	—	—	—	—	—	—
Liebenwerda	1,40	11	—	—	—	—	—	—
Hohenbucko	7,00	10	—	—	—	—	—	—
Züllsdorf	11,00	41	10	—	—	—	—	—
Thiergarten	20,00	48	—	—	—	—	—	—
Sitzenroda	—	—	—	6,00	—	—	—	—
Zoeckeritz	2,30	2	—	—	—	—	—	—
Rothehaus	—	—	—	—	18,504	18	—	—

Bemerkungen.

8.

{ Budkowitzer Flößbach. Schlei, Barsch, Weißfisch, Karausche, Hecht und Krebs. Ein Hammer- und drei Mühlenstauwerke. Fiscalische Flößerei.
{ Sp. 4. Alte Oder am Golschwitzer Oderwald. Koppelfischerei. Laichschonrevier der Golschwitzer Fischerei-Genossenschaft. — Sp. 5. Gänse-See (3 ha) und Durchbruchslöcher im Oderwald.
{ Sp. 4. Bodländer Flößbach (15 km) und Grabitz-Bach. Kl. Weißfische, Hecht und Krebs. Flößerei und Diebstahl. — Sp. 5. Wilhelmshütte-Teich. Karpfen.

Bethlehem-Graben und Hospital-Teich. Im ersteren wenig Forellen, im letzteren Karpfen.
{ Sp. 2. Leisebach (5,3 km). Zander, Aal, Hecht. Blei, Barbe, Karpfen. — Mitberechtigung der Fischerinnung zu Steinau. — Schwarzwasser. — Weißfisch, Hecht, Krebs. — Sp. 5. Der sog. Kanal.
{ Oder (14,1 km), Alte Oder (4,5), Bober (3 km). In 1 Hecht, Zander, Blei, Wels, Aal; in 2 Hecht, Schlei, Aal und viel Krebse; im Bober vorwiegend Hecht und geringe Weißfische.
{ Alter Neuwieser-Teich (60,811 ha) incl. Inseln und Environs von 10,612 ha, administrirt (pro 1878: 3180 ℳ). Karpfen. — Wilder See (28,206 ha). Pacht 30 ℳ. — 3 Pechofenteiche (1,140 ha), Pacht 3 ℳ 50 ₰. Karpfen.

Sp. 2. Elbe 18,83 km und Saale. — Sp. 5. 7 Seen resp. Lachen, in welchen Hecht, Schlei und Weißfische.
{ Sp. 2. Ehle-Fluß 7,5 km und alte Elbe. — Sp. 4. Nuthe-Fluß, Laichschonrevier. Sp. 5. Fährlake und Strang, bei Hochwasser mit der Elbe in Verbindung.
{ Ohre-Fluß mit Zollau und einigen Laken (8 ha) für 99 ℳ. — Altes Gerwischer Elbbett, 58 ha für 160 ℳ verpachtet. Die gewöhnlichen Fischarten.
Kolke in den Elbwerdern; im Hochsommer fast wasserlos. Hecht, ab und zu auch Blei.
{ Sp. 2. Tanger-Fluß. Gründling häufig, Quappe, Hecht, Plötze vereinzelt, Aal und Karausche selten. — Sp. 5. Teich am Forstetablissement Süppling.
Nebenbäche der Bode. Im Rabenthalsbach (1,13 km) Koppelfischerei mit Braunschweig — Forellen.
Bode und Prinzengraben, längs der Grenze (2 km) nur bis zur Mitte. Hecht, Aal, Barsch, Rothfeder, Schlei.
Jürgenbrunnen. Für Forellen bestimmt.
Dumme. Grenzfluß zwischen Provinz Sachsen und Hannover, ungenutzt.

Binnengräben. Durchschnittlicher Jahresertrag: 10 kg Hechte und 15 kg Weißfische.
Neugraben. Hecht und Weißfisch. Krebs selten. — 4 Sägemühlen oberhalb der fiscal. Strecke.
{ Cremitz-Durchstich. 1 km mit Gemeinde Malitzschkendorf und Polzen, 6 km mit denselben und Gemeinde Neumannsdorf gemeinschaftlich. Jahresertrag ca. 60—70 kg Fische und 40—50 Schock Krebs. Die gewöhnlichen Fischarten.
Neugraben. Hecht, Blei, Schlei und Krebs; Aal selten. — Jährliche Räumung mit Diebstahl dem Fischbestande sehr hinderlich.
{ Neugraben. Wie vorhin, doch auch Karpfen. Dasselbe Hinderniß. Die Grundreinigung dauert 6 Tage und wird von ca. 120 Arbeitern ausgeführt.
Padiz-Bach. Enthält nur einige Krebse, die fast regelmäßig gestohlen werden.
{ Lober-Bach 1,2 km. Hecht, selten ein Aal. Berechtigungen Dritter. Scheidelache 1,1 km. Hecht, Schlei. Nur die halbe Breite fiscalisch, das gegenüber liegende Ufer gehört zu Anhalt.
{ Krassen-See 17,873 ha. Hecht, Zander, Karpfen, Schlei. Bei Hochwasser mit der Elbe verbunden. — Im Schwarzen Wasser 0,631 ha die Fischerei ohne Bedeutung; Verbindung mit der Elbe durch einen Fluthgraben.

Oberförsterei	Länge der verpachteten Flüsse	Jährlicher Pachtertrag		Länge der nicht verpachteten Flüsse	Größe der verpachteten Seen oder Teiche	Jährlicher Pachtertrag		Größe der nicht verpachteten Seen oder Teiche
	Kilometer.	ℳ	₰	Kilometer.	Hectare.	ℳ	₰	Hectare.
1.	2.	3.		4.	5.	6.		7.
Schkeuditz	3,00 *5,00	—	75	—	3,00	48	—	—
Grossera	12,50	26	—	—	—	—	—	—
Pödelist	?	5	—	—	—	—	—	—
Siebigerode	1,50	84	—	—	—	—	—	—
Summe	65,70 *5,00	243	85	6,00	21,504	66	—	—
Reg.-Bez. Erfurt.								
Schleusingen	0,70	1	75	—	—	—	—	—
Hinternah	1,52	6	—	—	0,070	—	60	—
Erlau	19,76	37	66	1,52	—	—	—	—
Schmiedefeld	20,30	15	90	—	—	—	—	—
Suhl	11,10	12	50	—	—	—	—	—
Diezhausen	*0,70	—	—	—	0,240	7	13	—
Viernau	—	—	—	—	0,040	1	50	—
Summe	53,38 *0,70	73	81	1,52	0,350	9	23	—
Reg.-Bez. Münster.								
Münster	0,800	1	50	—	—	—	—	—
Reg.-Bez. Minden und Grafschaft Schaumburg.								
Hausberge	*101,00	—	-	—	0,587	10	—	—
Altenbeken	2,00	1	50	--	—	—	—	—
Böddecken	11,80	5	50	—	—	—	—	—
Neuenheerse	8,00	3	—	—	—	—	—	—
Wünnenberg	3,00	6	—	—	—	—	—	—
Hardehausen	10,90	1	50	—	—	—	—	—
Haste	—	—	—	—	0,300	1	—	—
Rumbeck	32,00	74	60	—	0,500	3	—	—
Zersen	16,00	44	—	—	0,019	1	50	—
Summe	184,70	136	10	—	1,406	15	50	—

Bemerkungen.

8.

Sp. 2. Schampert-Graben 3, Alte Luppe 5 km. — Sp. 5. Altes Saal-Bett und Alte Elster, sowie einige Tümpel im Walde. Schlei und nach Hochwasser der Saale und Elster einige Hechte, Karpfen und Weißfisch. — Alte Elster 1,5 ha, 39 ℳ Pacht incl. Gras- und Rohrnutzung.

Raßberger- und Ossig-Bach 7 und 5,5 km. Forellen und Krebs.

4 Bäche, von denen sich drei zur Forellenzucht eignen; durch die an den Bächen gelegenen Mühlen wird solche indessen wesentlich behindert.

Eyna an der Anhaltischen Grenze. Jährlich ca. 25 kg Forellen und 3—4 Schock Krebse. — 2 Mühlen.

Schleuse. — Forellen und Weißfisch. — Flößerei.

Vesser-Bach und Teich im Block I. A. — Forellen. — Wiesenbewässerung.

Sp. 2. Erle 4,56 und Vesser 3,04 km mit Nebenbächen. — Forellen. — Sp. 4. Ilmen- und Plaudergrund-Wasser. Berechtigungen Dritter.

Quellengebiet der Nahe 4,3, des Vesser-Baches 7 und der Lengwitz 9 km. — Forellen. — 7 Wehre und außerdem Koppelfischerei im Freibach (3 km).

Lauter (7,6) mit Neufelder Wasser. Forellen. — 4 Hammerwerke und 2 Mühlen.

Sechsles-Bach und Teich. Forellen und einige Krebse. Der Teich ist durchschnittlich mit 150 Stück Forellen besetzt.

Teich. Früher mit Forellen und dann mit Karpfen besetzt, doch der kalten Lage wegen beide ohne Wuchs.

Angel, Nebenfluß der Ems. Hecht und Barsch. Zu geringer Wasserstand.

9 Bäche im Kreise Halle (Neue und alte Hessel, 28 und 11 km, Künsebecker- 17, Vierschlinger- 14, Aarbach 21 km u. f. w.), welche im Sommer stellenweise austrocknen. Forelle. — Koppelfischerei. Berieselung der Wiesen. Zahlreiche Mühlen hindern das Aufsteigen der Fische aus der Ems. — Sp. 5. Caldenhofer Mühtenteich 0,5 ha, im Sommer trocken, ist mit den Bächen zusammen verpachtet. — Außerdem im Kreise Minden 2 kleine mit Karpfen besetzte Teiche, 2 Wasserlöcher und 2 kleine Teiche mit 1 km Hellerbach, letztere mit Forellen besetzt. (Schutzbezirk Wittekindstein und Nammen.)

Bäche im Schutzbezirk Sandebeck. — Forellen und Krebs.

Altenau-Bach, 11 km, zwischen zwei Mühlen gelegen; derselbe Bach 0,8 km im Forstdistrict 17, Grenzbach. Weißfisch und wenig Forellen.

Bäche im Schutzbezirk Schwaney und Bäche von den Schierkämpen bis an die Westgrenze des Forstdistricts 115. — Forellen. — Zum Theil Koppelfischerei.

Afte-Fluß mit zwei Nebenbächen. Weißfisch, Forelle, Aesche und Krebs. — Sägemühle.

Blankenroder-Bach und 3 andere Bäche. Früher Forellen. Gleich außerhalb des Reviers Mühlen und Stauanlagen.

Karpfenteich im Forstort Mausekamp.

Sp. 2. Weser von der Coverd'schen Weide bis zur Lippischen Grenze, 22 km. Pacht 48 ℳ. — Alte Weser unter Hessendorf mit Gräben 2 km, 5 ℳ. — Egesdorfer-Bach in zwei getrennten Strecken, 3 und 4 km, 1 und 20 ℳ. Hemeringer- und Eisenbach. — Sp. 5. Mühlenteich im Forstort Sodbreite.

Sp. 2. Weser, 4 km, vom Mühlenbach bei Oldendorf aufwärts bis zur Hessischen Grenze, 24 ℳ. — 5 km Forellenbäche der ehemaligen Vogtei Fischbeck, 2 ℳ; 7 km Bäche der ehemaligen Weser-Vogtei, 18 ℳ. — Sp. 5. Fischteich im Forstdistrict Breitehoop. Goldfische.

Oberförsterei	Länge der verpachteten Flüsse	Jährlicher Pachtertrag		Länge der nicht verpachteten Flüsse	Größe der verpachteten Seen oder Teiche	Jährlicher Pachtertrag		Größe der nicht verpachteten Seen oder Teiche
	Kilometer.	M	₰	Kilometer.	Hectare.	M	₰	Hectare.
1.	2.	3.		4.	5.	6.		7.
Reg.-Bez. Arnsberg.								
Siegen	9,00	3	—	—	0,250	1	50	—
Hainchen	14,60	9	50	—	—	—	—	—
Lützel-Bilstein	20,00	20	40	—	—	—	—	—
Glindfeld	14,50	2	—	—	—	—	—	—
Bredelar	9,00	29	60	—	—	—	—	—
Rumbeck	17,10	8	50	—	—	—	—	—
Obereimer	19,50	34	50	4,00	—	—	—	—
Himmelpforten	3,00	19	50	2,00	1,250	5	50	—
Summe	106,70	127	—	6,00	1,500	7	—	—
Reg.-Bez. Düsseldorf.								
Rheinwarden	210,75	22 073	—	—	210,070	5 253	40	—
Gerresheim	96,00	654	60	9,00	—	—	—	—
Summe	306,75	22 727	60	9,00	210,070	5 253	40	—
Reg.-Bez. Köln.								
Siebengebirge	59,40	1 356	—	—	0,590	5	—	—
Kottenforst	26,00	97	—	—	—	—	—	0,030
Königsforst	43,00	420	—	—	* 0,250	—	—	—
Ville	41,00	338	—	—	—	—	—	—
Summe	169,40	2,211	—	—	0,590 * 0,250	5	—	0,030
Reg.-Bez. Aachen.								
Reifferscheidt	—	—	—	2,00	—	—	—	—
Hoeven	10,00	23	50	—	—	—	—	—
Heimbach	11,00	55	50	—	—	—	—	—
Hürtgen	11,00	7	50	—	—	—	—	—
Mulartshütte	8,00	1	87	—	—	—	—	—
Eupen	25,00	6	—	—	—	—	—	—
Schevenhütte	3,00	3	—	—	1,277	30	—	—
Hambach	2,00	—	50	—	—	—	—	—
Summe	70,00	97	87	2,00	1,277	30	—	—

Bemerkungen.

8.

{ Vereinigter Winter= und Weiherbach 6,9 km, Lützelbach 2,1 km. (Zur Dill.) — Sp. 5. Teich im Herbertsseifen. Schlei Forellen zugesetzt.
Eder 1,5, Benfe 1,5, Lahn 2,5, Sieg 0,6, Netphe 0,5 km.
Eder 7, Webach 5, Elberndorf 5, Zinse 3 km.
Latrop 6, Sorpe 8,5 km. Flöß= und Stauwehre zur Wiesenbewässerung.
Diemel 5, Hoppecke 4 km. Forellen und Aesche.
Giesmecke 4,9, Luthmecke 2,2, Heve 6, Gr. Schmalenau 4 km.
{ Heve 7, Gr. Schmalenau 2,5, Kl. Schmalenau 3, Wanne 4,6, Ruhr 1,7, dieselbe 0,7 km und auf dieser Strecke nur am linken Ufer fiscalisch. — Sp. 4. Haferssepen 1, Hevesspring 3 km.
{ Sp. 2. Möhne, Koppelfischerei. — Sp. 4. Aupke, Forelle und Krebs. — Sp. 5. Rüenteich, Gräfte und Grügelgraben beim Klostergarten im Welver.

{ Sp. 2. Linke und rechte Seite des Rheinstromes; rechte Seite mit zwischenliegenden Berechtigungen Dritter. — Sp. 5. Alte Rheinarme, Kolken in den Wardholzständen und Weiden; außerdem Spoykanal, Fulksgatt, Kalflack, Erftkanal. — Mündelheimer Teich (5,36 ha).
{ Sp. 2. Wupper 21, Nebenbäche 60 km, zusammen 549 M 60 ₰ Pacht. — Ruhr 10, Nebenbäche 7 km, zusammen 105 M Pacht. — Sp. 4. Düsselbach 7 und ein Nebenbach der Wupper 2 km.

{ Sp. 2. Rhein, rechte Seite von der Oelmühle unterhalb Unkel bis zum Langeler Bannstein, 30 km, 994 M Pacht. — Sieg auf 4 Strecken, 25,3 km mit Irsenbach, 25 km, zusammen für 326 M verpachtet. — Außerdem noch Lohr= und Quirenbach 1,6 km, 36 M Pacht. — Sp. 5. Teich im District 96.
{ Rhein, linke Seite von Grenze mit Regierungsbezirk Coblenz bis zum Oberwesslinger Hof. — Sp. 7. Teich am Katzenloch. Einzelne Forellen.
{ Rhein, rechte Seite, 26 km, 417 M. — Fleh= und Walsbach, 6 und 2 km. Forellen. — Lützelbach und Grünefurth=Bach, 6 und 3 km. Krebs. — Sp. 5. Teich am Wichelter Bruch, zusammen mit den Bächen verpachtet.
Rhein, linke Seite vom Oberwesslinger Hof bis zur Grenze mit Regierungsbezirk Düsseldorf.

Warsch und Forstbach. Forellen. — Beide Bäche im Sommer fast trocken.
{ Roer 7,5, Perlenbach 2, Erkensruhr 0,5 km. Forelle, in der Roer, unterhalb Montjoie, auch Aesche, Krebs im unteren Verlauf der Roer und des Perlenbaches.
Roer und Urft, Forelle, Aesche, Rothfeder, Krebs; auch Rapfen, namentlich in der Roer.
Kall 4, Wehbach 7 km. Forellen. — Wehre und im Sommer oft Wassermangel.
Vichtbach mit Dreilägerbach. Forellen, Weißfisch und einige Krebse. — Erzwäschereien. Diebstahl.
Hill 11, Wesdre 7, Getz 7 km. — Forellen und Krebs. Die Bäche entspringen größeren Torfbrüchern.
Wehbach. Forellen. Wehre. — Orchelsweiher, mit Karpfen besetzt.
{ Mühlengraben im und am Karthäuserwald 1 km lang, 5—7 m breit. Hecht, Rapfen, Rothauge; vereinzelt Barsch, Barbe, Aesche.

Oberförsterei	Länge der verpachteten Flüsse	Jährlicher Pachtertrag		Länge der nicht verpachteten Flüsse	Größe der verpachteten Seen oder Teiche	Jährlicher Pachtertrag		Größe der nicht verpachteten Seen oder Teiche
	Kilometer.	ℳ	₰	Kilometer.	Hectare.	ℳ	₰	Hectare.
1.	2.	3.		4.	5.	6.		7.
Reg.-Bez. Koblenz.								
Neupfalz	4,00	1	—	—	—	—	—	—
Entenpfuhl	—	—	—	11,40	—	—	—	—
Adenau	7,85	3	—	—	—	—	—	—
Krofdorf	20,27	362	13	—	—	—	—	—
Summe	32,12	366	13	11,40	—	—	—	—
Reg.-Bez. Trier.								
Saarbrücken	—	—	—	—	0,682	21	—	—
Neunkirchen	—	—	—	0,80	—	—	—	—
Lebach	0,38	1	—	—	—	—	—	—
Baumholder	0,65	2	—	2,00	—	—	—	—
Morbach	—	—	—	2,00	—	—	—	—
Tronecken	6,00	12	—	6,00	—	—	—	—
Saarburg	—	—	—	9,00	—	—	—	—
Osburg	2,00	2	17	8	—	—	—	—
Trier	—	—	—	8,60	—	—	—	—
Wittlich	—	—	—	3,00	—	—	—	—
Daun	—	—	—	11,50	—	—	—	—
Summe	9,03	17	17	50,90	0,682	21	—	—
Reg.-Bez. Wiesbaden.								
Homburg	5,80	20	50	—	* 0,756 0,172	30	—	—
Hofheim	61,50	343	22	—	—	—	—	—
Cronberg	51,60	224	03	—	—	—	—	—
Königstein	76,80	248	22	—	—	—	—	1,227
Oberems	36,00	297	04	4	0,300	2	58	0,600
Usingen	27,00	96	72	—	—	—	—	—
Neuweilenau	34,00	87	14	—	1 545	75	—	—
Rod a. d. W.	7,50	8	50	—	—	—	—	—
Brandoberndorf	28,00	18	11	—	—	—	—	—
Rambach	32,00	152	86	—	—	—	—	—
Idstein	40,00	16	—	—	—	—	—	—
Wiesbaden	51,90	288	16	—	—	—	—	—

Bemerkungen.

8.

Gräfenbach mit Reichenbach, in 2 Theile getrennt. Im oberen Forellen, Ellritzen und Krebse; der untere Theil fischleer. Schlacken der ehemaligen Gräfenbacher Eisenhütte nebst Wehren.
4 Bäche mit ganz geringem Forellenbestand.
Bessler= und Endertbach, 5,85 km, 1 _M_ 50 _₰_ Pacht. Zwei Grenzbäche mit wenigen Forellen. — Außerdem der Endertbach innerhalb des Martenthals, 2 km, 1 _M_ 50 _₰_. — Forellen.
Lahn in zwei Strecken 7,04 und 7,93 km incl. Mühlgraben, Pacht 293 _M_ 13 _₰_ und 67 _M_ 50 _₰_. Außerdem drei Bäche, Wismarrer=, Katten= und Fohrbach, zusammen 5,3 km, 1 _M_ 50 _₰_ Pacht. — In den Bächen wenig Krebse.

Ludwigsberger Weiher, 0,37 ha, Pacht 18 _M_ für Fischerei und Eisnutzung. — Gourys Weiher 0,312 ha, 3 _M_. Zufluß von Grubenwasser.
Schönbach. Forellen. Der Bach wird außerhalb des fiscalischen Waldes zu stark ausgefischt.
Primsbach. Forelle und die gewöhnlichen Flußfische. Aesche selten. — Sämmtliche Anlieger berechtigt.
Nahe, 0,65 km. Hecht, Barbe, Weißfische; Forelle und Krebs weniger. — Sp. 4. Vier Bäche. Forelle und Krebs.
Thron. Forelle, Aesche. — Lachs steigt in die Thron. — Mühlen mit Wehren im Dorfe Thron. — Ausbrütung von Forelleneiern wiederholt im District 19, Schutzbezirk Niedenburg, ausgeführt.
Sp. 2. Kl. Thron, 3 km und Tranbach, 3 km. Forellen. — Sp. 4. Prümsbach, größtentheils Grenzbach, Fischerei ruht. Künstliche Fischzucht beim Oberförster-Etablissement Tronecken (Thalfanger=Bach).
6 Bäche, wovon einer ohne Fische; die übrigen führen wenige Forellen und Krebse. Alle leiden im Sommer an Wassermangel. — Fischbrut=Anstalt im fiscalischen Bibelshäuser Wald.
Sp. 2. Thron= und Kremerichbach, Grenzbäche. Forelle. — Sp. 4. Misselbach mit Nebenbächen 4 km, Bickenbach 2 km (Grenzbach) und Etgesbach. Ebenfalls Forellen, doch im Sommer Wassermangel, können außerdem an verschiedenen Stellen abgeleitet werden und sind daher zu sehr dem Diebstahl ausgesetzt. Gelegenheit zur künstlichen Fischzucht. Alte Teichdämme in den Jagen 48/49 und 56 vorhanden.
Weilerbach 2,6 km, Fischerei außerhalb des Waldes nicht geregelt. Fellerthal=, Hölz= und Quintbach, Grenzbäche. Wenige Forellen. Quintbach (4 km), im Sommer durch Abführung des Wassers nach dem Hüttenwerke Quint zum Theil trocken.
Nesbach 2 und Salmbach 1 km. Grenzbäche. Forelle und Krebs.
Langegraben 1,3, Kappelbach 2,8, Michelbach 2 und Riemelbach 1,8 km. Forellen und Krebs. — Diebstahl, namentlich zur Laichzeit. Laichplätze in den genannten Bächen im Schutzbezirk Mehren, Salm und Salm=Rom.

Eschbach und Kaltwasser 4,8, Obere Zuflüsse des Urselbachs 1 km. — 2 Teiche, wovon der kleinere, Forstgartenteich, nicht abgelassen werden kann; der größere alle 2 Jahre ca. 50 Pfd. Forellen, Karpfen und Barsch. Außerdem wird die Eisnutzung für 150 _M_ besonders verwerthet.
13 Bäche, zum Theil Forellen und Krebs, zum Theil nur Weißfisch und Krebs führend (Vockenhäuser= 7,5 für 100 _M_; Goldbach 7 für 135 _M_; Schwarzbach 8,5 für 60 _M_). — Barbe im Okristeler=Bach.
Main 28 km 3 _M_ 43 _₰_. — 3 kurze Strecken der Nidda, zusammen 4,9 km für 39 _M_ 58 _₰_. — Urselbach, Kaltwasser und Eschborner=Bach. — Schwarzbach.
12 Bäche, resp. Bachstrecken, meist Forelle und Krebs führend; im Dattenbach (13,5 km) früher auch Aeschen. Bruthaus. — Sp. 7. Oberer und Mittlerer Weiher bei Schloßborn und Scheibelbusch=Weiher. Forellen in 1 und 3, in 2 Goldorfe.
11 Bachstrecken, darunter Ems 12 und Weilbach 8 km. — Sp. 5 und 7. Einige Forellenteiche. — 4 km des Lauterbach Laichschonrevier.
Eschbach 4, Usbach mit Beigew. 10, Usbach I. Abtheilung 5,5, Erlenbach 4 und Ruders= und Breitwiesenbach 3,5 km.
8 Bachstrecken, darunter Weilbach mit 12 km und 77 _M_ 28 _₰_. — Finsterthaler= und Niederlauker=Bach je 5 km, Laubach 7 km. — Sp. 5. Meerpfuhl in der Gemarkung Merzhausen. Hecht, Karpfen und Karausche.
Weilbach. — 6 Mühlen und 1 Eisenhammer. Ablassen der Zulaufsgräben.
7 Pachtbezirke, wovon 3 nur je 1 km, 2 je 2 km Bachstrecken enthalten. Altwiesen= und Auerbach mit Beigew. zusammen 12 km für 2 _M_ 30 _₰_. — Fahrbach und 4 Bäche, zusammen 9 km für 5 _M_ 58 _₰_.
Hockenberger= und Kloppenheimer=Bach 20 km für 13 _M_. — Gerberei, Mühlen und Wiesenbewässerung. — Theis= und Niedernhäuser=Bach 7 km für 105 _M_. 7 Mühlen. — Nieder-Seelbacher=Bach 5 km für 34 _M_ 86 _₰_.
Eschbach 5 km, 10 _M_. — Auroffer=Bach 10 km, 3 _M_. — Wörsbach 25 km, 3 _M_. Eine Saffian=Fabrik verdirbt auf 20 km das Wasser.
14 Bachstrecken, wovon 5 im Wiesbadener Stadtkreis, zusammen 19,7 km zu 157 _M_ verpachtet sind. — Die übrigen 9 Bachstrecken gehören zum Gebiet der Aar (linker Nebenfluß der Lahn). Außerdem einige Mühlgräben.

Oberförsterei	Länge der verpachteten Flüsse	Jährlicher Pachtertrag		Länge der nicht verpachteten Flüsse	Größe der verpachteten Seen oder Teiche	Jährlicher Pachtertrag		Größe der nicht verpachteten Seen oder Teiche
	Kilometer.	ℳ	₰	Kilometer.	Hectare.	ℳ	₰	Hectare.
1.	2.	3.		4.	5.	6.		7.
Chausseehaus	37,00	368	28	—	—	—	—	—
Eltville	21,00	172	86	—	—	—	—	—
Oestrich	31,00	186	57	—	—	—	—	—
Weißenthurm	3,50	112	36	—	—	—	—	—
Lorch	47,00	161	—	—	—	—	—	—
Caub	7,50	37	28	—	—	—	—	—
Kemel	128,00	225	43	—	0,440	1	50	—
Naftätten	41,00	77	58	—	—	—	—	—
St. Goarshausen	57,50	289	—	—	—	—	—	—
Catzenelnbogen	39,80	50	02	—	—	—	—	—
Nassau	50,00	106	93	—	—	—	—	—
Braubach	47,80	191	72	—	—	—	—	—
Dietz	40,00	147	28	—	—	—	—	—
Wörsdorf	44,00	119	42	—	—	—	—	—
Hahnstätten	45,70	399	50	—	—	—	—	—
Weilmünster	10,10	42	58	—	—	—	—	—
Weilburg	24,75	140	74	—	0,613	22	—	0,510
Runkel	21,80	149	86	—	—	—	—	—
Merenberg	52,70	193	70	—	0,737	36	—	22,640
Hadamar	50,00	262	33	—	—	—	—	—
Welschneudorf	57,00	196	61	—	—	—	—	—
Neuhäusel	22,00	41	14	—	—	—	—	—
Walmerod	2,00	—	50	—	—	—	—	—
Montabauer	56,10	138	57	—	1,200	24	—	—
Selters	44,00	89	72	2,50	—	—	—	—
Westerburg	21,00	—	—	—	—	—	—	—
Herschbach	14,50	11	—	—	0,933	12	—	—
Hachenberg	28,80	56	23	—	—	—	—	—
Kroppach	78,00	228	70	—	—	—	—	—
Johannisburg	21,80	8	—	—	—	—	—	—
Herborn	41,50	150	80	—	0,410	5	14	—
Driedorf	14,10	32	78	—	—	—	—	—
Rennerod	70,00	55	36	—	13,800 * 0,200	161	72	—
Oberschelp	17,90	72	20	—	—	—	—	—
Dillenburg	42,90	120	78	6,30	* 0,093	—	—	—
Haiger	44,40	88	60	—	—	—	—	—
Ebersbach	37,00	48	80	—	—	—	—	—

Bemerkungen.

8.

Rhein, rechte Seite von Castel-Biebricher bis zur Schierstein-Wallufer Grenze, 7 km, 219 ℳ. — Schlangenbader-Wallufer-Bach 11 km, 106 ℳ 28 ₰. — Dotzheimer-Bach 9 km, 29 ℳ 50 ₰. — Frauensteiner und Salzb. 2 km.

Rhein 4 km für 164 ℳ 58 ₰. — 2 Rheinbäche (Kindricher- und Sulzbach), worin Koppelfischerei.

Rhein 12 km, von der Eltviller Gemarkungsgrenze bis an den Winterhafen unterhalb Geisenheim, 142 ℳ. — Außerdem 3 Rheinbäche (Kiffel-, Hattenheimer- und Pfingstbach, 9, 6 und 4 km, zusammen 44 ℳ 50 ₰ Pacht. Koppelfischerei.

Rhein 0,5 km nebst Fischerei im Winterhafen, 96 und 71 ℳ 5 ₰ Pacht. — 2 Rheinbäche (Marienthaler- und Rothgottes-Bach), worin Koppelfischerei.

Rhein 14 km, vom Binger Loch bis Lorchhausen-Caub'er Grenze, 27 ℳ. — Wisper vom Hermannssteg bis zur Mündung 12 km und 21 km Nebenbäche, 134 ℳ. Koppelfischerei.

Rhein in der Gemarkung Caub.

Wisper vom Ursprung bis zum Hermannssteg 20 km und mit 59 km Nebenbächen, 109 ℳ 58 ₰. — Aarbach 15 km und 21 km Nebenbäche (Lahngebiet), 110 ℳ 35 ₰. Schlangenbader-Bach und Nebenbach 6 km. — Sp. 5. Steegerhof-Weiher. Karpfen und Krebse.

Mühlbach 9 km und Nebenbäche (Lahngebiet), die meist unbedeutend und im Sommer wasserarm sind.

Rhein 17 km (171 ℳ 40 ₰ Pacht) bis zur Gemarkung Camp. — Lachsfänge längs der Gemarkung St. Goarshausen. Erbleihfischerei. — Fiscalischer Antheil am Ertrag pro 1877: 4 412 ℳ. — Außerdem einige Rheinbäche (Welmicker-, Reichenberger-, Niederwallmenacher-Bach 2c.) 41 km für 117 ℳ 60 ₰.

Dörsbach 15,7 km und Nebenbäche 7,4 km. — Rupbach mit Nebenbächen 16,7 km. — Mühlen entziehen den Bächen das Wasser. Auf einer Strecke Koppelfischerei.

Lahn 15 km, 56 ℳ. — Kaltbach 4, Mühlbach und Nebenbäche 31 km. Erzwäschereien, Grubenwasser, Sägemühlen, Uferbauten. Berechtigungen Dritter an der Lahn.

Rhein von Camp bis zur Grenze bei Horchheim 19,1 km, 53 ℳ 50 ₰. — Lahn 9 km, 102 ℳ, Berechtigung der Uferbewohner mit Hebnetz und Angel. — 2 Lahnbäche 6,7 und 1 Rheinbach (Dachsenhauser-Bach mit Nebenbächen) 13 km.

Lahn von der Elbe bis zum Rupbach 22 km, 66 ℳ. — Berechtigung der Uferanwohner mit Angel, Hebegarn und Streichhamen. Erzwäschereien, Abflüsse der Hütten- und Bergwerke. — Aar, 5 km bis zur Mündung, 70 ℳ. — 3 Lahnbäche, 5 und je 4 km, 11 ℳ 28 ₰.

Wörsbach und Walbach, 8 und 5 km, 20 ℳ. — Emsbach 11 km, 32 ℳ. — Reichenbach 2 km, 60 ℳ. Pächter besitzt eine Fischbrut-Anstalt. — Die Pächter der übrigen Bäche thun nichts für die Hebung der Fischerei.

Aarbach 13,5 km, mit Panroder-Bach 7 km und anderen Nebenbächen. — Eine Strecke von 1,2 km Länge im Aarbach ist für 148 ℳ verpachtet. — Emsbach 7 km, 25 ℳ.

Weilbach mit Bleidenbach, 3,7 und 1,9 km, 8 ℳ 58 ₰ und 30 ℳ. — Möttbach 4,5 km, 4 ℳ. — Mühlen mit Wehren und Ableitungsgräben. Bergbau, namentlich im Weilthale und Nebenthälern.

Weilbach 11,3 km, 54 ℳ 94 ₰; Nebenbäche 6,5 km, 3 ℳ 80 ₰. — Ahäuser- und Iserbach 7 km, 82 ℳ. — Sp. 5. Weinbacher Weiher incl. 0,2 ha Wiese. — Sp. 7. Oberer Thiergarten-Weiher, administrirt.

Lahn vom Aumenauer Mühlbach bis zur Elbe, in 3 Strecken verpachtet, die erste auf Lebenszeit für 6 ℳ 86 ₰, die zweite zu 49, die dritte zu 94 ℳ. — Berechtigungen der Gemeinden zur Uferfischerei.

Lahn von der Grenze des Kreises Wetzlar bis Aumenauer-Bach 22,5 km, 181 ℳ. — Einige Lahn- oder deren Nebenbäche. — Sp. 5. Waldhäuser Weiher. — Sp. 7. See- und Böhler Weiher, administrirt.

Elbe von der Grenze bis an die Lahn (mit Ausschluß der Gemarkungsgrenze von Hadamar) 20 km, 217 ℳ 50 ₰. Nebenbäche 24 km, 41 ℳ 47 ₰. — Zum Theil Koppelfischerei. Wehre, Stauwehr bei Hadamar. — Außer dem Elbgebiet noch einige andere Bäche.

Gelbach incl. Daubach 21,5 km, 46 ℳ 43 ₰. Nebenbäche 27 km, 61 ℳ. — Kunzbach 5 km, 13 ℳ. — Ober- und Unter-Bach 9 km, 76 ℳ 50 ₰.

Lahn, Gemarkung Bad Ems 3,7 km, 15 ℳ. Berechtigung der Emser Bürger zur Uferfischerei. — Bäche zur Lahn und zum Saynbach, in den letzteren (Brerbach 2c. 6,1 km, 17 ℳ) Koppelfischerei.

Düringer- und Weidenhahner Bächelchen. Koppelfischerei, Wassermangel.

Gelbach mit Aubach 3,3 und 15 km und Nebenbäche. — Sp. 5. Spieß- (1 ha) und Hollerer Weiher. Hecht und Karpfen.

Saynbach 31,5 km. 59 ℳ 22 ₰. Zum Theil Koppelfischerei. — Wierscheid- und Seffenbach 5 km, 50 ₰. — Großer und Kleiner Brerbach 7,5 km, 30 ℳ. — Aesche. — Sp. 4. Marienrachdorfer-Bach, versiegt im Sommer.

Große Nister mit Bellinger-Bach, 6 und 5 km; schwarze Nister 3 km. — Elbe, oberes Ende und Höhnerfurth-Bach, 5 und 2 km. Ohne Angabe der Pacht.

Woog- oder Holzbach mit Nebenbächen. — Begradigung. Wildenten von den Wied'schen Weihern. — Sp. 5. Herschbacher Mühlenweiher, verwachsen und verschlammt.

Wiedbach 6,50 km, 34 ℳ 43 ₰ und Nebenbäche. Im Wiedbach Papier- und Sägemühle; bei Altstadt Färberei und Lohmühle.

Große und Kleine Nister, 29 und 15 km, 125 und 42 ℳ. Nebenbäche 24 km, 51 ℳ, Koppelfischerei auf der unteren Strecke der Großen Nister. Wiesenbewässerung bei Alhausen. Erzwäscherei (Grube Petersbach). — Elbbach 10 km, 3 ℳ.

Callenbach, Badersbach und Ulmbach. Wehre und Wassermangel im Sommer.

Dill von der Burger Brücke bis an den Kreis Wetzlar, 7,9 km, 121 ℳ 74 ₰. Nebenbäche (Aarbach 9,8 km, 21 ℳ u. s. w.). — Wehr bei der Neuhoffnungs-Hütte.

Rehbach 10,4 km und Krommbach 3,7 km (Nebenbäche der Dill).

Schwarze Nister vom Bacher Mühlenweiher bis zur Großen Nister, mit Nebenbächen, 16 km, 33 ℳ. — Nister 4 km und Nebengewässer der Großen Nister. — Renneroder-Bach 9, Pottumer-Bach 4 km. — Sp. 5. Großer und Kleiner Secker-Weiher, 10,3 und 2,7 ha, 130 ℳ. — Bacher Mühlenweiher 0,5 ha, 19 ℳ 72 ₰. Mühlteich und Graben, Gemarkung Neustadt 0,3 ha, 12 ℳ.

Dill 2,2 km mit Schelde und Eibach, 13,7 und 2 km. — Eisensteins-Wäschereien. — Wehre. Fabriken in Dillenburg.

Dill von der Sechsheldener-Brücke bis Niederschelder Mühlenwehr incl. Mühlgraben, 5 km und Nebengewässer der Dill. — Sp. 4. Donsbach. — Dieselben Hindernisse wie bei Oberscheld.

Dill vom Ursprung bis Sechsheldener-Brücke 17,9 km. — Nebengewässer (Weiher- und Winterbach, Rosbach, Aubach 2c.).

Dietzhölze (16 km) mit 16 km Nebenbächen, 46 ℳ 20 ₰. — Rosbach 5 km, 2 ℳ 60 ₰.

Oberförsterei	Länge der verpachteten Flüsse	Jährlicher Pachtertrag		Länge der nicht verpachteten Flüsse	Größe der verpachteten Seen oder Teiche	Jährlicher Pachtertrag		Größe der nicht verpachteten Seen oder Teiche
	Kilometer.	ℳ	₰	Kilometer.	Hectare.	ℳ	₰	Hectare.
1.	2.	3.		4.	5.	6.		7.
Strupbach	26,00	31	—	—	—	—	—	—
Gladenbach	71,80	73	60	—	—	—	—	—
Katzenbach	32,00	68	—	—	—	—	—	—
Biedenkopf	18,54	124	06	—	—	—	—	—
Hatzfeld	31,50	360	—	—	—	—	—	—
Battenfeld	28,36	73	86	—	—	—	—	—
Elbrighausen	10,00	2	14	23,00	—	—	—	—
Summe	2 083,45	7 307	39	35,8	20,734 * 0,465	369	94	24,977
Reg.-Bez. Kassel.								
Flörsbach	4,00	12	20	—	—	—	—	—
Bieber	43,90	118	—	—	* 0,800	—	—	—
Kassel	27,40	35	—	—	—	—	—	—
Wolfgang	33,30	809	75	—	—	—	—	—
Burgjoß	14,28	201	50	—	* 0,400	—	—	—
Bruchköbel	29,00	219	—	—	0,020	3	50	—
Salmünster	13,40	233	20	—	—	—	—	—
Marjoß	30,17	207	—	—	—	—	—	—
Steinau	21,00	370	—	—	—	—	—	—
Oberzell	18,10	264	—	—	—	—	—	—
Sterbfritz	19,19	9	60	—	—	—	—	—
Neuhof	35,10	63	80	—	—	—	—	—
Gersfeld	7,75	98	28	—	—	—	—	—
Niederkalbach	32,80	146	90	—	0,560	30	80	—
Giesel	22,00	41	20	8,00	—	—	—	—
Bimbach	21,50	26	10	—	—	—	—	—
Batten	34,60	128	51	—	—	—	—	—
Thiergarten	55,40	65	10	—	—	—	—	—
Kämmerzell	8,10	54	60	—	1,440	41	—	—
Mackenzell	17,70	19	30	—	—	—	—	—
Burghaun	15,12	25	30	—	—	—	—	—
Heimboldshausen	16,10	23	80	—	—	—	—	—
Wippershain	19,60	144	—	—	—	—	—	—
Heringen	6,20	8	30	—	—	—	—	—
Friedewald	12,80	14	90	—	—	—	—	—
Schmalkalden	41,54	243	50	—	—	—	—	—

Bemerkungen.

8.

Ahrdtbach mit Nebengewässern 15 km, 5 ℳ. — Begradigung und Wiesenbewässerung. — Ehlybach 8 km, 21 ℳ mit Haustädter-Bach. — Bieberbach und Zuflüsse 3 km, 5 ℳ. Mühlen.

Perf 10,7 und Ganzbach 13,6 km (18 ℳ 50 ₰ u. 18 ℳ 10 ₰). — Dautphe mit Nebenbächen 6,7, Allna 7,8, Salzböde 8,3 km und Nebengewässer.

Lahn von der Grenze Biedenkopf-Eckelshausen an, 10 km, mit Katzenbach und Runzelbach 7 km und Dautphe 8 km (zusammen 66 ℳ). — Derbach bis an die Oberförsterei Treisbach (Rgbzk. Cassel) 7 km. — Wehre.

Lahn in Gemarkung Biedenkopf 7,5 km, 92 ℳ. — Perf mit Nebenbächen 7 km, 32 ℳ. — Simmersbach 4 km.

Eder 13,8 km und 17,7 km Nebenbäche. Lachs, Forellen, Aesche, Barbe, Hecht, Aal und Krebs.

Eder 8,62 km nebst 2 Mühlgräben und Battenfelder-Bach (3 und 6,25 km) für 67 ℳ verpachtet. — Lachs, Forelle, Aesche ꝛc. in der Eder. — Lenspher-Bach 10,5 km, 6 ℳ 86 ₰.

Eder mit Mühlgräben 10 km; Nebenbäche 23 km. — Nur der obere Elbrighäuser-, der Lenspher- und Inselbach sind verpachtet; die übrigen Strecken zusammen Laichschonrevier.

Sp. 4. 27 km Laichschonreviere, 8,8 km nicht genützt. — Sp. 7. 1,227 ha davon mit Dienstland zusammen verpachtet; die übrigen Teiche in Administration ohne Angabe des Ertrags.

Flörsbach mit Lohr- und Spörkelsbach.

Bieberbach mit Zuflüssen, 22 km, und 2 Teichen (6 ℳ). — Ableitung der Hauptquellen nach Frankfurt a. M. Kinzig 2,2 km und 19,7 km Bäche im Bezirke des Altenhaßlauer Gerichts. Zum Theil Koppelfischerei.

10 km Kinzig am linken Ufer. — Bieberbach mit 3 Nebenbächen, zusammen 12,5 km. — Haffelbach 5 km (Oberförsterei Orb).

Bannwasser des Mains 1,5 km für 39 ℳ. — Mainkanal 0,6 km für 101 ℳ. — Kinzig 10,7 km für 510 ℳ. — desgl. 3,2 km. in O. F. Langenselbold für 115 ℳ. — 9 Bäche des Freigerichts 10 km für 3 ℳ. — Bulaulachen. — Mühlbach, Terminei u. f. w.

Joffa mit Sahlensee.

Nidda 4 km. — Nidder 12 km. — Krebsbach 8, Braubach 3, Gräben und Lachen in der Gemarkung Borkenhain 2 km. — Sp. 5. Einige isolirte Wasserlöcher. — In der Nidda und Nidder zum Theil Koppelfischerei.

Kinzig 6,4 und 1 km Mühlgraben für 156 ℳ. — Salz und Kling je 3 ℳ. Niedriger Wasserstand und 4 Mühlen hindern in der Kling den Aufgang von Fischen aus der Kinzig.

Sinn 6, mit Lederhosen- und Westerbach, zusammen 10 km. — Joffa 14,1 km. — Mühlen- und Wiesenbewässerungs-Wehre.

Kinzig 4, Steinaubach 10, Salz 3, Stubbach 4 km.

Schmidt-Wasser 4,4 für 9 ℳ. Sinn, oberer Lauf, 4,5 für 213 ℳ, Sinn, unterer Lauf, 8 für 39 ℳ, Steigersbach oder Wann 1,2 km.

Brandensteiner Fischwasser 10 km. — Kinzig 6 und Ahlersbach 1,8 km. — Wolperwasser 1,4 km.

Stillerzer-, Magdloser-, Langenauer-, Rückerser-Wasser, zusammen 10,6 km. — Kemmete 11,8, Fliede 7,5, Kohlgraben und Lützwasser 4,2 und Abzugsgraben des Neuhöfer Weihers 1 km. — Viele Mühlen an der Kemmete und Fliede. — Koppelfischerei in 2,3 km des Stillerzer-Wassers.

Thalauer- 3,2 und Rodholzer-Wasser 4,5 km. — Wiesenbewässerung.

Außer einigen Strecken der Fulda (7 km), schönen Fulda (2,3) und Fliede (2,3), nur unbedeutende Krebs- und Forellenbäche. — Künstliche Fischzucht des Müllers Roth in Döllbach. — Koppelfischerei auf einer kurzen Fuldastrecke. — Sp. 5. Zwei Teiche bei Schloß Adolphseck. Karpfen.

Kalte Lüder und Joffa, 5 und 10 km. Berechtigungen Dritter in der Joffa. Roda 7 km für 20 ₰. — Sp. 4. Giesel, fischleer. — Flachsröften und Jauchenabfluß von Giesel.

Lüder 10,5, Kaltebach 2,5, Altefeld 8,5 km. — Aalfänge in der Lüder und Berechtigungen Dritter.

Ulster 29,6 km (incl. Mühlgraben bei Hilders). — Liebhardter- und Brander-Wasser 5 km.

Haun 10,7, Bieber 6,4, Wanne 15, Nesse 10,1, Nüste 13,2 km. — In den ersten beiden Gewässern Berechtigungen Dritter. — Fischzucht-Anstalt des landwirthschaftlichen Centralvereins zu Hablings-Mühle.

5,8 km Haun- und 2,3 km Fuldastrecken. — Wehre. — Sp. 5. Bernhardser- und Stöckelser-Teich. Im ersteren Karpfen, im letzteren Forellen.

Haun 10 km. Zwei Mühlenwehre und Aalfänge. — Nüst mit Dammersbach, resp. 5,2 und 2,5 km. Wehre und Mühlgräben.

Haun 7, Grüffelbacher- 4, Großentafter-Wasser 3 und Schlierbach 1,12 km. Koppelfischerei in der Haun. 5 Mühlenwehre mit Aalfängen.

Schelde 23 km. 5 Mühlen bis Ransbach. — Sterkelsbach 5,4 km. Mühlenwehr über Heimboldshausen, dann Wiesenbewässerung oberhalb Neuroda. — Röhlingsbach 1,4 km, im Sommer ohne genügendes Wasser. — Herfa 7 km, Mühlenwehre und Wiesenbewässerung.

Fulda 11,1, Haun 5,7, Schuppach 2,8 km. Aalfang bei der Mühle zu Unterhaun und bei der Eichmühle; letzterer ist zu 15 ℳ verpachtet.

Werra in zwei Strecken. Berechtigungen Dritter. Wehre bei Lengers und Heringen.

Solz 6,6, Nausiser-Wasser 4,5, Ziebach 1,7 km. Die beiden letzten Forellen- und Krebsbäche leiden im Sommer an Wassermangel.

Werra 5,25 km für 12 ℳ, Hasel 6,2 km für 50 ℳ, Stillerbach mit Breitenbach 4,5 für 9 ℳ 50 ₰, Haderholzwasser 1,3 für 6 ℳ, Schmalkalde 4,9 nebst Nesselbach 3,3, Schonrevier; frühere Pacht 71 ℳ; Schmalkalde, 3 Strecken und Beigewässer, zusammen 5,25 km für 45 ℳ 50 ₰, Truse 8,6 km für 45 ℳ 50 ₰. — Fahrenbach 2,32 für 4 ℳ. — Viele gewerbliche Anlagen an der Schmalkalde, Truse und Hasel.

Oberförſterei	Länge der verpachteten Flüſſe	Jährlicher Pachtertrag		Länge der nicht verpachteten Flüſſe	Größe der verpachteten Seen oder Teiche	Jährlicher Pachtertrag		Größe der nicht verpachteten Seen oder Teiche
	Kilometer.	$\mathscr{M}$	₰	Kilometer.	Hectare.	$\mathscr{M}$	₰	Hectare.
1.	2.	3.		4.	5.	6.		7.
Niederaula	24,00	4	50	—	—	—	—	—
Oberaula	13,00	9	40	—	—	—	—	—
Neukirchen	71,00	47	90	—	1,019	36	20	—
Hersfeld	26,80	26	10	—	—	—	—	—
Neuenstein	10,00	9	—	2,50	—	—	—	—
Wallenstein	13,00	14	20	—	—	—	—	—
Wildeck	30,50	9	85	—	1,167	45	—	—
Meckbach	10,20	73	80	1,65	—	—	—	—
Rotenburg-Oſt	63,00	10	—	—	—	—	—	—
Rotenburg-Weſt	33,60	86	40	—	* 0,500	—	—	—
Rengshauſen	3,10	2	50	—	—	—	—	—
Morſchen	24,00	103	15	—	—	—	—	—
Reichenſachſen	6,00	12	20	—	—	—	—	—
Biſchhauſen	31,00	27	20	—	—	—	—	—
Biſchofferode	14,00	2	70	—	0,128	1	—	—
Wannfried	24,00	157	60	—	—	—	—	—
Allendorf	33,40	25	50	30,00	—	—	—	—
Meißner	14,50	3	—	—	—	—	—	—
Witzenhauſen	11,00	15	50	—	—	—	—	—
Neuſtadt	23,84	36	50	17,31	—	—	—	—
Rauſchenberg	17,90	74	60	—	—	—	—	—
Mengsberg	10,60	2	50	—	1,000	5	—	—
Todenhauſen	29,30	82	10	—	—	—	—	—
Jesberg	20,77	4	50	—	—	—	—	—
Densberg	11,00	6	—	—	—	—	—	—
Roßberg	22,30	53	50	—	—	—	—	—
Marburg	20,00	220	70	6,80	0,500	5	90	—
Ellnhauſen	42,39	55	20	—	—	—	—	—
Bracht	8,00	4	50	—	—	—	—	—
Oberosphe	20,00	18	—	—	—	—	—	—
Treisbach	4,40	16	40	—	—	—	—	—
Roſenthal	31,00	5	25	4,00	—	—	—	—
Frankenberg	49,00	93	10	4,00	—	—	—	—
Frankenau	17,40	78	30	—	—	—	—	—
Altenlotheim	11,13	57	—	—	—	—	—	—
Böhl	53,10	239	30	—	—	—	—	—
Spangenberg	31,50	25	—	—	—	—	—	—
Melſungen	43,00	115	10	—	—	—	—	—
Melgershauſen	26,66	263	80	—	—	—	—	—
Lichtenau	8,80	4	—	—	—	—	—	—
Wellerode	10,48	133	—	—	0,358	3	50	—
Rottebreite	12,80	3	—	—	—	—	—	—
Fritzlar	29,98	93	30	—	—	—	—	—

Bemerkungen.

8.

Aula 7, Hattenflüßchen 6, Ibrabach 7 und Falkenbach 4 km. — Eine Mitberechtigung im Ibrabach.

Grenf und Weißenborner Wasser 5, Schorbach 2, Aula 2, Berfa 4 km. Koppelfischerei in der Aula.

Schwalm 22, Grenf 7, Urbach 4, Steina 13, Grenzebach 15, Buchenbach und 2 andere Bäche 10 km. — Koppelfischerei auf Strecken der Schwalm und Grenf. — Sp. 5. Seigertshäuser Teich 0,69 ha und ein Fischbehälter in der Steinaer Gemarkung.

Walmeröder-Bach 4, Geis 11, Asbach 5, Rohrbach 5,8 km und ein Krebsbach. — Abfluß von Tuchfabriken in die Geis.

Geis mit 3 Nebenbächen. — Sp. 4. Erzebach.

Schwarzenborner-, Süßebach und Schlufthardt, zusammen 3 km für 3 ℳ. — Breitenbach 2, Ronnebach 6 und Forellenwasser neben den Wallensteiner Teichen 2 km.

Iba mit Hüttengraben 7,5, Silzerbach 3,75, Ulfe 11,75, Bach in Gemarkung Wildeck und Bach in Gemarkung Machtlos, zusammen 7,5 km. — Sp. 5. 5 Teiche. 2 Brutapparate in Thätigkeit.

Fulda 6 km. — Wehr, Mecklarer Mühle. - Breitzbach 4,2 km. — Sp. 4. Ellrod-Bach.

Bebra 12,32, Hasel mit Nebenbächen 13 und 5,2, Guda 8,6, Guttelsbach 4,8 km und 3 unbedeutende Bäche.

Fulda 13,6 km. Ein Wehr. — Osterbach 8, Heinebach 4, Mündersbach 8 km. Im letzteren Koppelfischerei. — Sp. 5. See. Hecht und wenig Karpfen.

Efze 1,3 und Licheroder Bach 1,8 km.

Fulda 11,5 km in zwei getrennten Strecken. Wehr mit 2 Mühlen. — Geidelbach und Sparnhager Krebsbäche 7, Wichtebach 5,5 km.

Theil der Sontra, Netra und ihres Zusammenflusses, zusammen 6 km. Stauwerk zur Wiesenbewässerung; 2 Mühlen mit 3 Wehren.

Sontra 2, Hosbach 5 km, Wohra 18, Bierbach 8 km. In beiden letzten theilweise Koppelfischerei.

Lande 8, Pfiefe 6 km. — Sp. 5. Sammelteich bei Stölzingen. Karpfen und Forellen.

Werra 15,5 km incl. altes Flußbett. Koppelfischerei. Pacht 152 ℳ 90 ₰. — Frieda 4, Landwerks bei Grebendorf 2, Mühlbach bei Heldra 2,5 km. Koppelfischerei mit Eschwege.

Gelster 3, Riedbach 5, Rückeröder Fischw. 7, Hollenbach 2, Kupferbach 1,6, Hitzelroder Bach 2,8, Werra 4 km. Zum Theil Koppelfischerei. — Stollenwasser des Meißner. — Sp. 4. Werra bis zur hessischen Grenze abwärts. Fischerzunft zu Allendorf gegen eine Abgabe an den Staat; der Betrag ist nicht angegeben.

Rodebach 4, Hauser-Wasser 2,5, Gelster- und Heinebach 5, Dudenroderbach 3 km.

Hungershäuser-Bach 3, Wilhelmshauser-Bach 5, Fahrbach 3 km.

Schwalm 2,1, Antreff 5,7, Wiera und alte Wiera 9, Claus 4,1, Klein 9,77, Josklein 7,54 km. Fischbach und Neustädter W. Wehre in Antreff, Wiera und Klein. — Sp. 4. Klein und Josklein.

Ohm 7,6, Wohra 4,3, Hatzbach und Wadebach, 4 und 2 km. Wehre und Mühlen.

Obere Hatzbach 1,6, Mengsberger und Lischeider W. 5 und 4 km. — Sp. 5. Georgsteich. Hechte.

Schwalm 14,7, Gersch 6,4, Ulmes 1,8, Ohe 6,4 km.

Gilsa 3,57, Katzbach 4,46, Treisbach 4,3 km und 6 andere unbedeutende Bäche.

Gilsa 7, Norde und Lüderbach je 2 km. Mühlenwehre und Gräben.

Zwesterahn 21 und Lahn 1,3 km. In ersterer viele Wehre und außerdem Stauwerke zur Wiesenbewässerung.

Lahn 18,4, Ohm 6,8 und Rothes Wasser 1,6 km. Im letzteren Koppelfischerei. Eine Lahnstrecke ist zum Laichschonrevier bestimmt. — Sp. 5. Verlassenes Ohmbett.

Ohe 5,7, Lahn 3,8, Grundelw. 6,9, Salzböde 5,6, Vers 4, Allna 4 km, sowie noch einige unbedeutende Bäche. In der Ohe Koppelfischerei.

Rothes Wasser, 4 Mühlenwehre.

Wettschaft 6 km. Auf einer Strecke Koppelfischerei. Mühlenwehre und Gräben. — 2 Krebsbäche zu je 7 km.

Lahn in den Feldern von Großfelden, Sterzhausen und Michelbach. 1 Mühlenwehr. Geringer Wasserstand im Sommer.

Wohra 1, Schweinfe 8, mit Holzbach 7 und Fischwasser bei Römershausen 4 km. — Bentreff (Sp. 4) 4, das kalte Wasser 6 und Nimpfe 5 km.

Edder mit zwei Mühlengräben 4,5 und 2, Steinernes Wehr bei Frankenberg und Wehr' in den Mühlgräben, Nuhne mit 5 Mühlengräben 16 und 5 km, wovon 4 km (Sp. 4) Schonrevier. 12 Strauch- und 2 steinerne Wehre. — Somplarsches Wasser 3, Dudenbach 1,5, Nienze 5, Bach bei Heine 7, bei Röddenau 9 km. — Wiesenbewässerung.

Edder 5,2 für 75 ℳ 50 ₰, Längelbach 2,7, Treisbach 2,3, Harth 3, Lorfe 1,8, Wese mit Lohlbach 2,4 km.

Edder 5 und Lorfe 6 km.

Edder 10,3 für 178 ℳ, Panse 7,2. Koppelfischerei mit Waldeck. Bärenbach 6,5, Werba 3, Ase 3,7, Itter 8.1, Mühlen und Wiesenbewässerung, Orke 4,94, Treisbach 2,3, Diemel 7 km.

Pfiefe 7,5, Wehr unter Adelshausen, Bocke 8 und Esse 9 km. Abfluß von Kohlengruben. — Ohra 7 km.

Fulda 7 km. Tuchfabriken und Gerbereien zu Melsungen. — Pfiefe 4, Kehrenbach 10. Mülmisch 12, Trockene Mülmisch 5, Schwarzenbach 5 km.

Fulda zwischen Lobenhausen und Körle, sowie von Wagenfurth bis zum Kaltenbach 12,4 km, Friedrichsgraben 1,7 km, Edder 6,2 für 75 ℳ 50 ₰, desgl. mit dem unteren Ende der Schwalm 3,17, Sunderbach 3,6 km und Hainbach. — Berechtigungen Dritter in der Edder und Fulda.

Wohra 5 km. Koppelfischerei mit dem Hause Hambach. — Hollstein 3,8 km. Wassermangel im Sommer.

Fulda in 2 getrennten Strecken 3,6 und 1,84 km, Fahrenbach 5 km. Wassermangel. — Sp. 5. Christbrunnen-Teich und Röhrenbach. Karpfen und Forellen.

Nieste in zwei getrennten Strecken. Zum Theil Koppelfischerei, Mühlen mit langen Ableitungsgräben, Wiesenbewässerung.

Edder von der Waldeck'schen Grenze ab in zwei getrennten Strecken 7,5 und 1,9 km. Zum Theil Koppelfischerei, Emse 10,4, Elbe 6,2, Gleicher Mühlengraben 2,5, Ruppenbach 1,6 km.

Oberförsterei	Länge der verpachteten Flüsse	Jährlicher Pachtertrag		Länge der nicht verpachteten Flüsse	Größe der verpachteten Seen oder Teiche	Jährlicher Pachtertrag		Größe der nicht verpachteten Seen oder Teiche
	Kilometer.	ℳ	₰	Kilometer.	Hectare.	ℳ	₰	Hectare.
1.	2.	3.		4.	5.	6.		7.
Naumburg	13,28	10	50	—	—	—		—
Sand	6,00	6	90	—	—	—		—
Kirchditmold.	23,80	253	20	—	—	—		—
Ehlen	6,50	2	—	2,00	—	—		—
Gahrenberg	29,90	13	—	3,00	—	—		—
Veckerhagen	26,20	27	—	—	—	—		—
Hombressen	—	—	—	—	0,500	15	—	—
Hofgeismar	17,00	185	—	—	—	—		—
Gottsbüren	7,20	171	—	—	—	—		—
Carlshafen	16,60	23	70	—	—	—		—
Heisebeck	11,00	7	88	—	1,050	30	—	—
Summe	1 768,98	6 608	17	79,26	7,742 *1,700	216	90	—
Provinz Hannover.								
Elbingerode	36,30	23	—	—	0,475	6	—	—
Lauterberg	21,00	25	—	—	—	—		—
Kupferhütte	4,30	29	50	—	—	—		—
Oderhaus	13,70	6	20	—	—	—		—
Torfhaus	19,60			—	—	—		—
Altenau	5,00			—	—	—		—
Gemkenthal	15,00	15	—	—	—	—		—
Riefensbeck	10,00			—	—	—		—
Schulenberg	34,60			—	—	—		—
Sieber	21,00	27	—	—	—	—		—
Lonau	12,10	27	—	—	—	—		—
Osterode	15,00	—	—	—	—	—		—
Grund	18,90			—	—	—		—
Lautenthal-Ost	26,20	9	—	—	—	—		—
Lautenthal-West	5,00			—	—	—		—
Escherode	11,50	1	50	—	—	—		—
Cattenbühl	6,00	1	50	—	—	—		—
Mollenfelde	—	—	—	1,70	—	—		—
Gr. Lengden	7,00	5	—	—	—	—		—
Hemeln	—	—	—	3,00	—	—		—
Nienover	*2,00	—	—	—	0,500	6	—	—
Knobben	—	—	—	—	0,060	12	—	—
Neuhaus	—	—	—	3,60	?	—		—
Seelzerthurm	22,20	1	50	—	—	—		—

Bemerkungen.

8.

Erpe 7,4, Laibecke 2,7 und Elbe 3,1 km.

Ems 2,4 km und drei unbedeutende Bäche.

Fulda vom Horbacher Graben bis zur Bauna 1,4 km und vom Rothengraben bis zum Wehr der Neuenmühle 1,8 km, Edder von der Grifter Mühle bis an das Guntershäuser Fischwasser ca. 1,4 km, Pacht 130 ℳ, Bauna 6,8, Zwehrenerbach 1 Ahne 5,5 mit Mombach und Harleshauser Bach, zusammen 2,4 km. Gewerbliche Anlagen. — Wahlershäuser Wehlheider und Nordshäuser Bach 3,5 km. Grubenwasser.

Warme 3, Rohrbach 3,5 und Erpe 2 km.

Fulda 4,4 km (Koppelfischerei) mit Krumbach, Osterbach, Mühlenbach, Elsterbach und Rattbach, zusammen 18,7 km; Esse 3, Holzkapa 2, Erlenbrunnenwasser 1,8 km, fließen zur Diemel. — Sp. 4. Trockene Ahle zur Weser. In den meisten Bächen Wassermangel im Sommer.

Weser ca. 14 km. Erbleih-Fischer zu Vaake und Veckerhagen, außerdem Koppelfischerei. — Nasse Ahle, 3,7 km, Grenzbach mit O. F. Gahrenberg. — Hemel 4,5, Olbe 2 km, Hechtsteigepfühle bei Veckerhagen und Gottestreu.

Wildenteich. Karpfen.

Diemel von Eberschütz bis Trendelburg 10 km und Esse 7 km. — Wiesenbewässerung und Wehre bei Sielen und Trendelburg.

Diemel 2,6 und Mühlengraben der Trendelburger Mühle, Pacht 166 ℳ. Mühlen- und Kellerbach 3,8 und Weserarm (Herbolds- werder) oberhalb Gieselwerder 0,4 km. Pacht 5 ℳ.

Weser 8,6 km. Koppelfischerei. — Diemel 8 km. Koppelfischerei. Wehre bei Carlshafen und Helmarshausen.

Weser 2 km; an die Gemeinde Lippoldsberg ständig verpachtet. Schwülme 7 km. Zum Theil Koppelfischerei mit Hannover- schem Forstfiscus 2c. — Aalfang an der Vernawahlshäuser Mühle. — Hessenbach 2 km. — Sp. 5. Unterster Teich bei Heise- beck. Karpfen. Blutigel.

Sp. 4. Davon 10,8 km Schonreviere, 53,3 km ohne Pachtangabe und 15,15 km z. Z. nicht nutzbar.

Bode, Warme Bode, Kalte Bode und Nebenbäche. Forellen und Schmerlen, in den unteren Strecken auch Krebs. — Zum Theil Koppelfischerei. — Wehre und Wasserleitungen. Durch letztere werden den Mutterbächen die Fische entzogen. — Sp. 5. 2 mit Karpfen besetzte Teiche (0,2 und 0,275 ha).

11 km Oder und 10 km Nebenbäche (Laichbäche). Guter Forellenstand. Auf der unteren Oderstrecke (Amt Herzberg) auch Aesche.

Oder vom Fabrikstege bis zum Scharzfelder Wehr. Forellen und Aeschen.

Oder. Im oberen Theil vom Oderteich bis Andreasberger Rinderstall nur kleine Forellen; von da ab bis zum sog. Kuntzen- Thal wird die Fischerei allmählich lohnender.

3 km Radau mit den Nebenbächen Abbe 3 und Baste 0,9 km. — Ecker 7, Kellwasser (zur Oker) 1,7, Rothenbeek (zum Oder- teich) 1,7, Oder 2,3 km (ebenfalls zum Oderteich). Mit Ausnahme der unteren Ecker- und Radau-Strecke fast nur Laichbäche.

Oker mit Nebenbächen. — Wehr bei dem Altenauer Hüttenwerk.

4 km Oker mit den Nebenbächen Kellwasser 5, Kalbe 5, Hune 1 km.

Söse.

Oker (3,3 km) mit einer Anzahl kürzerer oder längerer Nebengewässer. Betriebsgräben der Pochwerke und Fischerei in den- selben der Hebung des Forellenstandes hinderlich.

Sieber (Grenzfluß mit Oberförsterei Andreasberg) 14 km. — Große und Kleine Kulmke 5 und 2 km, Nebenbäche der Sieber. Die Fischerei ist neuerdings zwischen Oberförsterei Lonau und Sieber getheilt.

Sieber 6,8, Lonau 5,3 km. In der Sieber 2 Sägemühlenwehre, in der Lonau 1 Wehr.

Söse und Bremkebach, 9 und 6 km. — Durch das Wehr der Osteroder Sägemühle wird die Söse für aufsteigende Fische vollständig abgesperrt. — Bislang mit den Gewässern der Forstinspection Hannover-Clausthal verpachtet.

Innerste 10 km und einige ganz unbedeutende Bäche. In letzteren wenig Forellen. Die Innerste fast fischleer in Folge des Pochsandes aus den Erzwäschereien.

Innerste 20 km mit Spiegelthals- und Grumbach, sowie 2 anderen Nebenbächen (zusammen 3,2 km). — Außerdem Grane und Varley (je 1,5 km), 2 Grenzbäche, in denen Koppelfischerei.

Schildau. Wenig Forellen. — Koppelfischerei.

Nieste. Nebenflüßchen der Fulda. Mittelstrecke des Baches. Zum Theil Koppelfischerei.

Scheede mit unbedeutenden Krebsbächen. Auf der unteren Strecke Koppelfischerei mit Klostergut Hilwartshausen. — Papier- fabrik und Leimsiederei zu Volkmarshausen. Ableitungsgräben.

Rothebach, Nebenbach der Werra. Früher Forellen.

Garte, Nebenflüßchen der Leine. Forellen, im untern Theil auch Barsch und Weißfisch. — Viele Mühlen. Färberei in Benniehausen.

Steinbach, Nebenbach der Nieme, welche bei Bursfelde in die Weser fließt. Forellen. Ist 1878 mit Forellen und Aeschen aus der Fischzucht-Anstalt Cattenbühl (Münden) besetzt.

Reiherbach und Reiherteich. Wenig Forellen. — Beflößung der Wiesen. — Schäfenborn, vorzügliche beständige Quelle.

Kleiner Forellen-Teich gehört zur Officialwiese und ist mit dieser zusammen für 12 ℳ verpachtet.

Lakenbach 2,1 und Ilme 1,5 km. Außerdem ein Teich, dessen Größe nicht angegeben ist. In demselben wird mit Hülfe der beiden Bäche Forellenzucht mit Setzlingen und 4jährigem Umtrieb erfolgreich betrieben.

Ilme 7,2 km und 3,7 km Nebenbäche. — Dieße 4,5 km und einige unbedeutende Krebsbäche. In der Dieße wenig Forellen. Schädigung der Forellenfischerei in der Ilme durch die Mühlen zu Relliehausen.

Oberförsterei	Länge der verpachteten Flüsse	Jährlicher Pachtertrag		Länge der nicht verpachteten Flüsse	Größe der verpachteten Seen oder Teiche	Jährlicher Pachtertrag		Größe der nicht verpachteten Seen oder Teiche
	Kilometer.	ℳ	₰	Kilometer.	Hectare.	ℳ	₰	Hectare.
1.	2.	3.		4.	5.	6.		7.
Diekholzen	16,00	25	—	—	—	—	—	—
Lauenau	—	—	—	—	0,030	1	—	—
Georgsplatz	* 1,00	—	—	—	0,100	6	—	—
Dedensen	2,50	—	30	—	—	—	—	—
Rehburg	20,00	120	—	—	—	—	—	—
Neubruchhausen	* 0,50	—	—	—	0,300	2	50	—
Harpstedt	1,00	3	—	—	—	—	—	—
Knesebeck	—	—	—	1,00	—	—	—	—
Emmen	3,00	7	—	—	—	—	—	—
Sprackensehl	9,50	9	—	—	—	—	—	—
Miele	12,00	1	50	—	—	—	—	—
Walsrode	—	—	—	—	1,463	1	50	—
Lüchow	—	—	—	—	1,000	—	—	—
Carrenzien	—	—	—	4,00	—	—	—	—
Rehrhof	0,60	21	70	—	—	—	—	—
Winsen a. d. L.	—	—	—	6,00	—	—	—	—
Harsefeld	—	—	—	—	1,600	73	40	—
Iburg	—	—	—	1,10	—	—	—	—
Summe	369,00 * 3,50	358	70	20,40	5,528	108	40	—
Reg.-Bez. Schleswig.								
Trittau	—	—	—	—	120,000	150	—	—
Drage	—	—	—	0,30	—	—	—	—
Glücksburg	—	—	—	—	54,000	230	—	—
Summe	—	—	—	0,30	174,000	380	—	—

Bemerkungen.

8.

Beufter, Nebenbach der Innerste. Vorzügliches Forellenwasser. Ertrag durch Diebstahl reducirt; jetzt jährlich kaum 8 kg Forellen. Früher auch reichlich Krebse, jetzt gar keine mehr.
Karpfenteich.
Forellenteich und Bach. Der Bergwerksbetrieb ist der Fischerei nachtheilig.
Lohnderbach, Nebenbach der Leine. Angeblich fischleer; nur bei Hochwasser der Leine können Fische aufsteigen.
Mehrbach (Abfluß des Steinhuder Meeres) 10 km, Brandbach 4, Rothe- und Kohlenbach 6 km. — Hecht, Aal und Weißfische.
Hacke nebst Mühlenteich, sowie ein Teich am Steinwege bei Neubruchhausen. — Hecht.
Delme. Blei, Schlei, Aal und Hecht.
Bornbruchsbach. Wenig Forellen.
Ise. Aal, Hecht, Rothauge. — Flößerei.
Lachte (6,5 km) mit Kainbach (Gemarkung Steinhorst) Forellen. Zum Theil Koppelfischerei. Der Forellenstand ist durch frühere unpflegliche Behandlung und durch fortwährende Begradigungen der Bäche stark reducirt.
Mieler-, Sunder- und Kohlenbach, je 4 km. Es kommen spärlich Forelle, Schlei, Aal, Quappe und Krebs, sehr selten auch Hecht vor.
Schlenke-Teich. Hecht, Blei und Weißfisch. — Der Verbindungsbach mit der Aller ist in Privathänden und kann bei gewöhnlichem Wasserstande abgesperrt werden.
Das sog. kleine Wasser hinter dem Forsthaus Pretzetze. — Blei, Hecht, Aal. (Nach früherer Angabe zu 3 ℳ verpachtet.)
Rögnitz, Grenzfluß mit Mecklenburg. Wenig Aal, Hecht und Weißfisch.
Oertze. Aal, Schlei, Hecht, Barsch, Weißfisch und Krebs. — Koppelfischerei mit 7 Uferbesitzern. — Stauwerke zur Wiesenbewässerung.
Hausbach. Einige Hechte und sogenannte wilde Karpfen steigen zur Laichzeit aus der Ilmenau in den Bach.
Zwei Teiche, von denen der Kleine Ilseteich 1,1 ha groß. — Karpfen und Schlei.
Diffener-Bach. Forellen von der Quelle bis zur Diffener Mühle. — Erpener-Bach oder Kleine Beier. Hecht; unterhalb der Palsterkamper-Mühle auch Blei. — Koppelfischerei mit den Anliegern. — Schädliche Abflüsse einer Sodafabrik.

Großensee, 75 ha, 135 ℳ. Barsch vorwiegend, dann Hecht und Blei, Maräne sporadisch. — Lütjensee, 45 ha, 15 ℳ, meistens nur 4 bis 5 m tief. Dieselben Fischarten ohne Maräne.
Drager Aue. Wird im April vom Aländer besucht; sonst Weißfische, Rothauge und Aal. Berechtigung Dritter am gegenüberliegenden Ufer.
Glücksburger Mühlenteich, 35 ha. Pachtgeld incl. des Lachsfanges in der Schwennau beim Jungfernberg, innerhalb der Feldmark Glücksburg, 130 ℳ. Der Teich dient zum Betriebe der Glücksburger Erbpachtsmühle und darf deshalb der Fischerei wegen nicht abgelassen werden. — Teich Westerwerk (Distrikt 84a) 19 ha, 100 ℳ Pacht, hat seinen Abfluß in die Flensburger Föhrde, aus welcher indessen bei hohem Wasserstande Wasser in den Teich eindringt. Hecht, Blei, Schlei und Barsch.

II.

Vertheilung der fiscalischen Gewässer nach Flußgebieten.

Zahl und Art der Wasserstücke.

Verbreitung der wichtigsten Fischarten.

Ergänzungen und Zusätze zu den unter I. gegebenen Uebersichten.

1. Regierungsbezirk Gumbinnen.

A. Von den domänenfiscalischen Fluß- und Bachstrecken gehören dem Weichselgebiet 173, dem Pregelgebiet 152 und der Memel (incl. Minge 142,5 km an, indessen sind nur 131,5 km besonders verpachtet und zwar für 10 934 *M* 50 ₰; 216 km sind mit Seen oder Teichen, 30 mit Domänen zusammen in Pacht gegeben und 90 werden von Seiten des Fiscus nicht genutzt. Den größten Theil des Pachtertrages bringt die Memel im Kreise Tilsit (21 km, 403 *M*) und ihr weiterer Lauf im Kreise Heydekrug, der Ruß-, Atmath- und Skirwieth-Strom (36 km, 10 123 *M*).

Am häufigsten kommen in diesen zuletzt genannten Gewässern Blei (Brassen), Zander, Zärthe, Hecht, Plötze, Barsch, Kaulbarsch, Ukelei und Schlei vor. Periodisch erscheinen: 1) der Lachs in der Zeit vom 1. Mai bis Mitte October; 2) das Neunauge von Anfang September bis Mitte Januar; 3) die Quappe im November aufwärtssteigend und Ende Januar sich zurückziehend; 4) der große und kleine Stint von Mitte April bis ca. 10. Mai, je nach der Witterung. Vom Lachs wird besonders der Skirwieth-Strom aufgesucht, viel spärlicher vom Stör und Schnäpel. Bekannt sind die reichen Erträge an dem Lachswehr bei Skirwieth (in 3½ Monat 34 327 Pfd.). Ueber frühere Erträge des dortigen Lachsfanges siehe Circular des Deutschen Fischerei-Vereins 1872 pag. 199 und 206, sowie Wittmack, Beiträge zur Fischerei-Statistik pag. 100.

In die Minge sollen Lachs und Stör nicht gehen. — Der Quappen- und Neunaugenfang ist namentlich im Unterlauf der Memel von Bedeutung. An Seen, resp. Antheile an Seen umfaßt die domänenfiscalische Fischereinutzung ca. 230 Wasserstücke. Verpachtet sind 52 333,8 ha einschließlich 216 km Fluß-, Kanal- oder Bachstrecken zu 107 650 *M*; Domänenzubehör ohne Pachtangabe 261 ha. Im Durchschnitt ist das Hectar zu rund 2 *M* verpachtet.

Maräne und Stint kommen fast nur in den größeren und tieferen Seen vor. Zander wird nur in drei Seen angegeben, ebenso der Karpfen. Die Verbreitung des Wels ist eine verhältnißmäßig beschränkte. Blei in ca. 34 Seen, darunter in einigen als Seltenheit.

In vielen Seen wird die Wasserpest als ein Hinderniß der Fischerei betrachtet. — Schonreviere sind im Biallolawker-, Rosch-, Arys-, Rudnick-, Lucknainer-, Straduneck-, Possessern-, Goldapgar-, Schwentainer und Laßmiaden-

See eingerichtet. — Der Hebung der Fischerei stehen namentlich zahlreiche, wenn auch in der Regel beschränkte Berechtigungen Dritter zur Tischesnothdurft mit sogenanntem kleinem Gezeuge entgegen.

B. Von den forstfiscalischen Fluß- und Bachstrecken gehören dem Weichsel- gebiet 45,4, dem Pregelgebiet 28,6 und dem Memelgebiet 153,5 km an. Auch hier sind die zum Memeldelta zu rechnenden Wasserzüge, die alte und neue Gilge, der Seckenburger Kanal und der Nemonien-Strom die wichtigsten, namentlich aber das Gebiet des letzteren, welcher aus Schalteik, Schnecke und anderen innerhalb der Niederung in der Nähe des linken Memelufers hervor- brechenden Grabengewässern entsteht und oberhalb der Mündung des Friedrichs- grabens vom Moosbruch her den Laucknen-Strom und die Timber aufnimmt. Nemonien 1,3 km, 131 *M*, Schalteik 8,8 km, 178 *M*, Schnecken-Fluß 11 km, 123 *M* Pacht. In der neuen Gilge und dem Seckenburger Kanal, zusammen ca. 7 km (O. F. Tawellningken), werden durchschnittlich pro Jahr und Hectar 28 bis 30 kg Fische gefangen.

Lachse werden in den forstfiscalischen Flußstrecken nicht gefangen. Forellen führt unter den Nebenflüssen der Memel die Wischwill, unter denen des Pregels die Rominte mit Jodupp und der Dobawer-Fluß. Junge 30—40 cm lange Welse kommen während der Sommermonate in der Arge, Lauckne u. s. w. vor; größere werden niemals angetroffen.

An Seen, Teichen, Torfausstichen u. s. w. nutzt die Forstverwaltung ca. 101 Wasserstücke, wovon ca. 206 ha der O. F. Puppen im Regierungsbezirk Königsberg liegen. Die Durchschnittspacht stellt sich für das Hectar auf 2 *M* 50 ₰.

Maräne in 6, Stint in 11, Wels in 5 und Zander nur in 3 Seen (Mucker-, Kleine und Große Sdrusno-See), Blei in 15—20 Seen.

Hindernisse der Fischerei sind viele vorhanden; sie bestehen namentlich in zahlreichen beschränkteren oder ausgedehnteren Berechtigungen Dritter, in Flößerei, Stauwerken, gewerblichen Anlagen, ungünstigen Naturverhältnissen und Diebstahl.

2. Regierungsbezirk Königsberg.

A. Pachtertrag von 140,5 km Fluß- und Bachstrecken 815 *M*, nicht ver- pachtet 315 km. Dem Weichselgebiet gehören nur 0,5 km an mit 10 *M* 50 ₰ Pacht; dem Pregelgebiet 286 (197 nicht genutzt, 89 mit 502 *M*); der Passarge 53 km (14 nicht genutzt, 39 zu 47 *M*); der Dange 12 km mit 256 *M*. Das Gebiet des Frisching, 104 km, wird von Seiten der Domänenverwaltung wegen anderweitiger darauf lastender Berechtigungen gar nicht genutzt, dasselbe scheint auch der Grund für die Nichtverpachtung der vorhin angeführten Flußstrecken zu sein.

Der Lachs scheint keine der hier in Betracht kommenden Flußstrecken zu besuchen. Ueber das Vorkommen der Forelle siehe unter B. Zander und Wels finden sich in der Alle, Kreis Wehlau und Eylau; Wels außerdem noch in der Deime und Nehne (Pregelgebiet). In der Dange von der Tauelaufer Brücke bis zur Mündung in das Kurische Haff wird das Vorkommen von

Karpfen erwähnt, zugleich aber auch über starke Raubfischerei der Uferbesitzer im oberen Theile des Flusses Klage geführt. In der Passarge ist das Wehr bei der großen Amtsmühle in Braunsberg ein Hinderniß für die zur Laichzeit aus dem Frischen Haff und der Ostsee stromaufwärts ziehenden Fische. Die Passarge-Strecke vom Mühlenüberfall daselbst bis zur Mühlenbrücke ist als Fischschonrevier erklärt.

Die ca. 64 Wasserstücke, meist Seen, auf welche sich die domänenfiscalische Fischereinutzung erstreckt, befinden sich zur größeren Hälfte (1 474 ha) in Erbpacht, 751 ha sind zu 2138 $\mathcal{M}$ verpachtet, 224 ha werden nicht genutzt und 277 ha gehören zu Domänenpachtungen. Die Durchschnittspacht stellt sich für das Hectar auf 2 $\mathcal{M}$ 80 λ. Teiche sind einige vorhanden (Domäne Barten und Rastenburg), erwähnenswerth der Oberteich bei Königsberg 24 ha, gegenwärtige Pacht 615 $\mathcal{M}$.

Maräne neben Wels im großen und kleinen Lensker-See, woselbst auch wie im Grammen-See noch sehr viel Krebse. Wels und Stint im Grammen- und Lehlesken-See (Kreis Ortelsburg). Karpfen in den Althöfer-See eingesetzt. Blei nur in ca. 12 Seen. In manchen, namentlich kleineren Seen, hat der Stichling eine den Fischereiertrag schmälernde Ausbreitung erlangt.

Der Hebung der Fischerei stehen auch hier, wie im Regierungsbezirk Gumbinnen, zahlreiche Hindernisse durch die Berechtigungen Dritter, sowie durch gewerbliche Anlagen u. s. w. entgegen.

B. Die der Forstverwaltung zustehenden 259 km Fluß- und Bachstrecken vertheilen sich nach den Flußgebieten folgendermaßen: Weichselgebiet 66, Pregelgebiet 12, Memelgebiet 95, Gebiet der Küstenflüsse Passarge, Frisching, Baude 85 km. Den ersten Platz nehmen auch hier wie im Regierungsbezirk Gumbinnen wiederum die Wasserzüge des Memeldeltas ein, der Nemonien und die Gilge mit ihren Nebengewässern; sie participiren an dem Pachtertrage der Flußfischerei mit 4 614 $\mathcal{M}$. Für den Neunaugenfang im Gilge-Strom und seinen Beigewässern Beiszoge, Maischkate u. s. w., sowie im Seckenburger Kanal wird allein 915 $\mathcal{M}$ Pacht bezahlt.

Die häufigsten Fische des Nemonien sind Hecht, Barsch, Schlei, Plötze und andere Weißfischarten; Blei und namentlich Halbbrassen sind weniger häufig. In dem Theile vom Einfluß der Timber und Laucknen abwärts auch Kaulbarsch und Ukelei, namentlich im Winter, im untersten Ende vom Eintritt des Seckenburger Kanals an kommen periodisch auch Quappen und Stinte zahlreich vor, Wels nur in vereinzelten Exemplaren. Neunaugen werden am häufigsten in der Gilge gefangen. Krebse sind selten. Des Lachses geschieht nur in der Gilge als einer Seltenheit Erwähnung. — Im Pregelgebiet kommen Forellen, wenn auch selten, doch im Alle-Fluß (O. F. Ramuck) vor; im Weichselgebiet im Parowe-Bach, einem Zufluß der Drewenz, und sind hier Laichplätze im Reviere Jablonken vorhanden (ein Brutapparat ist bei der Mühle Sophienthal in Thätigkeit); ferner findet sich die Forelle in der Passarge, O. F. Kudippen.

Die Fischereinutzung in Seen, Teichen u. dgl. umfaßt an 159 Wasserstücke mit einer Gesammtfläche von 18 408 ha, wovon indessen 158 ha nicht genutzt und ca. 230 ha in Erbpacht liegen. Die Durchschnittspacht stellt sich für das Hectar auf 1 *M* 42 ₰. Scheidet man die durchweg für einen sehr niedrigen Zins vererbpachteten Flächen aus, so stellt sich die Durchschnittspacht zwar etwas höher, erreicht aber noch nicht die Höhe von 2 *M*. Wie verschieden die Pachterträge für Seen sein können, die in unmittelbarer Nachbarschaft liegen und selbst durch ein kurzes Fließ mit einander verbunden sind, zeigt folgendes Beispiel. Der Drewenz-See, 915 ha, mit sieben Berechtigungen zu Tischesnothdurft und außerdem mit einer der Stadt Osterode verliehenen und von dieser wieder vererbpachteten Berechtigung belastet, ist zu 3000 *M* verpachtet, der Große Gehl-See, 579 ha, mit einer Berechtigung zur Tischesnothdurft und einer zweiten unbeschränkten belastet, für 450 *M*; zwischen beiden und mit beiden durch den Ilge-Fluß in Verbindung liegt der von Berechtigungen Dritter freie Ilge-See, 61 ha groß, der allein 450 *M* Pacht abwirft. — Eine Pacht von etwas über 2 *M* zahlen die polnischen Händler, welche beispielsweise in den Oberförstereien Puppen, Ratzeburg und Corpellen einen Seen-Complex von 1693 ha einschließlich 9 km Sawitz-Fluß für 3721 *M* in Nutzung haben und die Fische größtentheils nach Polen (Warschau u. s. w.) ausführen.

Maräne im Gr. Brabant-, Maransener- und Daddey-See, Stint in 22, Zander in 16, Wels in 13, Blei in ca. 38 Seen, Rohrkarpfen (Aland) im Maransener See.

Im Geserich-, Flach-, Gr. und Kl. Ratzungs-See, zusammen 3 292 ha, ist die Fischereinutzung in den Händen Dritter; fiscalischerseits wird dagegen die Rohr-, Schilf- und Binsennutzung verpachtet, welche gegenwärtig ca. 381 *M* abwirft. Für dieselbe Nutzung, soweit sie in den übrigen Seen getrennt von der Fischerei verpachtet ist, beträgt der jährliche Ertrag ca. 836 *M*.

3. Regierungsbezirk Danzig.

A. Die domänenfiscal. Flußstrecken gehören mit 217 km dem Weichsel-gebiet an, 25 km mit 20 *M* Pacht kommen auf kleinere Küstenflüsse. An der gesammten Pacht für Flußfischerei, 2978 *M*, participiren 59,7 km der Weichsel mit 1472 und 53,7 km der Nogat mit 928 *M*.

Ueber Lachs- und Störfang in der Weichsel liegen Angaben nicht vor. Forellen kommen vor im Schwarzwasser (Kreis Stargardt und Berent); Aeschen im Ferse-Fluß. Unter den kleinen Küstengewässern führen die Sagorcz und die Grenz-Bäche zwischen Cadinen, Stellinen und Lanzen Forellen. Zander und Stint in der Nogat und Weichsel.

An Seen, Lachen u. s. w. sind im Kreise Elbing 6 und im Kreise Pr.-Stargardt 8 Wasserstücke zu verzeichnen. — 5 Seen im Kreise Stuhm zur Verwaltung in Danzig gehörig, sind im Rgbzk. Marienwerder verrechnet, wogegen die im Kreise Pr.-Stargardt gelegenen und zur Verwaltung in Marienwerder gehörenden hier aufgeführt sind. — Unter den Flächen- und Pachtangaben fehlt diejenige für die Sommerfischerei im Drausen-See. Die Marienburger und Elbinger Lache, zusammen 9,88 ha groß, sind zu 1 065 _M_ und die Sommer= und Winterfischerei auf einer 38 ha großen Fläche des Drausen=Sees zu 840 _M_ in Pacht gegeben.

Fabriken, Wasserpest und Schifffahrt nach dem oberländischen Kanal sind der Fischerei im Drausen=See hinderlich. Während die letztere hauptsächlich nur störend auf den Fischereibetrieb selbst einwirkt, sind dagegen die beiden ersteren für die Fischzucht nachtheilig. Die Fabriken, indem sie eine Menge schädlicher Substanzen dem See zuführen, welche bei Nordwind in die in den See einmündenden Flüsse zurückgetrieben werden; die den ganzen See und seine Nebengewässer erfüllende Wasserpest, indem sie bei andauernder Hitze und Ab= nahme des Wasserstandes eine Verschlechterung des Wassers durch Fäulniß ver= ursacht. Durch Vertilgung der Wasserpest, sowie durch Räumung des Elbing= flusses, um den Aufgang der Wanderfische aus dem Haff zu ermöglichen, würde die Fischerei wesentlich gehoben werden.

B. Mit Ausnahme des sog. Krakauer und des Maaß'schen Zuges (resp. 3 und 0,9 km — 240 und 332 _M_ Pacht) im Weichsel=Ausfluß gehören fast alle übrigen Fluß= oder Bachstrecken den Nebengewässern der Weichsel an, nur 7,2 km kommen auf kleinere selbstständige Küstenflüsse oder Bäche. Das bei Schwetz in die Weichsel fließende Schwarzwasser ist mit einer Länge von 67 km vertreten, wovon indessen ca. 17 km aus forstl. Rücksichten nicht genutzt werden; die übrigen 50 km sind zu 82 _M_ verpachtet. Außerdem begegnen wir der Radaune mit 6 km und in und an den Forsten des Revieres Sobbowitz dem Gardschau= und Kladau=Fließ.

Im Weichsel=Ausfluß finden sich Hecht, Brassen, Karpfen, Zander, Zärthe, Neunauge, Lachs, Flunder und Stör. — Forellen im Schwarzwasser, im Struga=Fließ von der Schleuse bis zur Grenze des Reviers Königswiese, in der Radaune, woselbst auch Aeschen vorkommen, im Sagorcz=Fluß und in dem Olivaer= und Strieß=Bach (O. F. Oliva). Die Radaune soll auch auf der Strecke von ihrem Eintritt in den Ostritz=See bis zum Austritt aus demselben vom „Maifisch" aufgesucht werden. Ob es sich hier wirklich um Alosa finta handelt oder ob eine andere Fischart, vielleicht Abramis vimba, gemeint ist, muß vor= läufig dahin gestellt werden.

Die der Forstverwaltung zustehende Fischereinutzung in Seen und Teichen rc. umfaßt gegen 70 Wasserstücke, nämlich 58 Seen, resp. See=Antheile, 6 Brücher, einige Weichselkolke und 3 Teiche. Diese letzteren, zusammen 2,8 ha groß, gehören zum forstfiscal. Mühlengut Freudenthal, liegen am Olivaer Bach und enthalten Forellen in ziemlicher Menge. Seit einer Reihe von ca. 9 Jahren arbeitet daselbst eine fiscal. Fischbrut=Anstalt mit gutem Erfolge.

Maräne im Bordzichow= und Ostritz=See; Wels in 4 Seen (Kreis Pr.=Star= gardt). — Blei nur in wenigen Seen. — Die Seen und Brücher der O. F. Königswiese waren früher Weideflächen und sind erst durch die Anlage von Rieselwiesen in Folge von Druckwasser des Meliorations=Kanals zu Wasser= flächen geworden. Sie sind hauptsächlich von Hecht, Schlei, Karausche und Barsch bevölkert.

4. Regierungsbezirk Marienwerder.

A. Die der Domänenverwaltung zustehenden Flußstrecken, 346 km, sind zu 2414 ℳ verpachtet. Sie gehören sämmtlich zum Weichselgebiet, und zwar kommen davon 165 km theils rechtes, theils linkes Ufer, theils ganze Strombreite mit 2119 ℳ Pachtertrag auf die Weichsel selbst, ca. 18 km auf die Nogat, darunter die alte Nogat im Kreise Stuhm mit 6 km und 108 ℳ. Unter den Nebenflüssen auf der rechten Seite der Weichsel sind zu erwähnen 100 km Drewenz mit 121 ℳ, auf der linken Seite das Schwarzwasser, 10 km mit 44 ℳ, daneben der Brahe= und der Schwarzwasser=Kanal.

Ueber den Lachs und Stör in den betreffenden Weichselstrecken liegen nähere Angaben nicht vor. Die Meerforelle (Trutta trutta) wird noch im Marienwerder Kreise und der Schnäpel im Schwetzer Kreise aufgeführt.

An Seen und Teichen zählen wir ca. 30 Wasserstücke, darunter 4 Seen im Kreise Stuhm, zusammen 269 ha, welche zum Verwaltungsbezirk der Regierung in Danzig gehören. Lassen wir diese, welche incl. Rohr=, Schilf= und Binsennutzung den verhältnißmäßig hohen Pachtertrag von 2446 ℳ geben (Gr. Damerau 201 ha 1003 ℳ, Kl. Damerau 53,3 ha 1050 ℳ, Jungfern 6 ha 150 ℳ und Kiesling=See 8,9 ha 243 ℳ), aus der Durchschnittsberechnung weg, so ergiebt sich für das Hectar 3 ℳ als Durchschnittspacht. Für 179,8 ha Domänenzubehör ist kein besonderer Pachtzins angegeben, dagegen ziehen die Pächter der Domänen Rheden und Seehausen für die Fischerei im fiscal. Antheil des Rhedener Schloßsees (100 ha) und im Althöfer=, Babrower= und Seehausener=See (zusammen ca. 44 ha) eine Afterpacht von 240 ℳ und wöchentlich 18 kg Fische. Schlägt man das Kilogramm Fische im Gelde zu 40 ₰ an, so stellt sich hiernach für das Hectar ein Pachtertrag von 4 ℳ 13 ₰ heraus.

Maräne im Lonkorreck=See, Zander in 4, Wels in 7 Seen, darunter 3, in welchen Zander und Wels zugleich vorkommen (Skrzynka=, Struga= und Studnitz=See). Blei in 9 Seen.

B. Die 172,3 km forstfiscal. Fluß= und Bachstrecken gehören zum größeren Theile den Nebengewässern der Weichsel an, zum kleineren Theile dem Gebiete der Oder. Auf der rechten Seite der Weichsel ist die Drewenz und Liebe mit 3,5, auf der linken Seite das Brahe= und Schwarzwassergebiet mit 138,8 km vertreten. Vom Odergebiet kommen 28 km auf die Küddow und deren Nebengewässer, sowie 2 km auf das Plötzenfließ (Nebengew. der Drage).

Lachs steigt aus der Küddow ab und zu in die Plietnitz bis zum Dorfe Plietnitz aufwärts. Forellen im ganzen Küddowgebiet als Zier=, Haak=, Dobrinka=, Zahne=, Plietnitz=, Pilow= und Rohra=Fließ; ferner im Schwarzwasser mit der Prussina und im Brahegebiet mit Hammer= und Chotzenfließ. Aesche im Plietnitz=Fließ bis zum gleichnamigen Dorfe aufwärts, in der Brahe und im Bielskastruga=Fließ (O. F. Woziwoda). — Eine Fischbrut=Anstalt findet sich bei Schönthal (1876) und ein kalifornischer Brutapparat ist seit vorigem Herbst auf der O. F. Plietnitz in Thätigkeit. Eine Strecke der Rohra (zw. Langen=See und Chaussee) ist Laichschonrevier. — Die Hindernisse für Hebung der Fluß=

Fischerei bestehen vorzugsweise in Stauwerken und Schleusen, sodann in zahlreichen Mitberechtigungen.

An Wasserstücken, bestehend in Seen, See-Antheilen, Teichen, Pfühlen und dergleichen, zählen wir ca. 170 mit einer Gesammtfläche von ca. 4 308 ha, von denen 20 ha nicht genutzt werden. Die Durchschnittspacht für das Hectar beträgt 2 ℳ 86 ₰.

Maräne in 6, Zander in 4, Wels in 12 Seen, darunter 5, in welchen Maräne und Wels zusammen vorkommen. Blei in ca. 34 Seen. — Laichschonreviere im Blinden- und Langen-See. — In den Trebeske-See bei Schönthal sind 1878 Madüe-Maränen und Blaufelchen eingesetzt. Als gutes Krebs-Revier wird im Kr. Löbau eine Reihe kleiner durch Wasserläufe mit einander verbundener Seen, ca. 67 ha, bezeichnet. Diese zum Etat der O. F. Lonkorz stehenden und an Hechten, Barschen, Plötzen und Schleien nicht arm zu nennenden Seen sind bislang mit einer Ackerfläche von 21 ha zusammen für 450 ℳ in Pacht gegeben.

5. Regierungsbezirk Bromberg.

A. Von den domänenfiscal. Flußstrecken gehören 5 km der Weichsel und 20 km der Brahe an, welche beide zusammen 45 ℳ Pacht abwerfen. Das Odergebiet ist durch 10 km Netze vertreten, wovon 1,3 km Domänenzubehör und 8,7 km zu 42 ℳ verpachtet sind. Ueber den Umfang der Fischereiberechtigung an der 11. Schleuse des Bromberger Kanals (3 ℳ Pacht) ist eine Angabe nicht gemacht.

Forellen in der Brahe, welche indessen in den Grenzen des ehemaligen Rentamts Bromberg vorzugsweise Döbel und geringe Weißfische führt; Hecht, Zärthe, Barbe, Barsch und Blei werden als selten angegeben. — In der Weichsel Zander, Aal, Rapfen, Barbe, Blei, Weißfische und zeitweise ein Lachs oder Stör.

Die Fischerei in Seen umfaßt 11 Wasserstücke, von welchen 580,3 ha Domänenzubehör und 282,7 ha zu 705 ℳ verpachtet sind. Durchschnittspacht für das Hectar 2 ℳ 50 ₰.

Zander im Godawuer-See, Wels in 5, Stint in 3, Blei in 4 Seen. Reich an Krebsen ist der Wilatowoer See.

B. Die forstfiscalischen Flußstrecken, dem Oder- und Weichselgebiet angehörend, bestehen nur aus 1 km Richlicher Mühlenfließ und 3 km Struga-Fließ, welches letztere mit 141 ha angrenzenden Seen an die Kroner Klostermasse vererbpachtet ist.

An Wasserstücken sind ca. 43 Seen, resp. See-Antheile, 3 Teiche und einige Tümpel vorhanden. Scheidet man hiervon die der Kroner Klostermasse für 72 ℳ vererbpachteten Flächen aus, so stellt sich die Durchschnittspacht für das Hectar auf 3 ℳ 37 ₰.

Maräne und Wels im Ostrowo- und Korschiner-See, Zander nur in den vererbpachteten Seen (O. F. Rosengrund) angegeben, Blei in 8 Seen. Krebs vorzugsweise am Waconter- und am Gr. Skorzenciner-, Schwarzen- und Weißen-See.

6. Regierungsbezirk Posen.

A. Der Domänenverwaltung stehen im Ganzen 29 km Flußstrecken zu, welche sämmtlich dem Odergebiet angehören. Der größte Theil, davon nämlich 20 km der Obra von der Grunziger Grenze bis zur Obra-Mühle ist seit 2 Jahren in Schonung gelegt; 7,5 km der Warthe sind Domänenzubehör und 1,7 km Oszecnica (Abfluß des Luttomer-Sees nach der Warthe) für 12 *M* verpachtet.

Die Obra führt neben Hecht, Barsch und geringen Weißfischen auch Aal und Krebse. Die Fischerei wird durch die mit Aalfängen versehene Obergörtziger und Obra-Mühle, welche letztere, wie auch noch die Althöfchen-Mühle, mit Turbinen arbeitet, erheblich beeinträchtigt. — In der Warthe-Strecke sind Blei, Hecht und Barsch die Hauptfischarten.

Die 27 Seen, resp. Antheile an Seen, und 4 Teiche gehören größtentheils zu Domänenpachtungen und sind zumeist wieder in Afterpacht gegeben. Rechnet man die bei diesen Unterpachten gewöhnlich vorkommenden Naturallieferungen an Fischen nach den Localpreisen in Geld um, so stellt sich für 567,3 ha eine Gesammtpacht von 2061 *M* heraus, oder für das Hectar eine Durchschnitts= pacht von 3 *M* 60 ₰. Geschont werden 9 ha, und für 37 ha, welche die be= treffenden Domänen zum eigenen Gebrauch nutzen, ist ein Pachtertrag nicht angegeben.

Zander im Primenter= und Küchensee, im letzteren, wie auch im Poppen= und Grimslebener-See, Karpfen. Wels im letztgenannten See. Blei in 8 Seen; in einigen auch Aalquappen.

B. Die forstfiscal. Flußstrecken im Betrage von ca. 35 km gehören der Warthe und ihren Nebenflüssen an. Von der Warthe selbst sind 22,6 km mit Seen zusammen, 4 km gar nicht und 4,5 km linke Stromseite (Kr. Obornik) für 1 *M* verpachtet. Außerdem geben 2 km der Welna 3 *M* Pachtertrag. Zander und Wels in der Warthe, außerdem Rapfen und dann und wann ein Stör. In dem unteren Lauf der Welna bis Kowanowko und bis Roznowo= Mühle erscheinen Lachs und Stör sehr selten. Barbe und Blei in beiden Flüssen häufig.

Unter den ca. 40 Wasserstücken finden sich 33 Seen, 4 Teiche mit einer Gesammtfläche von ca. 106 ha und einige Wasserlöcher, welche letztere bei Hoch= wasser mit der Warthe in Verbindung stehen. Der jährliche Ertrag des 73 ha großen Kuppker=Teiches (O. F. Hundeshagen) wird zu ca. 2000 kg Barsch, 500 kg Blei und 1000 kg Karpfen angegeben. Die Pacht beträgt 703 *M*. Nach Ausscheidung der Teiche berechnet sich die Durchschnittspacht für das Hectar der übrigen Wasserlöcher auf 4 *M* 52 ₰.

Maräne im Lubiwitz= und Jaroczewo=See. Zander in 6, Wels in 7 Seen. Rapfen im Schulzen=, Stint im Klossowski=, Lichwin= und Meriner=See.

7. Regierungsbezirk Koeslin.

A. Unter den wenigen Flußstrecken der Domänenverwaltung, welche mit Ausnahme von 5 km der zur Netze fließenden Küddow dem Gebiet der Küsten=flüsse zwischen Weichsel und Oder angehören, nimmt die Wipper mit der Grabow den ersten Platz ein. Die Fischerei in der Wipper bei Rügenwalde ist seit Er=bauung des Fischpasses (1877) sistirt. Letzter Pachtzins 2150 *M.* Ferner ist in dem fiscal. Fischereigebiete bis zur Feldmark Schlawe ein Schonrevier ein=gerichtet.

Lachs, Aal, Neunaugen und Zärthen sind häufig, daneben Hecht, Döbel, Plötze und Barsch. In neuerer Zeit ist in Folge der Erweiterungsbauten des Hafens bei Rügenwaldermünde und der fortwährenden Baggerarbeiten in diesem Hafen eine wesentliche Abnahme des Lachses wahrgenommen worden.

Die Fischerei im Grabow=Fluß von Nemitz ab ist einschließlich der Arme Mühlenbach und Neuergraben zu 98 *M.* verpachtet. Am häufigsten sind hier Hecht, Barsch, Döbel und Plötze; dann folgen Aal, Neunaugen Lachs, und Aland (Alandsblei). Krebse sind selten.

Als ein Lachsrevier ist ferner zu erwähnen die Mündung des Stolpe=Stromes, 0,5 km lang, 4 ha groß; Pacht 24 *M.*

Die Küddow oberhalb des Vilm=Sees, 4 km, ist zu 33$^{1}/_{2}$ *M.* verpachtet. Die Hauptfischarten auf dieser Strecke sind Schlei, Hecht, Barsch, Plötze und Aal. Eine kurze Flußstrecke unterhalb des Vilm=Sees wird nicht genutzt. Aal=schleuse bei der Thurower Mühle.

Unter den 16 Seen befindet sich der östliche, zum Kreis Lauenburg ge=hörige Theil des Leba=Sees mit Ausfluß, ca. 1 658 ha. Die Fischerei ist mit der Rohr=, Schilf= und Binsennutzung zusammen für 1 383 *M.* verpachtet. Die Fischereiberechtigung auf dem im Stolper Kreise belegenen westlichen Theil des Leba=Sees, ca. 5 784 ha, steht ausschließlich dem Königl. Hausfideicommiß=Gute zu Schmolsin zu. — Lachs, Meerforellen, Stint, Maräne (Coregonus Maraena), Neunauge, Dorsch, Flundern und Aal wandern aus der Ostsee ein; im Uebrigen kommen Barsch, Hecht, Kaulbarsch, Blei, Plötze, Quappe, Schlei, Ukelei und Karausche vor. Der See ist durch die Wasserpest sehr verkrautet, und wird dadurch, sowie durch heftige Winde der Betrieb der Fischerei erschwert.

Was die übrigen Strandseen im Stolper und Schlawer Kreise betrifft, so ist die Fischerei größtentheils in den Händen Dritter, der Domänenfiscus hat nur die Rohrnutzung. Der westliche Theil des Vietziger Sees, 265 ha, ist zu 505 *M.* verpachtet. Am häufigsten sind hier Aal, Hecht und Plötze; weniger häufig Stint und vereinzelt Schlei und Zander.

An größeren Binnenseen sind noch zu nennen der Dratzig= und Sareben=See, 1459 und 198 ha; Pacht für Fischerei und Rohrnutzung 3530 *M.* Ver=einzelt werden hier neben den Hauptfischarten (Hecht, Barsch, Plötze und Stint) Blei und Maräne gefangen. Krebse sind häufig. Im Vilm=See, dessen Fischerei mit der Rohrnutzung und Nutzung des Holzes auf den Inseln 2700 *M.* Pacht abwirft, kommt der Wels vor. — Der fiscal. Antheil am Lüptow=Dor=

senthin=See beträgt ca. 170 ha. Die drei Besitzer dieses im Ganzen 268 ha großen Sees haben eine freie Vereinigung zur Pflege der Fischzucht gebildet. Karpfen sind 1879 eingesetzt, sonst sind nur Barsch, Schlei, Hecht, Karausche und wenig Plötze vertreten.

Im Ganzen hat die Domänenverwaltung 6256 ha zu 10810 *M* verpachtet. Die Durchschnittspacht stellt sich für das Hectar auf 1 *M* 72 ₰.

B. Die forstfiscalischen Fluß= und Bachstrecken vertheilen sich auf vier verschiedene Flußgebiete. 20 km Stolpegebiet (Kamenz, Polischnitz, Bütow und Stolpe), 4 km Radüe mit Gotzel (Persantegebiet), 4 km Mühlenbach (Nestegebiet) und endlich ca. 8 km Drage (Odergebiet). Verpachtet sind im Ganzen 27 km für 52 *M*, nicht genutzt werden 9 km.

Lachse kommen in der Stolpe bis zur Borntuchner Reviergrenze, bezw. bis zum Dorfe Kroßnow vor. Forellen auf allen fiscal. Flußstrecken. Aeschen im Kamenz=Bach, in der Bütow und Stolpe. Die Drage von Wedelsdorf bis Hassendorf wird vom „Schnäpel" (ist wohl Abramis vimba) aus dem Neuwedeler See zur Laichzeit aufgesucht. — Die fiscal. Strecken der Radüe mit Gotzel bei Schloßkämpen, O. F. Obersier, gehören zum Bereich der „Fischereigenossenschaft der oberen Radüe und deren Nebengewässer."

An Wasserstücken, ausschließlich Seen oder mit besonderem Namen bezeichnete See=Antheile, sind 52 vorhanden mit einer Gesammtfläche von ca. 1311 ha. Die Durchschnittspacht für das Hectar beträgt 2 *M*.

Stint nur im Kämmerer=See, Wels in 3 Seen und nicht häufig. Blei in 9 Seen. Karpfen nur im Stradny= oder Hertha=See (erst vor einigen Jahren mit Blei zusammen eingesetzt).

8. Regierungsbezirk Stettin.

A. Unter den domänenfiscal. Fluß= und Bachstrecken, welche alle der Oder oder doch deren Mündungsgebiet angehören, ist auf der linken Oderseite zuerst die Peene zu nennen. Während 8 km derselben im Kreis Demmin für 4500 *M* mit Mecklenburg gemeinsam und gleichtheilig verpachtet sind, bringt die 1 km lange Strecke im Kreis Anclam nur 1½ *M* auf und zwar einschließlich der Rohr= und Binsennutzung; weitere 5 km sind Zubehör der Domänen Dersewitz und Liepen. Der hohe Pachtertrag der Peene=Strecke im Kreis Demmin erklärt sich aus der Nutzung eines Aalwehrs am Ausflusse der Peene aus dem Cummerow=See. Die mit 48 km vertretene Tollense gehört ausschließlich zu Domänenpachtungen; 15 km Randow=Fluß sind dahingegen zu 21 *M* verpachtet. Auf der rechten Seite der Oder treffen wir nur unbedeutende Strecken im Rörich=Bach, in der faulen Ihna und Plöne, alle Domänenzubehör. Was die Oder selbst betrifft, so gehören 5 km im Kreis Greifenhagen zur Domänenpachtung Fiddichow, weitere 37 km in und an den Kreisen Greifenhagen, Randow und Naugard sind mit sämmtlichen Armen und zwischen denselben liegenden Seen auf Willzettel nach dem Tarif verpachtet. Der Ertrag hat sich im Rechnungsjahre 1878/79 auf 16670 *M* 50 ₰ belaufen. Die Fischerei in dem darauf folgenden Papenwasser, sowie im Gr. und Kl. Haff mit den Ausflüssen in die Ostsee, wird ebenfalls gegen sogenannte Willzettel verpachtet. Ertrag im Jahre 1878/79 69 781 $\mathcal{M}$ 20 ₰. Die drei zuletzt genannten Gewässer gehören bereits in das Gebiet der Küstenfischerei, deren Statistik schon anderweitig, wenn auch ohne Rücksicht auf die bisherigen Pachterträge, bearbeitet worden ist. Siehe Hensen, Befischung der deutschen Küsten. II. bis VI. Jahresbericht der Commission zur wissenschaftlichen Untersuchung der deutschen Meere. Berlin, 1875/78.

Ueber den Lachs und die übrigen aus der Ostsee in die Oder aufsteigenden Wanderfische liegen nähere Angaben bezüglich der fiscal. Flußstrecken nicht vor. — In der Peene und Tollense (Kreis Demmin) werden Aal, Hecht, Barsch, Plötze, Döbel und Karausche als die Hauptfischarten bezeichnet.

Von der recht ansehnlichen Gesammtfläche an domänenfiscal. Seen, Pfühlen und Teichen stecken 882 ha in Domänenpachtungen; 695 ha, nämlich der Kamper See mit Ausfluß und alter Rega, liegen gegen einen jährlichen Zins von 360 $\mathcal{M}$ in Erbpacht; die übrigen 5448 ha sind zu 7967 $\mathcal{M}$ verpachtet. Besondere Erwähnung verdient der ca. 4000 ha große Madue=See, dessen gegenwärtiger Pachtertrag im Betrage von 3260 $\mathcal{M}$ aus der Ausgabe von Willzetteln und von zwei großen Garnen, letztere zu je 750 $\mathcal{M}$ resultirt. Die Pachterträge aus den übrigen Seen sind durchgehends höher, z. B. Cremminer=See 400 ha 1008 $\mathcal{M}$, Schmollen=See auf Usedom 517 ha 1275 $\mathcal{M}$, Cummerow=See, fiscal. Antheil ca. 240 ha, 715 $\mathcal{M}$. Der verhältnißmäßig niedrige Pachtertrag des Madue=Sees ist wohl mit auf Rechnung der größeren Zahl von Mitberechtigungen zu setzen, welche ihn belasten. So z. B. 9 Kossäthen in Werben in den Grenzen der Feldmark und auf dem Vorlande, mit Verkauf der Fische: 3 Strohklippen, 72 Plötzennetze, 9 Stacknetze, 36 Ukeleinetze, 108 Flügelreusen und 36 Schock Aalangeln; ferner 18 Kossäthen in Horst innerhalb der Grenzen ihrer Feldmark und auf dem Vorlande, zum eigenen Bedarf: 15½ Aalwehre, 50 Reusen und 18 Plötzennetze.

Unter den Fischen dieses Sees nimmt die nach ihm benannte Madue= Maräne den ersten Platz ein (Winterschonzeit), außerdem sind häufig die kleine Maräne, Aal, Hecht, Barsch, Plötze und Ukelei, während Schlei, Blei, Wels, Karausche, Quappe und Krebs nicht so häufig, bezw. sogar selten sind. Sehr häufig und zwar zum Schaden der Fischerei ist der Stint. — Die große bis auf 50 Klafter ermittelte Tiefe des Sees ist der gehörigen Ausnutzung der Fischerei ebenfalls hinderlich.

Scheidet man den Madue= und den vererbpachteten Kamper=See aus, so stellt sich die Durchschnittspacht für das Hectar auf 3 $\mathcal{M}$ 31 ₰.

Maräne noch im Cremminer See, Zander im Schmollen= und Krumme= See, in den letzteren erst mit Blei zugleich eingesetzt. Wels in 6 Seen.

B. Von den 55 km forstfiscal. Fluß= und Bachstrecken liegen 25 km (Aalbach und Kühl'scher Graben) auf der linken Seite des Gebietes der Oder= mündung, die Stepnitz, Voltzer= und Gubenbach, zusammen 30 km, auf der rechten Seite. Verpachtet sind nur 2 km (Schützendorfer Kanal) zu 3 $\mathcal{M}$, die übrigen werden wegen ungeregelter Berechtigungen Dritter oder aus anderen Gründen nicht genutzt.

Die Wasserstücke bestehen in 20 Seen, resp. Antheile an Seen, wovon einer, der Jordan-See, zur Zeit nicht genutzt wird. Die Durchschnittspacht stellt sich für das Hectar auf 2 *M.*

Zander in den beiden Krebs-Seen (Revier Pudagla). Blei nur in 4 Seen.

9. Regierungsbezirk Stralsund.

A. Die domänenfiscal. Gewässer gehören zum Theil dem Mündungsgebiet der Oder, zum Theil kleineren Küstenflüssen an. Zur Oder ist das Gebiet der Peene zu rechnen, welches auf 10 verschiedenen Strecken mit 33 km namentlich durch Trebel und Schwinge vertreten ist. Besonders oder für sich verpachtet sind nur 2 km Peene zu 12 *M,* alles Uebrige steckt in Domänenpachtungen. Unter den Küstenflüssen ist zunächst die Barthe zu erwähnen, deren unteres Ende von der Barth-Bodstedter Brücke bis zur Mündung (ca. 244 ha) für 301 *M* verpachtet ist; 15 km des oberen Barthegebiets gehören zu verschiedenen Domänen-pachtungen. Dasselbe ist der Fall mit dem Zipker- und Ziese-Bach, mit der Recknitz (Grenzfluß gegen Mecklenburg) und dem Schrower Bach auf Rügen. Der Saaler Bach und Pohl, 2,3 km und 16,8 ha, ist zu 45 *M* in Pacht gegeben. An Afterpachten finden wir 12 *M* für 6 km Recknitz bei der Domäne Camitz verzeichnet.

Die meisten Küstenflüsse und Bäche werden zur Laichzeit vom Hecht, Aland (Hartkopf), Blei und Plötze besucht. Es wandern diese Fische alsdann aus den Küsten- und Binnengewässern der Ostsee stromaufwärts, beispielsweise im Flemen-dorfer Bach bis zur Carniner Schleuse, im Zipker-Bach bis zur Barth-Stral-sunder Landstraße, im Saaler-Bach bis zur Feldmark des Gutes Wiepkenhagen. In der Barthe gehen Blei, Plötze und Barsch bis zur Feldmark Divitz, Aland und Hecht, soweit es der Wasserstand erlaubt. In der Recknitz wandert der Blei oft in bedeutenden Massen vom Saaler Bodden her aufwärts bis zu den Laichplätzen bei Domäne Gruel.

Forellen haben sich neuerdings in der Recknitz gezeigt; höchstwahrscheinlich sind es Abkömmlinge aus der Fischzucht-Anstalt bei Woosen.

Seen sind nur drei zu nennen, der Crummenhäger- und Neubauhöfer-See im Kreise Franzburg, 194 und 104 ha, und der Lobber- und Bleich-See auf Rügen, 28,28 ha. Während der bis 3 m tiefe Crummenhäger See vorzugs-weise Hecht, Blei, Schlei und Krebs, vereinzelt auch wohl als Ueberläufer aus dem benachbarten Borgwall-See Zander und Wels beherbergt, fehlen Blei und Krebs im Neubauhöfer- oder Franzburger-See, der neben Hecht und Barsch mehr Aal und Weißfische führt, was auch mit Lobber- und Bleich-See der Fall ist. Berechtigungen Dritter auf den zuerst genannten Seen treten der Hebung der Fischerei hinderlich entgegen.

Die übrigen Wasserstücke, welche ebenso wie die Seen durchweg zu Domänen-pachtungen gehören, bestehen in einer nicht unbedeutenden Anzahl kleiner Teiche und Mergelgruben, deren Bevölkerung meist aus Karauschen, weniger aus Schleien und Krebsen gebildet wird.

B. Unter den wenigen und an sich unbedeutenden Gewässern der Forst=verwaltung erwähnen wir nur die Forellenbäche der O. F. Werder auf Rügen (Kollicker= und südlicher Steinbach, 2 und 2,5 km), so wie den bekannten 2,4 ha großen Hertha=See. Die Fischerei in diesem über 25 m tiefen See ist wegen der vielen alten Lager= oder Senkhölzer auf dem moorigen Grunde sehr beschwerlich, außerdem auch nicht lohnend genug, da der Fischbestand nur von wenigen Hechten, Barschen, Plötzen und Krebsen gebildet wird.

10. Regierungsbezirk Frankfurt a. O.

A. Mit Ausnahme des Spremberger Schloßgrabens, der Mühlengerinne und Freiarchen der fiscal. Mühlen in Fürstenwalde, so wie eines kurzen Endes der Spree mit Hammergraben gehören die der Domänenverwaltung zustehenden Flußstrecken sämmtlich dem Odergebiete an. Die Oder selbst ist in zwei getrennten Strecken vertreten, einmal mit 4 km bei der Domänenpachtung Kienitz (Kreis Lebus) und sodann am Schaumburger und Calenziger Ufer (Kreis Königsberg N.=M.); diese letztere ihrer Länge nach nicht näher bestimmte Strecke ist zu 6 $\mathcal{M}$ verpachtet. 4 km Warthe bringen 129 und 6 km Lenze 84¹/₂ $\mathcal{M}$ Pacht. Eine kurze Strecke der Mietzel (1 km) gehört zur Domäne Quartschen und eine längere von 7,5 km zur Domäne Wittstock.

Ueber Lachs und Stör in der Oder und Warthe liegen nähere Angaben nicht vor. In der Mietzel können Wanderfische nur bis Neumühl gelangen, von da ab hemmen Mühlenwehre den Zug. — Wels, Zander und Quappen sind in der Oder häufig.

Die Gesammtfläche an Seen, Brüchern, Pfühlen und Teichen beträgt ca. 2255 ha. Den ersten Platz behaupten unstreitig die 74 zur Domäne Cottbus=Peitz gehörigen Teiche, zusammen 1370,2 ha, welche mit einem Theile der Spree und dem Hammergraben zu 51762 $\mathcal{M}$ verpachtet sind. Es werden vorzugs=weise Karpfen gezüchtet, nebenbei auch Hecht, Schlei, Wels, Barsch, Blei und Karausche. Goldfische in einem 0,372 ha großen Teich. Die nach einem seit Jahren bewährten Wirthschaftssystem betriebene Karpfenzucht liefert im Durch=schnitt jährlich 100 000 kg Verkaufswaare. Für den Localbedarf werden ca. 5 000 kg an den Teichen verkauft, das Uebrige geht nach Berlin, Hamburg ꝛc. — Die Fischbörse in Cottbus, Anfangs September jeden Jahres, versammelt Großhändler und Producenten. — Krebse werden in der Spree und im Hammer=graben einige hundert Schock jährlich gefangen.

Die im Kreise Sorau zur Domäne Triebel (12,169 ha) und Domäne Sablath (0,255 ha) gehörigen Teiche sind von untergeordneter Bedeutung; sie bringen gegenwärtig pro Hectar nur 12 $\mathcal{M}$ Pacht. Der Erwähnung werth sind die Priebrower und Sonnenburger wilden Brücher, so wie die Gewässer des Limmritz=Bruches, im Ganzen ca. 75 ha mit 1041 $\mathcal{M}$ Pacht. Sie führen Hecht, Barsch, Schlei, Karausche, Blei, Aal und Krebse. Letztere erfreuen sich eines besonders

guten Rufes und werden weithin versandt. Scheiden wir die Teiche und Bruch=
gewässer aus, so bleibt noch eine Reihe von Seen und Verbindungsgräben,
welche eine Durchschnittspacht von ca. 5 *M* für das Hectar abwerfen.

Maräne und zwar die Edel= oder Pulsmaräne im Gr. Puls=See (Winter=
schonzeit); Zander in 6, Wels in 8, Blei in 12 und Karpfen in ca. 6 oder
8 Seen. — Im Großen See (Kreis Lebus) macht der Zander etwa 25 % des
ganzen Fischbestandes aus. Der Bestand an Welsen ist in diesem und in einigen
benachbarten Seen vor ca. 6 Jahren durch plötzliches Absterben stark zurück=
gegangen. Während sie früher gegen 10 % des Ertrages ausmachten und
Exemplare bis 25 kg schwer vorkamen, ist jetzt kaum die Hälfte des früheren
Bestandes vorhanden und sind die stärksten nur bis zu 5 kg schwer.

B. Von den 92 km forstfiscal. Fluß= und Bachstrecken gehören 59 km
zum Gebiete der Spree, darunter die Spree selber vom Wirchen=See bis Fürsten=
walde (23 km, 9 *M*), sodann in der O. F. Hangelsberg eine Strecke von 4 km
(9 *M* Pacht) und endlich verschiedene Fließe im Ober= und Unter=Spreewalde,
welche zu 66 *M* verpachtet sind. Unter den 43 km des Odergebiets finden sich
der Bober im Kreise Sorau mit 2 km und 22 *M* Pacht, die Mietzel mit 6 km
und 12 *M*, alsdann der Schlippenbach, das Postumfließ und einige andere theils
zur Warthe, theils direct zur Oder gehende Wasserzüge. Im Ganzen sind für
sich allein verpachtet 77 km zu 153 *M*, nicht genutzt werden 5 km, während
der Rest von 10 km mit Seen zusammen in Pacht gegeben ist.

Forellen im Postumfließ, im Schlippenbach und in der Pulse (Wildenower
Mühle bis Pulskanal bei Gurkow); außerdem im Bober, wo auch neben Hecht,
Rothauge, Barbe, Döbel, Blei und Barsch die Zope genannt wird. 77 Seen,
resp. See=Antheile, 6 Pfühle und 8 Teiche, zusammen 1933 ha, sind zu 6662 *M*
verpachtet. Scheiden wir die 5 Teiche der Oberförstereien Grünhaus, Crossen,
Dobrilugk, welche pro Hectar zu ca. 6 *M* verpachtet sind, aus, so ergiebt sich für
die übrigen Wasserstücke eine Durchschnittspacht von 3 *M* 30 ₰ für das Hectar.

Maräne im Zetsch=See (Fischerei nicht fiscal.), Zander in 7, Wels in 13,
Blei in den meisten Seen. Karpfen im Gr. Röth=See, Grüne=See (nicht fiscal.)
und Hecht=See. Der Parenske= und Stech=See (O. F. Carzig), zusammen 39 ha,
liefern jährlich ca. 1 000 kg Fisch und ca. 8 Schock Krebse.

11. Regierungsbezirk Potsdam.

A. Mit Ausnahme von 2 km des Randow=Flusses gehören alle domänen=
fiscal. Fluß=, Bach=, Kanal= und Grabenstrecken dem Gebiet der Havel und der
Spree an. Auf das erstere kommen ca. 192, auf das letztere ca. 48 km.
Selbstständig verpachtet sind nur 5 km Flöß= und Schiffsgräben für 69,50 *M*;
156 km gehören zu Domänenpachtungen und 81 km sind mit Seen zusammen
in Pacht gegeben. Eine besondere Erwähnung verdienen Havel, Spree und
Dahme. Die Spree von der Neu=Zittauer Windmühle bis oberhalb Berlin,
der Gr. und Kl. Müggel=See (3070 ha), eine ca. 20 km lange Strecke der
Dahme und weitere 738 ha Seen im Kreise Teltow (Seddin=, Zeuthen=, Gr. Zug=

Broffin=, Söllen=, Möllenzug=See, Gr. und Kl. Strampe) bilden zusammen
einen Pachtbezirk, in welchem die Großfischerei gegenwärtig für 5235 ℳ ver=
pachtet ist. Die Kleinfischerei wird mit den dafür vorgeschriebenen Geräthen
von einer nicht unbedeutenden Zahl von Berechtigten ausgeübt. Zur Beauf=
sichtigung der Fischerei ist ein Pritzstabel bestellt. — Ebenso bilden die Ober=
Havel von Hennigsdorf bis Spandau (11 km), der Tegel=See (422 ha) und
die Unter=Havel von Spandau bis Kl. Glienicke (15 km) ein Pachtrevier. Die
große Garnfischerei ist in demselben für 3150 ℳ, die kleine für 950 ℳ ver=
pachtet. Auf allen diesen Gewässern lasten zahlreiche Berechtigungen Dritter
und es ist wohl diesem Umstande, sowie mancherlei anderen Hindernissen, als
Schifffahrt, Flößerei, Tegeler Schießplatz, Schwäne, Zufluß schlechten Wassers
aus der Residenz u. s. f. zuzuschreiben, daß die Pachterträge trotz der un=
mittelbaren Nähe großer Absatzorte im Verhältniß zum Umfange der Gewässer
nur gering zu nennen sind.

Dasselbe ist der Fall mit dem alten Rhin und seinen Nebengewässern,
sowie mit den vielen Gräben und Kanalzügen des Kreises Ost=Havelland, an
denen die Domänen Grube, Kienberg, Fehrbellin, Königshorst, Lobeossund und
Hertefeld participiren.

In der Ober=Havel von Hennigsdorf bis Spandau werden als Haupt=
fischarten angegeben: Blei, Hecht, Barsch, Rapfen, Wels, Plötze, Rothfeder, Aal
und Zander. — Aländer im alten Rhin und Nebengewässern.

An Seen, See=Antheilen u. s. w. umfaßt die domänenfiscal. Fischereinutzung
ca. 92 Wasserstücke, wovon über 30 mit einer Gesammtfläche von 730 ha zu
Domänenpachtungen gehören. Scheidet man die mit Flußstrecken zusammen
verpachteten Seen aus, namentlich die beiden vorhin bezeichneten Pachtbezirke
der Havel und Spree, so bleiben ca. 4978 ha mit 18177 ℳ Pachtertrag, was
für das Hectar eine Durchschnittspacht von 3 ℳ 65 ₰ ergiebt. Von größeren
Seen sind zu nennen der Paarstein=See 1083 ha mit 4732 ℳ Pacht, Gudlack=
See 440 ha mit 5625 ℳ. Für die Winterfischerei in dem 399 ha großen
Cremmer See, allerdings Koppelfischerei mit drei anderen Berechtigten, wird nur
26 ℳ Pacht bezahlt; die Sommerfischerei in dem genannten See gehört den
Fischern zu Cremmen.

Maräne in 3 Seen, in den Ruppiner erst eingesetzt. Stinte in 12 Seen
(Kreis Teltow, Ost=Priegnitz, Barnim, Ost=Havelland). Zander in 27, Wels in
39 Seen. Aland in einigen Seen des Kreises Nieder=Barnim.

B. Die forstfiscal. Fluß= und Bachstrecken gehören mit 15 km zum Oder=
gebiet und mit 66 km zum Gebiet der Elbe, und zwar kommen von letzterem
ca. 62 km auf das Havel= und 4 km auf das Spreegebiet. Für sich allein
verpachtet sind ca. 61 km zu 99 ℳ. Forellen nur in der Plaue von der
Grebitzer Freiheit bis zum Mühlenstück des Ritterguts Cammer. In das
Nonnenfließ bei Eberswalde ist Forellenbrut eingesetzt. Fisch=Bruthaus, zur
Forstakademie Eberswalde gehörig, bei Spechthausen.

125 Seen, resp. See=Antheile, 7 Pfühle und 2 Brücher. Durchschnittspacht
3,65 ℳ für das Hectar.

Maräne in 4, Stint in 5 (Ost-Havelland und Nieder-Barnim), Zander in 14 und Wels in 33 Seen. Karpfen vereinzelt in wenigen Seen; Aland im Kreis Nieder-Barnim. Krebs nur noch in und an einigen Seen zahlreich vorhanden, z. B. Gr. Gollin-See, Gr. und Kl. Dollin-See, Krumme-See.

12. Regierungsbezirk Breslau.

A. Alle Fluß- und Bachstrecken der Domänenverwaltung gehören dem Odergebiet an. Auf die Oder selbst kommen 14,4 km, auf Nebenflüsse derselben 46 km. 5,5 km der Oder sind Domänenzubehör ohne getrennt nachgewiesene Pacht, 9 km zu 186 ℳ verpachtet. Von den Nebenflüssen sind 26 km Domänenzubehör (Weide mit Studnitz 7, Stober-Bach 8, Bartsch und Horle 10, Schles. Landgraben 1,2 km); 20 km sind zu 129 ℳ verpachtet (Ohle 16 km zu 114, Biele 2 km zu 12 und Polsnitz 2 km zu 3 ℳ). Im Ganzen kommt also von 29 km Flußstrecken 315 ℳ auf und 31,7 km fungiren als Domänen-zubehör ohne besondere Pachtangabe. In der Oder bei Domäne Steine (Kreis Breslau) wird die Vertheilung der Hauptfischarten folgendermaßen angegeben: Blei und Zope 50, Hecht 30, Barsch 10, Rapfen, Aal, Barbe, Plötze und Stör zusammen 9, Krebs 1 Procent. In der Weide und Grenzwasser: Hecht 40, Weißfische 40, Schlei 10, Krebs 10 Procent. — In der Oder bei Ohlau sind Schwarzbäuche (ob Zope oder Zärthe?), Barbe, Blei, Rapfen, Barsch und Wels am häufigsten, in geringerer Menge finden sich Hecht, Aal, Quappe, Zander und Krebs.

Forelle und Aesche im Biele-Fluß, Gemarkung Ullersdorf, Kreis Glatz. Auf einer 0,8 km langen Strecke werden dort pro Jahr 30 Stück Forellen und 10 Stück Aeschen gefangen. Fischerei-Genossenschaft des Biele-Flusses.

In der Ohle (auf Tschechnitzer und Grebelwitzer Terrain) unterhalb der das Aufsteigen der Fische verhindernden Tschechnitzer Wassermühle Aal, Wels und andere Fische der Oder (Lachs, Stör, Maifisch [wohl Zärthe?]), oberhalb der Mühle nur geringe Weißfische. Forellen sollen ebenfalls auf der unteren Ohle-Strecke vorkommen.

Im Kreise Guhrau steigen Lachs und Stör, wenn auch äußerst selten, doch aus der Oder in den Schlesischen Landgraben.

An Wasserstücken sind einige Oderlachen (3,2 ha) und gegen 11 Teiche, zusammen kaum 5 ha groß, vorhanden. Nur drei Teiche (zusammen 1,32 ha) sind besonders verpachtet (14 ℳ); alles Uebrige gehört zu Domänenpachtungen.

B. Mit Ausnahme der zur Elbe fließenden Erlitz gehören alle forstfiscal. Fluß- und Bachstrecken ebenfalls dem Odergebiet an. Auf die Oder selbst kommen ca. 56 km, welche einschließlich einiger Wasserlöcher zu 1166 ℳ ver-pachtet sind. Auf Nebenflüsse der Oder kommen 50 km (Alte und Neue Weide 5 km mit 55 ℳ, Baruther Flößbach 28 km mit 7 ℳ 50 ₰).

Forellen werden nur im Kressenbach, Forstrevier Nesselgrund, angegeben. Lachs und Stör in der Oder, Revier Kottwitz, selten.

An Wasserstücken nutzt die Forstverwaltung 2 Teiche (23 und 0,65 ha), den Jungfern= und Rattwitzer See, sowie verschiedene größere oder kleinere Wasserlöcher und Lachen, zusammen etwa 110 ha. Außer den gewöhnlichsten Fischarten kommen in diesen Seen und in einzelnen Lachen Zander und Wels nach Oderüberschwemmungen vor.

13. Regierungsbezirk Oppeln.

A. Unter den domänenfiscalischen Flüssen und Bächen tritt uns hier noch einmal das Weichselgebiet entgegen und zwar mit einer ca. 25 km langen Strecke der Przemsa; alle übrigen Gewässer gehören dem Odergebiete an. Auf die Oder selbst kommen 33,32 km, wovon 6,32 km Domänenzubehör, 27 km zu 205 *M* verpachtet sind; alsdann ist die Neisse mit 13 km (33 *M* Pacht) ver= treten, die Malapane mit 22 km, wovon 4,5 km Domänenzubehör und 17,5 km zu 12 *M* 60 ₰ verpachtet sind. An sonstigen Nebengewässern finden sich noch der Stoberbach und einige Gräben, darunter zwei Festungsgräben bei Cosel. Im Ganzen sind 64 km für 279 *M* 60 ₰ verpachtet, 19 km Domänenzubehör und auf 25 km (Przemsa) ruht zur Zeit die Fischerei aus Anlaß von Regulirungsarbeiten.

In der Oder von Chorulla bis Czarnowanz: Aesche, Hecht, Döbel, Blei, Barbe, Aal, Barsch, Plötze, Wels und Karausche; nicht häufig Zander, Karpfen, Rapfen und Krebs. Auf dieser Strecke besteht Koppelfischerei mit mehreren Gemeinden, außerdem sind das große Oder= und Mühlengrabenwehr, sowie die Abflüsse aus Cementfabriken, Gerbereien und Seifensiedereien wesentliche Hinder= nisse für die Hebung der Fischerei.

Forellen in der Neisse von Kupferhammer bis zum Niederhermsdorfer Wehr. Aeschen in der Malapane von Czarnowanz bis zur Kreisgrenze.

In der Przemsa werden nur Hecht, Aal, Schlei, Barsch, Weißfische und Krebs angegeben. In Folge zahlreicher Mitberechtigungen auf preußischer wie auf österreichischer Seite hat hier seit lange eine rücksichtslose Concurrenzfischerei Platz gegriffen. Das frühere Pachtgeld betrug daher auch nur 12 *M*.

An Wasserstücken finden wir 11 Teiche und einen See verzeichnet. Der Schwarze See, 7 ha groß und zur Domäne Czarnowanz gehörig, führt nur Hecht, wenig Schlei und kleine Weißfische; er ist für 12 *M* in Unterpacht gegeben. Von den Teichen gehören 6 mit einer Gesammtfläche von 56,02 ha zur Domäne Proskau; Afterpacht 589 *M*. Die übrigen 5 Teiche sind ebenfalls Domänen= zubehör und mit Ausnahme des Ziegelei=Teiches der Domäne Czarnowanz, wie die Proskauer Teiche zur Karpfenzucht bestimmt. Die Durchschnittspacht für das Hectar Teichfläche stellt sich nach obigen Unterpachten auf 10 *M* 50 ₰.

B. Die forstfiscalischen Fluß= und Bachstrecken beschränken sich auf 1 km alte Oder an der Grenze des Golschwitzer Oderwaldes, zur Zeit Laichschonrevier, und auf 43,5 km Nebengewässer der Oder, von welchen der Grabitz= und Bod= länder Flößbach, 4 und 15 km, nicht genutzt werden. Der Budkowitzer Flöß= graben (7,5 km) zu 3 *M* und der Stubendorfer und Chronstauer Flößbach (17 km) zu 28 *M* 40 ₰ verpachtet sind. Die Fischerei in den Flößbächen und

Gräben liefert nur Hecht, Schlei, Karausche, Barsch, Weißfisch und Krebs in geringer Zahl. Abgesehen von Stauwerken ist Flößerei und Diebstahl das Haupthinderniß für die Hebung des Fischbestandes.

Wasserstücke sind nur 5 aufgeführt, darunter 2 Teiche (2 und 0,5 ha), 2 ha Durchbruchslöcher im Oderwald des Reviers Poppelau und der sogenannte Gänse-See, 3 ha. Neben Hecht, Weißfisch, Barsch, Schlei und Karausche kommen in den Wasserlöchern, so wie im Gänse-See, durch welchen die Oder bei Ueber-schwemmungen ihren Weg nimmt, zuweilen auch Karpfen vor.

14. Regierungsbezirk Liegnitz.

A. Die domänenfiscalischen Fluß- und Bachstrecken liegen sämmtlich im Gebiet der Katzbach und des Bobers. Die zu Domänenpachtungen gehörenden meist unbedeutenden Strecken der Katzbach, des Schwarzwassers und der schnellen Deichsel führen nur Hecht, Döbel, Rothaugen und andere geringe Weißfische, hier und da auch Aal und Krebs. Die Zersplitterung der Fischereiberechti-gungen und in Folge dessen ein ungeregelter und unpfleglicher Betrieb lassen die Hebung des Fischbestandes nicht zu; ebenso wird in der Briesnitz bei Niederbriesnitz durch rücksichtsloses Ablassen des Wassers bei zwei Mühlen-stauwerken die Fischerei völlig werthlos gemacht.

Im Kreise Löwenberg finden wir eine Anzahl von Forellen- und Krebs-bächen, von denen die krumme Delse und das lange Wasser dem Queis, alle übrigen dem Bober zufließen. Die Fischerei ist hier noch einigermaßen lohnend, denn auf einer ca. 20 km langen und zu 46 $\mathscr{M}$ verpachteten Strecke zweier Bäche bei Schmottseiffen werden durchschnittlich pro Jahr 6 Schock Forellen und 1 Schock Krebse gefischt. Verpachtet sind im Ganzen 74 km solcher Bachstrecken zu 204 $\mathscr{M}$ 70 $\mathscr{A}$; sie liegen bei den Ortschaften Görrisseiffen, Hennersdorf, Ober-Kesselsdorf, Märzdorf, Kl. Röhrsdorf, Süßenbach, Schmott-seiffen, Gr. Stockigt und Ullersdorf.

An Wasserstücken sind nur 3 aufzuführen, der große See, 10,621 ha, der obere und niedere See, 1,132 und 0,704 ha; alle drei gehören zur Domäne Seedorf. Außer Hecht, Karpfen, Schlei, Karausche, Plötze, Barsch und Weiß-fisch kommen Aal und Wels im Gr. See vereinzelt vor. Die Tiefe wechselt von 20 bis 60 und 70 Fuß, die frühere Pacht betrug 75 $\mathscr{M}$. Die beiden anderen Seen, worin nur Hecht, Schlei, Karausche, Barsch und Weißfisch, sind zu 15 $\mathscr{M}$ verpachtet.

B. Unter den 40 km forstfiscalischen Fluß- und Bachstrecken steht die Oder bei Tschiefer mit 14 km und 413 $\mathscr{M}$ Pacht oben an. Die Hauptfischarten sind Hecht, Zander, Blei, Wels und Aal. Lachs und Stör kommen dann und wann vor. Die alte Oder, 4,5 km und 60 $\mathscr{M}$ Pacht, beherbergt vorzugsweise nur Hecht, Schlei und Aal, daneben aber noch reichlich Krebse.

Forellen führt der Bethlehemgraben bei Grüssau. Aeschen finden sich vereinzelt im Leisebach, Schutzbezirk Fuchsberg, O. F. Panten.

An Wasserstücken sind 5 Karpfenteiche, ein See und der sog. Kanal (alte Oder) vorhanden. Der alte Neuenwieser=Teich, 60,811 ha (einschließlich der Inseln und Environs von 10,612 ha), in der O. F. Hoyerswerda wird durch den betreffenden Oberförster administrirt. Besatz ca. 2700 Stück dreijährige Karpfen, Ertrag in 2 Jahren ca. 2750 kg und außerdem 75 kg Hecht. Einnahme im Jahr 1878 3180 *M* 32 ₰. — Der wilde See daselbst 28,206 ha groß und ebenfalls mit Karpfen besetzt, ist zu 30 *M* verpachtet, die drei Pech=ofenteiche (1,14 ha) zu 3 *M* 50 ₰. — Den verhältnißmäßig höchsten Pacht=ertrag liefert mit 20 *M* der nur 0,36 ha große Hospitalteich in der O. F. Grüssau.

15. Regierungsbezirk Merseburg.

A. Sämmtliche domänenfiscalische Fluß= und Bachstrecken im Betrage von 247 km gehören dem Elbgebiet an. Auf die Elbe selbst kommen 41 km, auf die Saale mit Unstrut 194 und auf zwei kleinere Nebengewässer im Gebiet der schwarzen Elster und der Mulde 7,25 km. Während die 7 km lange Elb=strecke im Kreise Torgau von der Krähenschlucht bei Großtreben bis an das Dorf Greudnitz zu 405 *M* verpachtet ist, bringt die 31 km lange Strecke im Kreise Wittenberg, welche außerdem mit 85,92 ha Kolken=Ausrissen, Lachen u. s. w. (darunter der Streng bei Wartenburg, 30,638 ha) zusammen verpachtet ist, nur 81 *M* Pacht auf. Der Grund dieser auffallenden Differenz ist abgesehen davon, daß in einigen Beigewässern die Fischerinnung zu Wittenberg und die Gemeinden zu Wartenburg und Bleddin die Koppelfischerei ausüben, wohl nur darin zu suchen, daß die laufende Pachtperiode bereits im Jahre 1865 begonnen hat.

Die Hauptfischarten sind Zander, Hecht, Barsch, Blei, Rapfen, Aländer, Zärthen, Barbe und Aal. Wels und Lachs werden als selten bezeichnet.

Der Saale begegnen wir auf drei kürzeren Strecken bei den Domänen Wettin und Rothenburg, auf drei längeren (77,5, 80 und 27 km) im Saalkreis und in den Kreisen Merseburg und Weißenfels. Die erste dieser größeren Strecken liegt zwischen der Schkopauer Brücke und der Bernburger Grenze; sie ist in drei Abtheilungen zu 294 *M* verpachtet. Außer dem Fiscus ist noch das Rittergut Passendorf innerhalb seiner Grenzen und die Hallesche Salzwirker=Brüderschaft innerhalb des Stadtbezirks zur Mitfischerei berechtigt. — Die Strecke im Kreise Weißenfels ist mit 9 ha Beigewässern (Durchstich der Saale bei Leisting und alte Saale bei Markwerben) fortdauernd verpachtet und richtet sich der Pachtzins nach der Anzahl der Fischmeister der Weißenfelser Fischer=innung, von welcher jeder in Weißenfels wohnende Fischmeister 12 *M* 50 ₰, jeder Landmeister 7 *M* 50 ₰ bezahlt. — Im Jahre 1878 betrug der Pachtzins 162 *M* 50 ₰. — Was die Saale im Kreise Merseburg betrifft, so beansprucht die Merseburger Fischerinnung im sog. Küchenwasser, einem kleinen Theile der Saale, die alleinige Nutzung der Fischerei, in dem übrigen Theile wird die Koppelfischerei von den Merseburger und Weißenfelser Stadt= und Landfischern und dem Rittergut Schopau ausgeübt. Die Merseburger Fischerinnung hat jährlich 12 ℳ Innungs-Schutzgeld, 5 ℳ Erbenzins und von jedem in der Saale haltenden Fischerkahn 50 ₰ zu entrichten. Nach dem Statut vom 8. Januar 1852 ist jeder geprüfte Fischmeister zur Ausübung der Fischerei berechtigt, sobald derselbe ein Einkaufsgeld von 30 ℳ zur Fischerinnungs-Kasse entrichtet hat.

Lachs kommt auf den genannten Saalstrecken als durchziehender Fisch vor, wird aber selten gefangen. Dasselbe ist mit dem Stör der Fall, dessen Erscheinen jedoch nur im Saalkreis angegeben ist. Was die übrigen Fischarten betrifft, so sind Barbe, Zärthe, Rothfeder, Aal, Döbel, Barsch und Hecht häufig, es folgen dann Blei, Karpfen, Wels, Karausche, Schlei, Rapfen, Plötze, Quappe, Kaulbarsch, Ukelei und Gründling. Krebs nur vereinzelt.

Die Unstrut (7,75 km bei der Domäne Wendelstein, Koppelfischerei, Pachtgeld 137 ℳ 47 ₰) führt Hecht, Blei, Barbe, geringe Weißfische und Aal. Ein Wehr und eine Schleuse sind der Fischerei hinderlich.

Ueber den behufs der Flößerei angelegten Neugraben, welcher bei Uebigau aus der schwarzen Elster seinen Anfang nimmt und unweit des Dorfes Elster wieder in dieselbe mündet, siehe die bei den Oberförstereien Thiergarten und Züllsdorf gemachten Angaben. Dem Domänenfiscus steht die Fischereinutzung auf der Strecke Gerbesmühle bis zur Mündung zu, ca. 3,75 km; Pacht 4 ℳ.

Die Fischerei im Lossabach, 3,5 km, Kreis Delitzsch, beschränkt sich auf Hecht, Aal und Rothfedern; nichts destoweniger ist dieselbe in dem stellenweise sehr verkrauteten Gewässer zu 60 ℳ verpachtet.

An Teichen sind 67 vorhanden, wovon 30 Brut- und 4 Abwachsteiche, zusammen 316,9 ha, zur Domänenpachtung Kreyschau, 17 mit einer Gesammtfläche von 65,02 ha zur Domäne Pretzsch und 13 (zusammen 5 ha) zur Domäne Schwemsal gehören. Ueber die Art des Betriebes liegen nähere Angaben nicht vor. Unter den übrigen Teichen verdient nur der Gotthardt's-Teich bei Merseburg besondere Erwähnung. Obgleich nur 25,7 ha groß, ist er doch für jährlich 2490 ℳ verpachtet, während die 17 Teiche der Domäne Pretzsch nur 996 ℳ Pacht abwerfen. Um so mehr ist es daher zu bedauern, daß nach der Behauptung der Merseburger Fischerinnung der Fischbestand des Gotthardt's-Teiches durch den Zufluß des fauligen und stinkenden Wassers aus der Zuckerfabrik Körbisdorf in hohem Maße geschädigt wird. In ähnlicher Lage befinden sich verschiedene Teiche bei der Domäne Kreyschau, woselbst durch schädliche Zuflüsse aus Kohlenschächten u. s. w. wiederholt der ganze Besatz von 6 Teichen im Werthe von 3000 bis 4500 ℳ abgestorben ist.

Die übrigen Wasserstücke sind Lachen, Kolke, Elb-Ausrisse u. dergl. Hierhin ist auch der Prieritzer-See zu rechnen. Derselbe gehört zur Domäne Pretzsch, ist 17,32 ha groß und führt neben den gewöhnlichen Fischarten auch Zander, Karpfen und Blei.

B. Von den ca. 77 km forstfiscalischen Fluß- und Bachstrecken kommt über die Hälfte auf das Gebiet der schwarzen Elster (Neugraben, Cremitz- und Binnengräben, zusammen 46,4 km mit 126 ℳ Pacht); 22 km mit 113 ℳ 75 ₰ Pacht sind Nebengewässer der Saale; 2,3 km fließen zur Mulde, der nicht verpachtete

Padiz=Bach direct zur Elbe. Den relativ höchsten Ertrag liefert wohl die zur Wipper, Nebenfluß der Saale (Mansfelder Gebirgskreis), längs der Anhaltischen Grenze sich hinziehende 1,5 km lange Strecke der Eyna oder Eine mit 84 *M.* Der Naturalertrag wird auf ca. 25 kg Forellen und 3 bis 4 Schock Krebse angegeben.

Forelle außer in der Eine noch im Ossig= und Raßberger=Bach (Kr. Zeitz).

Forstfiscalische Teiche sind nicht vorhanden. Von den 5 Wasserstücken mit einer Gesammtfläche von 21,504 ha nimmt der Krassen=See (Kreis Wittenberg) allein 17,813 ha ein. Derselbe steht bei Hochwasser durch Rückstau mit der Elbe in Verbindung und hat nur bei eigenem höheren Wasserstande Abfluß durch das Wesselfließ; es kommen darin Hecht, Zander, Karpfen, Schlei und geringe Weißfische vor. Sommerüberschwemmungen werden für die Fische des vielen Schlieckabsatzes wegen nachtheilig.

16. Regierungsbezirk Magdeburg.

A. Mit Ausnahme der Ilse und des Schiffgrabens bei der Domäne Hornburg (1,4 und 2,7 km) gehören alle übrigen domänenfiscalischen Gewässer dem Gebiet der Elbe an. Die Elbe treffen wir auf drei gesondert verpachteten Strecken, einmal bei Barby vom Einfluß der Saale bis zur Proedel'schen Tränke (9,5 km, 120 *M* Pacht), alsdann weiter abwärts von Frohse bis Hohen= warthe (30 km, 450 *M*) und von da bis zur Heinrichsberger Grenze (7,5 km, 316 *M*).

Lachs, Maifisch, Schnäpel und Stör kommen vor. Unter den übrigen Fischen sind Blei, Zärthe, Aland, Döbel, Barbe, Plötze, Güster, Hecht und Aal die häufigsten; seltener sind Zander, Wels, Karpfen und Rapfen.

An Nebenflüssen der Elbe sind zu erwähnen die vom Harz kommende Bode mit Selke und Gr. und Kl. Bruchgraben, zusammen ca. 22 km. Es participiren daran 8 Domänen der Kreise Oschersleben und Wanzleben auf meist unbe= deutenden Strecken und mit wenig ergiebiger Fischerei. Im Gr. und Kl. Bruch= graben finden sich verschiedene Schmerlarten und im Frühjahr Hechte; in der Bode Hecht, Döbel, Blei, Barbe, Barsch, die gewöhnlichen Weißfischarten und Aal. Forellen scheinen in der Bode unterhalb der Stadt Quedlinburg kaum mehr vorzukommen; in dem fiscalischen Sprögel= und Pöllenhäger Wasser, 1 km, 25 *M* Pacht (Bode in der Stadt Quedlinburg), wird sie nur selten an= getroffen.

Die Selke (1 km) wird gar nicht genützt in Folge des Einflusses von Grubenwasser aus Kohlenbergwerken und von Abwässern aus Fabriken der Umgegend von Aschersleben.

Die Ohre bei Schloß Wolmirstädt und Domäne Hillersleben, zusammen noch nicht 3 km, führt Hecht, Döbel und einige Aale, vereinzelt auch Karpfen, Schlei, Blei, Karausche, Plötze, Quappe und Krebs.

Ueber die domänenfiscalische Fischereinutzung in der Dumme (Nebenfluß der Jeetzel) liegen Angaben nicht vor.

Auf der rechten Seite der Elbe ist der Fiener Torfschifffahrts=Kanal von der O. F. Alten=Platow bis zur Eisenbahn, eine Strecke von ca. 500 m zu 50 M verpachtet. Diese verhältnißmäßig hohe Pacht wird aber nicht etwa der Ergiebigkeit der Fischerei wegen gezahlt, sondern nur, um das Betreten der angrenzenden Wiesen durch anderweitige Fischereipächter zu verhindern.

An sonstigen Wasserstücken finden sich im Kreis Calbe verschiedene zur Domäne Barby gehörige Sümpfe, welche meist innerhalb des Elb= und Saal= deiches liegen; im Kreis Jerichow die alte Elbe mit einer Anzahl Gräben und Laken, ebenfalls Domänenzubehör.

Die Röthe bei Schönebeck, 10,468 ha, mit salpeterhaltigem Wasser, in welchem indessen Schlei, Hecht und Rothfeder noch vorkommen, ist incl. Rohr=, Schilf= und Eisnutzung zu 500 M verpachtet.

B. Unter den Flüssen und Bächen der Forstverwaltung nehmen die Elbe mit 19 und die Saale mit 14 km (O. F. Löbderitz) den ersten Platz ein. Beide sind zusammen für 1360 M verpachtet. Blei, Zander, Wels, Barbe und Krebs sind stets vorhanden. Lachs, Stör und Schnäpel werden als vorkommend be= zeichnet, doch ist Näheres über dieselben nicht angegeben.

Unter den Nebenflüssen auf der linken Seite der Elbe kommt zunächst die Bode mit einer kurzen Strecke in der O. F. Heteborn und mit 7,5 km Forellen= bächen in der O. F. Thale am Harz; alsdann treffen wir die Ohre bei Biederitz mit 7 km und 99 M Pacht, den Tanger=Fluß bei Weißewarte und eine unbe= deutende z. Z. nicht genützte Grenzstrecke der Dumme im Kreise Salzwedel, mit welcher indessen Fiscus der Fischerei=Genossenschaft zur Hebung der Fischerei in der sog. alten Dumme beigetreten ist. Auf der rechten Seite der Elbe ist die ca. 4,7 km lange Strecke der Nuthe zum Laichschonrevier bestimmt (O. F. Grün= walde). Die Ehle (7,5 km, 6 M Pacht) wird fast nur als Krebswasser genützt. Während in der alten Elbe (fiscalischer Antheil 4,20 km, Pacht 215 M, O. F. Grünwalde) Hecht, Zander, Barsch, Wels, Barbe, Blei, Zärthe, Schlei, Plötze und kleine Weißfische, seltener auch Karpfen und Rapfen, ja mitunter Lachs und Maifisch (?) vorkommen, beherbergen die Tanger=, Dumme=, Nuthe= und Ehle=Strecken nur die allergewöhnlichsten Fischarten; in der Ohre kommt dahin= gegen auch der Blei und dann und wann der Karpfen vor.

An Wasserstücken sind 2 kleine Teiche (0,136 ha) und eine Anzahl Kolke, Laken, alte Flußbetten und dergl. mit einer Gesammtfläche von ca. 99 ha vor= handen; unter diesen sind das Gerwischer alte Elbbett (58 ha, 160 M Pacht) und der Goldberger=See (15,3 ha) die bedeutendsten. Der Obersee und die Biberlache, zusammen 5,28 ha, sind zu 108 M verpachtet (O. F. Löbderitz).

17. Regierungsbezirk Erfurt.

A. Die 30 km Fluß= und Bachstrecken der Domänenverwaltung vertheilen sich auf das Unstrut=, Werra= und Leinegebiet. Zu dem ersten gehören die Helme mit 4,1 km bei Domäne Günzerode, die Wipper mit 3,5 km bei den Domänen Nohra und Klein=Furra, endlich die Zorge, Salza und Kalte Wieda bei Domäne Salza. Die Strecken der Wipper und Helme werden als sehr geringwerthig bezeichnet; sie beherbergen Barben, Weißfische, Schmerlen, wenig Krebse und sehr selten einen Aal. Die Zorge, Salza und Kalte Wieda sind dahingegen lohnende Forellen= und Aeschengewässer. Aus den zur Domäne Salza gehörenden Strecken (Salza 0,7, Zorge 2,8, Kalte Wieda 1,2 km) werden jährlich an 250 kg Forellen und Aeschen gewonnen, was auf einen reichen Bestand und günstige Lebensbedingungen für beide Fischarten schließen läßt. Die Domäne Woffleben hat ihre Zorge=Strecke von ca. 3 km gegen 20 *M* in Unterpacht gegeben. Einen ungünstigen Einfluß auf die Zorge übt hier die Sülze, welche Steinkohlen=Grubenwasser abführt. Der ärgste Feind ist indessen, wie leider überall in Forellengewässern mit niedrigem Sommer=Wasserstande, der Diebstahl.

Im Gebiet der Werra sind die zur Domäne Kühndorf gehörigen Forellen= bäche (ca. 7,3 km Nebengewässer der Schwarza, resp. Hasel) gegen Natural= lieferung von 2 kg Forellen in Unterpacht gegeben. Die Schleuse bei Kloster Vessra führt Forellen, Aal und Krebs in geringer Menge. Ueber die Fischerei in der ebendahin gehörigen Werrastrecke (1 km) finden sich keine näheren Angaben.

Die Leine bei Domäne Reifenstein (Kreis Worbis) beherbergt nur Schmerlen und Weißfische, früher auch Forellen.

An Wasserstücken sind 3 Teiche (2 bei Domäne Salza, 1 bei Kloster Vessra) mit einer Gesammtfläche von 1,285 ha vorhanden.

B. Der Forstverwaltung zustehende Fischwasser finden sich nur im Kreis Schleusingen. Mit Ausnahme des Quellengebiets der Lengwitz (9 km), welche zur Ilm fließt, gehören alle dem Gebiet der Werra an, und zwar kommen auf die Schleuse mit Nebenbächen 34,8 und auf Nebenbäche der Hasel 11,8 km. Es sind durchgehends Forellengewässer, doch findet sich in der Schleuse bis= weilen auch die Aesche ein. Die Durchschnittspacht beträgt pro km 1 *M* 37 ₰.

Außer 3 kleinen Forellen=Teichen mit einer Gesammtfläche von 0,35 ha (Pacht 9 *M* 23 ₰) sind sonstige Wasserstücke weiter nicht vorhanden.

18. **Regierungsbezirk Münster.**

A. An domänenfiscalischen Fischwassern sind nur 3 Strecken der Ems im Kreise Steinfurt, zusammen 21 km, zu verzeichnen. Diese Strecken sind zum Theil zu Laichschonrevieren bestimmt. Letzte Pacht 25 *M* 19 ₰. Hecht, Barsch und Blei sind die 3 häufigsten Fischarten, alsdann kommen Barbe, Aal, Weiß= fisch und Krebs. Seit Anlage der Wehre bei Hanekenfähr und Listrup (1824) ist der Fang von Lachsen, Meerforellen (hier Randel genannt), Stören und Neunaugen gänzlich in Wegfall gekommen. Das Wehr zu Hanekenfähr ist seit Anfang des vorigen Jahres mit einem Fischpaß versehen, dasjenige bei Listrup oder Mehringen wird beim Umbau einen solchen erhalten. Es wird alsdann der Lachsfang sich nach dem Wehr zu Rheine verlegen, an welchem bereits ein sehr einträglicher Selbstfang für Aal vorhanden ist. Daß es den Lachsen, welche die Fischleiter zu Hanekenfähr passirt haben, dann und wann gelingt, auch das Mehringer Wehr zu überwinden, beweist der am 10. November vorigen Jahres an der Wesselinkschen Mühle gemachte Fang eines 7 kg schweren Exemplares.

B. Die forstfiscalischen Fischwasser bestehen nur in einer ganz unbedeutenden Strecke der Angel, einem Nebenbach der Werse, welche sich unterhalb Telgte in die Ems ergießt. Barsch, Hecht und geringe Weißfische, weiter abwärts bei Angelmodde auch Blei.

19. Regierungsbezirk Minden.

A. Als die einzigen der Domänenverwaltung zustehenden Fischwasser werden diejenigen des Hauses Büren bezeichnet; sie bestehen aus 15 km Alme mit 6 unbedeutenden Nebenbächen (12 km) und aus einer 2 km langen Strecke der bei Büren in die Alme fließenden Afte nebst 4 km Nebenbächen. Es sind Forellen und Aeschen führende Gewässer, in denen auch der Krebs und auf den unteren Strecken die Barbe vorkommt. Innerhalb der Berechtigung sind jedoch 7 Wehre vorhanden und wird die Fischerei außerdem durch Beflößung von 80 ha Wiesen erheblich beeinträchtigt. Auf einer Strecke von ca. 2 km besteht ferner Koppelfischerei mit dem Gute Holthausen.

B. Unter den forstfiscal. Gewässern stehen die Altenau (11,8 km) mit 8 km Nebenbächen und die Afte (3 km) oben an. Das Gebiet der Lippe ist durch die genannten Flüsse und Bäche mit ca. 23 km vertreten. Dem Diemel= gebiet gehören ca. 11 km, dem Wesergebiet 3 km und dem oberen Emsgebiet 100 km Bäche an. Diese letzteren, an Länge zwar alle übrigen übertreffend (Alte Hessel, Neue Hessel, Aabach u. s. w.), gewähren indessen so gut wie gar keinen Pachtertrag, denn sie sind zusammen mit einem 0,5 ha großen Mühlen= teich, der im Sommer als Wiese genutzt wird, für 3 *M* verpachtet. Die Forelle kommt vereinzelt in diesen Bächen vor, doch treten ihrer Vermehrung, so wie der Hebung des Fischbestandes überhaupt, Wassermangel im Sommer, Wiesenberieselung, zahlreiche Mühlenwehre, die das Aufsteigen von Fischen aus der Ems verhindern, Koppelfischerei mit verschiedenen Gütern und endlich Diebstahl hemmend entgegen.

Die Bäche des Diemelgebiets in der O. F. Hardehausen haben früher einen ziemlich guten Forellenstand gehabt, sind aber durch unpflegliche Behand= lung außerhalb der Reviergrenzen nach und nach gänzlich fischleer geworden. — Die Altenau führt Weißfische und Forellen, die Afte gleichfalls, doch auch, wie schon bei A. erwähnt wurde, noch Aeschen und Krebs. Alle übrigen nicht näher bezeichneten Bachstrecken sind ihrer Natur und Lage nach Forellengewässer.

Ueber die Gewässer der Grafschaft Schaumburg siehe Regierungsbezirk Kassel.

An sonstigen Wasserstücken sind zwei kleine Karpfenteiche mit 5,5 Ar Ge= sammtfläche, ferner zwei noch kleinere Forellenteiche einschließlich einer 1 km langen Bachstrecke und zwei mit Forellen besetzte Wasserlöcher, alle in den Schutzbezirken Wittekindstein und Nammen der O. F. Hausberge belegen, zu erwähnen. Pacht 7 *M*.

20. Regierungsbezirk Arnsberg.

A. Die domänenfiscalischen Gewässer gehören dem Gebiet der oberen Sieg und demjenigen der Ruhr und Lenne an. Die Sieg selbst tritt mit 4 km und 2,5 km Nebenbächen von Nenkersdorf bis zur Reviergrenze der O. F. Hainchen auf und ist hier ausschließlich Forellenwasser, nur zwischen Nenkersdorfer Schule und Mühle kommen auch einige Weißfische und Krebse vor.

Die Lenne (2 km bei Stottel) führt Weißfisch (sog. Mundfisch, wohl dasselbe wie Döbel), auch mitunter Hecht, Blei, Barbe, Aesche und Forelle, ja selbst der Lachs erscheint, wenn auch ganz vereinzelt, dann und wann.

Das Ruhrgebiet ohne Lenne ist nur durch eine 2 km lange Nebenbach= strecke mit geringem Forellenstand vertreten.

B. Die forstfiscal. Fluß= und Bachstrecken vertheilen sich auf die Fluß= gebiete der Eder, Lahn mit Dill, Sieg, Diemel und Ruhr mit Lenne und Möhne, und zwar befinden wir uns hier im Quellengebiete der vier zuerst genannten Flüsse. Das Quellengebiet der Eder ist mit 23,5 km, das der Sieg mit 9, das der Lahn und Dill mit 11,5, die obere Diemel mit 9 und endlich das Ruhrgebiet mit 43 km vertreten.

Der Lachs erscheint selten und ganz vereinzelt auf der fiscal. Ruhrstrecke bei Arnsberg, wo auch Hecht, Barbe, Aal und Krebs auftreten. Mit Aus= nahme des Lachses finden sich die genannten Fische auch in der unteren Möhne. Die Heve, ein Nebenflüßchen der Möhne, führt neben Forellen und Schmerlen ebenfalls noch Weißfische und Krebs. Alle übrigen Bäche und Flüsse sind wesentlich Forellengewässer. Aesche nur in der Diemel und Hopecke bis oberhalb Marsberg, wo auch bereits Hecht, Barbe, Aal und Krebs auftreten.

21. Regierungsbezirk Düsseldorf.

A. Fischwasser der Domänenverwaltung sind nicht vorhanden.

B. Die Fischereinutzung des Rheinstroms, so wie seiner Nebenarme und Kolke steht zum Etat der Oberförsterei der Rheinwarden, diejenige des Wupper= und Ruhrgebiets zum Etat der O. F. Gerresheim.

Vom Rhein sind auf der linken Seite ca. 141 km und auf der rechten einschließlich einiger noch im Kreise Mühlheim gelegener Strecken ca. 100 km in 35 Parcellen zu jährlich 22,073 ℳ verpachtet. Die Kolke in den Ward= holzständen und Weiden, zusammen etwa 22 ha, bringen 750 ℳ und die alten Rheinarme mit einer Gesammtfläche von ca. 149 ha 2292 ℳ. Die Fischerei im Spoykanal, Fulksgatt, Kalflack und Erftkanal, zusammen ca. 33 ha, ist zu 1596 ℳ und der Mündelheimer Teich (5,36 ha) zu 660 ℳ verpachtet. Nächst den Wanderfischen Lachs, Maifisch und Stör, sind Hecht, Barbe, Karpfen, Aal, Blei, Schlei und Barsch die wichtigsten Fischarten.

Von den zur O. F. Gerresheim gehörigen Fischwassern kommen auf das Wuppergebiet 81 km mit 549 ℳ, auf das Gebiet der Ruhr 17 km mit

105 *M* Pacht. Nicht genutzt werden 2 km Nebenbäche der Wupper und 7 km des Düsselbaches.

Die Nebenbäche der Wupper führen sämmtlich Forellen, auch die Wupper selbst, doch sind ganze Strecken derselben in Folge von schädlichen Abflüssen aus Fabriken vollständig fischlos. Die anscheinend hohe Pacht von 185 *M*, welche die ca. 13 km lange Strecke zwischen den Kreisen Solingen und Lennep aufbringt, ist weniger der Fischerei als der Nebennutzung an Gras und Schilf von einigen Inseln zuzuschreiben. Der obere Theil dieser Strecke ist fast völlig fischleer, nur im unteren Theile treten sporadisch Hecht, Aal, Karpfen und auch wohl einige Forellen auf.

Was die Ruhr betrifft, so liegen Angaben über den Lachs nicht vor. Hecht, Aal, Nase, Döbel, Barsch, Barbe, Blei und Forellen sind die Haupt=Fischarten.

22. Regierungsbezirk Köln.

A. Fischwasser, welche der Domänenverwaltung zustehen, sind nicht vor=handen.

B. Die forstfiscalischen Gewässer umfassen 123 km des Rheinstroms, 25,3 km der Sieg in vier Strecken, 17 km Nebenbäche des Rheins und 4,1 km Nebenbäche der Sieg.

Die rechte Hälfte des Rheins von der Oelmühle unterhalb Unkel bis zum Langeler Bannstein (ca. 30 km) ist mit Ausnahme einer Strecke bei Honnef, welche zum Laichschonrevier designirt ist, zu 994 *M* und von da ab ca. 26 km bis zur Fischereigrenze mit dem Regierungsbezirk Düsseldorf zu 417 *M* ver=pachtet. Die fiscalische Fischerei ist indessen von Berechtigungen Dritter unter=brochen. Die linke Stromhälfte von der Grenze mit Coblenz bis zum Ober=weßlinger Hofe (ca. 26 km) bringt nur 97 *M* und von da bis zur Grenze mit Regierungsbezirk Düsseldorf (ca. 41 km) 338 *M* Pacht.

Die Fische betreffend, gilt im Wesentlichen dasselbe wie bei Coblenz, doch sind Stellen, an denen ein sehr bedeutender Lachsfang stattfindet, nicht vorhanden. Ueber den in der Sieg aufsteigenden Lachs sind bezüglich der fiscalischen Strecken nähere Angaben nicht gemacht; es werden hier nur die gewöhnlichsten Flußfische genannt. Forellen kommen in den oberen Strecken der Sieg, sowie in ihren Nebenbächen und in denen des Rheins vor.

An Wasserstücken sind drei unbedeutende Teiche vorhanden, von denen zwei obendrein nicht einmal wasserdichte Dämme haben.

23. Regierungsbezirk Aachen.

A. Die domänenfiscal. Gewässer beschränken sich auf eine etwa 1 km lange Roer=Strecke in der Bürgermeisterei Jülich und auf zwei ehemalige Festungs=gräben (Graben der span. Lünette und Vorgraben zwischen Lünette F. und G., Pacht resp. 3 und 6 *M*).

In der zu 52 *M* verpachteten Roer, welche mit ganzer Strombreite nur da dem Fiscus zusteht, wo er auf beiden Seiten Anlieger ist, werden Rapfen, Roth= auge, Makrele (ob Chondrostoma nasus?), Barbe, Barsch, Hecht, Schlei, Aesche und Aal gefangen. Geklagt wird über die Verunreinigung des Wassers durch die Abgänge der oberhalb Jülich gelegenen Fabriken, namentlich Papierfabriken. Wie bekannt, hindert außerdem ein hohes Wehr bei Roermond das Aufsteigen von Wanderfischen.

B. Die forstfiscal. Fischwasser gehören mit 45 km dem Gebiete der Roer an; 25 km kommen auf das Gebiet der Vesdre und anderer Nebengewässer der Maas. Der Mehrzahl nach sind es Forellenbäche mit vielen Wehren und ge= ringem Fischbestand.

In der Roer unterhalb Montjoie findet sich die Aesche, welche auch noch mit Rapfen in der Urft vorkommen soll.

Wenn schon zahlreiche Fabriken und Färbereien (Montjoie und Eupen), ferner Erzwäschereien die Fischerei stark beeinträchtigen, so ist und bleibt doch das größte Uebel, welches sich der Hebung der Fischerei entgegenstellt, die überaus große Zahl von Berechtigungen.

Außer dem zur O. F. Schevenhütte gehörigen Orchelsweiher, 1277 ha groß und mit Karpfen besetzt, sind andere Wasserstücke nicht vorhanden.

24. Regierungsbezirk Coblenz.

A. Die der Domänenverwaltung zustehende Fischereinutzung begreift den Rhein mit Mallendarer Grundbach und die Mosel.

Der Rhein ist in 22 Districten verpachtet. Die 7 ersten umfassen die Strecke von Bingen bis Capellen auf der linksseitigen Stromhälfte, ca. 59 km mit einem Pachtertrage von 986 *M* ohne die Einnahme aus dem Lachsfange der beiden Salmen=Waagen Klodt und Werb, welche im Jahre 1879 von Waag Klodt 2043 *M* und von Waag Werb 2283 *M* betragen hat. District 8, von Capellen bis zur Rheinschiffbrücke bei Coblenz die halbe, von der Gemarkung Horchheim ab, jedoch mit Ausschluß des linksseitigen, abgesperrten Flußarmes und der Hafen= bucht unterhalb der Eisenbahnbrücke bei Coblenz, die ganze Strombreite ein= nehmend, ca. 3 km, ist zu 3 *M* verpachtet. District 9 von der Rhein=Schiffbrücke bei Coblenz bis Kesselheim, ca. 5 km, mit einem Pachtertrag von 1001 *M*, umfaßt die ganze Breite des Stromes; ebenso District 10 von Kesselheim bis zur Mündung des Saynbaches, 3 km mit 138 *M* Pacht. Die Districte 11 bis 18, von Kaltenengers bis zur Grenze des Regierungsbezirkes, zusammen ca. 41 km, liegen auf der linken Stromhälfte und bringen 66 *M* 50 ₰ Pacht. Auf der rechten Hälfte ist die Strecke von der Mündung des Saynbaches bis zur Fahr=Leutes= dorfer Grenze, 13,5 km, in 4 Abtheilungen zu 647 *M*, und die 7,5 km lange Strecke von Unkelstein, resp. Erpeler Fähre bis zur Grenze mit Kreis Mühlheim (Oelmühle unterhalb Unkel) zu 6 *M* 50 ₰ verpachtet.

Der Lachs wird fast nur an den zu seinem Fange passend gelegenen und besonders eingerichteten Stellen (Salmenwaag) gefangen; Maifische auf der ganzen Strecke. Störe sind selten. Forellen kommen vereinzelt vor, so von Kripp bis Rolandswehr und bei Bingen vom Naheufer bis zur Mündung des Baches bei Niederheimbach; auf dieser Strecke finden sich auch Aeschen. Die Vertheilung der übrigen Fischarten wechselt je nach der Beschaffenheit der Ufer und des Strombettes. Am häufigsten ist wohl die sogenannte Makrele (Chondrostoma nasus), dann Barbe, Blei, Plötze, Döbel und andere Weißfischarten, darauf Hecht, Barsch, Karpfen, Schlei und Karausche.

Der Mallendarer Grundbach von der ehemaligen nassauischen Grenze bis an den Rhein, ca. 7 km, ist zu 21 *M* verpachtet. Es finden sich Forellen und Krebse, doch hauptsächlich nur in der oberen Hälfte des Baches.

Die Mosel von Traben bis zur Mündung in den Rhein, im Ganzen ca. 107 km, ist in 13 Abtheilungen für 1721 *M* verpachtet. — Die häufigsten Fische sind Barbe, Makrele, Döbel (Münne), Barsch, Hecht und Rothauge; Blei, Karpfen und Schlei nur stellenweise. Krebs nicht häufig. Forellen kommen vor auf der Strecke von Hatzenport bis Güls; Aeschen von Bruttig bis Hatzenport. — Lachs und Maifisch auf der ganzen Moselstrecke, Stör als Seltenheit aufwärts bis zum Kreise Zell.

B. Die forstfiscal. Fluß= und Bachstrecken gehören mit 20,27 km dem Lahngebiet (Kreis Wetzlar, O. F. Krofdorf), mit 15,4 km dem Nahegebiet und mit 7,85 km dem Moselgebiet an. Verpachtet sind im Ganzen 32 km zu 366 *M*, nicht genutzt werden, meist in Folge ungünstiger Berechtigungs=Verhältnisse Dritter, 11,4 km Bäche im Nahegebiet.

Die Lahn selbst ist auf zwei Strecken vertreten, wovon die eine, ca. 7 km, mit Großherzogthum Hessen gemeinsam und gleichtheilig zu 293 *M* 13 ₰ verpachtet ist; die andere, 7,9 km und in 4 Parcellen verpachtet, bringt nur 67 *M* 50 ₰ auf.

Hecht, Barsch und Weißfische sind ziemlich gleichmäßig vertheilt, Barben weniger häufig, Aal und Quappen sporadisch auf schlammigen Stellen, Karpfen sehr selten. Die hierher gehörigen Nebenbäche beherbergen nur kleine Weißfische und Krebse in geringer Menge. Die zu den Oberförstereien in den Kreisen Cochem und Kreuznach gehörigen Bäche sind sämmtlich Forellenbäche mit sehr geringem Fischbestand. Leider ist daselbst für die Hebung der Fischerei sehr wenig Aussicht vorhanden, da zahllose meist sehr minimale Privatberechtigungen an und außerhalb der Reviergrenzen einen geregelten Betrieb geradezu unmöglich machen.

25. Regierungsbezirk Trier.

A. Die domänenfisc. Flußstrecken umfassen die Mosel, Saar und Sauer. Die Mosel ist auf der 34,5 km langen Strecke von der Grenze bis zur Einmündung der Sauer in 11 Abtheilungen zu 1320 *M* verpachtet; alsdann von da oder der Conzer Brücke bis Thron, ca. 51 km, in 12 Abtheilungen zu 549 *M*.

Auf der oberen Strecke finden sich Lachs, Forelle, Barbe, Blei, Schlei, Karpfen, Hecht, Barsch, Aal und Krebs; auf der Strecke von der Conzer Brücke abwärts kommen hierzu noch Makrele, Maifisch, Aesche und Quappe.

Die Sauer ist vom Einfluß der Our bis zur Brücke von Echternach, ca. 19,5 km, in 4 Abtheilungen zu 332 ℳ und von da bis zum Ausfluß in die Mosel, ca. 23,5 km, in 6 Districten zu 548 ℳ in Pacht gegeben.

Auf der oberen Strecke werden als Hauptfischarten nur Weißfisch, Makrele, Barbe und Aal genannt. Krebse kommen wenig vor und sind klein. Ueber Abnahme des Fischbestandes wird geklagt, ebenso über den Selbstfang am Mühlenwehr zu Wallendorf.

Auf der Strecke von Echternach abwärts sind häufig: Barsch, Barbe, Makrele, Gründling, Döbel; weniger häufig: Aal, Lachs, Blei; selten: Forelle, Hecht, Plötze und Quappe. — Ein Fischwehr befindet sich zu Rosport.

Was die Saar anbetrifft, so ist dieselbe vom Fischerei-Grenzstein oberhalb Blittersdorf bis zum Bannstein Hostenbach-Wehrden, ca. 33,8 km, in 8 Districten zu 762 ℳ 50 ₰, von da bis zum Grauen-Stein unterhalb Nied, 30,9 km, in 5 Abtheilungen zu 249 ℳ 50 ₰, von da bis zum Schwellenbache bei Saarhölzer-bach, 27 km, in drei Abtheilungen zu 342 ℳ und endlich von da bis zur Conzer Brücke, 26,5 km, in 5 Districten zu 322 ℳ verpachtet.

Die Vertheilung der Hauptfischarten wird auf der Strecke von der Landes-grenze bis zur Louisenthaler Schleuse folgendermaßen angegeben: Döbel 15, Blei 13, Hecht 10, Aal 9, Barsch 8, Karpfen 6, Barbe 5, Makrele 4 Prozent. Unterhalb der Schleuse bis zur Kreisgrenze von Saarlouis: Barbe 20, Ma-krele 20, Döbel 14, Aal 11, Hecht 8, Blei 6, Barsch 4, Karpfen 4 Procent. Der Einfluß der Stauung des Wassers auf die Verbreitung der Barbe und Makrele ist hiernach recht in die Augen springend. Schädliche Abflüsse aus Fabriken sind mehrfach vorhanden.

Auf der zweiten Saar-Strecke bis zum Grauen-Stein ist die Reihe der Hauptfischarten nach ihrer Häufigkeit folgende: Barbe, Makrele, Rothauge, Aal, Barsch, Hecht und Karpfen (dieser selten); weiter abwärts im Kreise Murzig bleibt die Reihenfolge so ziemlich dieselbe, Blei wird auch hier nicht genannt. Auf der unteren Strecke geschieht der Forelle Erwähnung; sie kommt in der Nähe von Bachmündungen vor (regelmäßige Standplätze sind z. B. vor der Schodener Furth und vor Okfen). Die Aesche ist selten, nur unterhalb Mettlach bei Saarhausen häufiger. Barbe an allen Furthen. Karpfen und Schlei in den durch Correctionsbauten geschaffenen Einfriedi-gungen. Hecht, Barsch und Aal häufig. Lachs und Maifisch kommen jetzt nur ganz vereinzelt vor, sollen aber früher selbst in der Prims in ziemlicher Anzahl gefangen sein. Weiter aufwärts im Kreise Saarbrücken hindern Schleusen-wehre das Aufsteigen.

B. Von den rund 60 km forstfiscalischen Gewässern, die zum kleinsten Theile dem Nahe-, dagegen mit 15 km dem Saar- und mit 41 km dem übrigen Moselgebiet angehören, werden 51 km nicht genutzt. Es sind dies meist Grenzbäche oder doch Strecken, in denen einmal wegen maßloser Aus-nutzung der Fischerei seitens zahlloser Berechtigter am Gegenufer oder außer-halb der Reviergrenzen, sodann wegen Wassermangels in der Sommerzeit der Forellenstand kaum mit Erfolg wird gehoben werden können. In den Oberförstereien Morbach und Thronecken sind es ferner ausgedehnte Wehr= und Stauberechtigungen einiger Mühlen, welche auf die Gestaltung der Fischerei=verhältnisse in der früher sehr fischreichen Thron einen sehr nachtheiligen Ein=fluß ausüben. Diese Mühlen entziehen den Bächen bei geringem Sommer=Wasserstande mit dem Wasser zugleich auch die Fische, welche in Mühlgräben und Teiche geleitet ohne Unterschied des Alters und der Größe weggefangen werden.

Angesichts dieser entmuthigenden Lage verdienen daher alle Anstrengungen, welche bisher von forstlicher und anderer Seite zur Hebung der Fischerei gemacht worden sind, um so größere Anerkennung. Seit einer Reihe von Jahren ist sowohl bei der Oberförsterei Thronecken (Thalfangerbach) als auch im Revier Morbach verschiedentlich die künstliche Fischzucht geübt worden und seit etwa 4 Jahren ist auf Anordnung der Regierungs=Abtheilung des Innern zu Trier eine Fischbrut=Anstalt im fiscalischen Bibelhauser Walde eingerichtet worden, aus welcher die Brut in die umliegenden Gewässer eingesetzt wird.

Verpachtet sind überall nur 9 km für 17 ℳ, darunter die Nahe mit 0,65 km zu 2 ℳ, der Prims=Bach (Nebenfluß der Saar) mit 0,38 km zu 1 ℳ, die Thron, kleine Thron und andere Bäche, ca. 8 km, zu 14 ℳ.

Forellen, Barben und Weißfische in der Nahe, im Prims=Bach und der unteren Thron, in den beiden letzteren, wie bei A. schon erwähnt, auch Lachs und Maifisch.

An Wasserstücken sind nur zwei zur O. F. Saarbrücken gehörige Teiche zu verzeichnen. Dieselben, 0,37 und 0,312 ha groß und zu 18 und bezw. 3 ℳ verpachtet, dienen indessen weniger zum Betriebe der Fischzucht als zu anderen Zwecken; der eine zur Eisnutzung, der andere zum Aufstauen des Wassers für bergbaulichen Betrieb.

26. Regierungsbezirk Wiesbaden.

Sämmtliche fiscalische Fischereinutzungen stehen zum Etat der Forst=verwaltung. Sie umfassen die rechte Stromhälfte des Rheins vom Landgraben an der Castel=Biebricher Grenze abwärts bis zur Grenze bei Horchheim, den Main von Höchst bis Kostheim, die Lahn im Kreise Biedenkopf und von der Grenze des Kreises Wetzlar bis zur Mündung bei Oberlahnstein, die Dill im Dillkreise und die Eder im Kreise Biedenkopf. Hieran schließt sich eine stattliche Reihe von Nebengewässern, unter denen außer den ebengenannten Haupt=Flußgebieten auch noch dasjenige der Sieg vertreten ist.

Der Umfang und zugehörige Pachtertrag der einzelnen Flußgebiete ist folgender:

Rhein	81,10 km	Pachtertrag 911 ℳ 33 ₰ *)
Seitenbäche . . .	378,10 „	„ 963 „ 19 „
Gebiet des Rhein .	459,20 km	Pachtertrag 1874 ℳ 52 ₰

---

*) Ohne den Lachsfang bei St. Goarshausen.

Main	28,00 km	Pachtertrag	3 ℳ 45 ₰ *)	
Seitenbäche . . .	125,50 „	„	696 „ 88 „	
Gebiet des Main .	153,5 km	Pachtertrag	700 ℳ 31 ₰	
Nibda	4,86 „	„	39 „ 58 „	
Nebenbäche . . .	76,30 „	„	332 „ 66 „	
Gebiet der Nibda .	81,16 km	Pachtertrag	372 ℳ 24 ₰	
Lahn	111,50 „	„	712 „ 86 „	
Nebenbäche . . .	878,92 „	„	2414 „ 80 „	
Gebiet der Lahn .	990,42 km	Pachtertrag	3127 ℳ 66 ₰	
Dill	32,00 „	„	213 „ 32 „	
Nebenbäche . . .	171,10 „	„	305 „ 78 „	
Gebiet der Dill .	203,10 km	Pachtertrag	519 ℳ 10 ₰	
Eder	33,42 „	„	427 „ — „	
Nebenbäche . . .	59,45 „	„	9 „ — „	
Gebiet der Eder .	92,87 km	Pachtertrag	436 ℳ — ₰	
Sieg	0 „	„	0 „ — „	
Nebenbäche . . .	139,00 „	„	277 „ 56 „	
Gebiet der Sieg .	139,00 km	Pachtertrag	277 ℳ 56 ₰	
Zusammen .	2119,25 km	Pachtertrag	7307 ℳ 39 ₰	

Hierbei ist jedoch zu bemerken, daß sich der Gesammtpachtertrag nur auf ca. 2062 km bezieht, da von 21 km (O. F. Westerburg) die Pacht nicht angegeben und ca. 36 km überall nicht verpachtet sind (darunter 27 km für Laichschonreviere). Scheiden wir die Fischerei im Main, welche gegen eine jährliche Abgabe von 3 ℳ 45 ₰ an die Fischereigesellschaften zu Höchst und Nied verliehen worden ist, aus, ebenso auch diejenige im Rhein, so stellt sich die Durchschnittspacht pro km auf 3,27 ℳ. — Bei der Angabe des Pachtertrages aus der Rheinfischerei ist noch die Einnahme hinzuzufügen, welche die unter gewissen Bedingungen an mehrere Fischerfamilien in Erbpacht gegebenen Salmen= waage Lung und Sann bei St. Goarshausen gewähren. Dieselbe hat im Jahre 1877 in Summa 4412 ℳ 30 ₰ betragen.

Mit Ausnahme der Rhein= und Mainstrecke, der Nibda und der Lahn vom Kreise Wetzlar abwärts unterliegen alle Gewässer der Winterschonzeit; sie sind also ihrer Natur nach Forellengewässer, in denen jedoch je nach Lage, Größe und Längenerstreckung auch Aesche, Barbe und verschiedene Weißfisch= arten, so wie Hecht und Aal auftreten können. So haben z. B. die in die Lahn einmündenden größeren Seitengewässer als Mühlbach, Aar, Ems, Weil, Elb= und Gelbach, ebenso die Dill und die zur Sieg fließende große Nister in ihrem unteren Laufe entschieden den Charakter der Cyprinoiden=

Gewässer, in denen streckenweise, je nach Beschaffenheit des Grundes, der Ufer und der Strömung Hecht, Barbe, Barsch, Aal, Döbel, Blei, Plötze, Weißfisch, Karpfen, Schlei, Forelle und Krebs mehr oder minder häufig auftreten.

Dem Lachs ist der Zugang zu diesen Gewässern, deren Quellengebiete er in früheren Zeiten des Laichens wegen aufgesucht hat, bis auf das Gebiet der Eder vollständig verschlossen. Auch aus dieser wird er verschwinden, wenn es zu der von gewisser Seite so sehr poussirten, zum Glück aber ausnehmend kostspieligen und im Verhältniß dazu volkswirthschaftlich sehr gering werthigen Kanalisirung der Fulda zwischen Cassel und Münden kommen sollte.

Der Lachs geht gegenwärtig in der Eder noch über den Kreis Biedenkopf hinaus bis in das Berleburg'sche (Kreis Wittgenstein). Im Bezirke der Oberförstereien Battenfeld, Elbrighausen und Hatzfeld werden jährlich noch circa 15—20 Stück gefangen. Laichplätze finden sich bereits von Frankenberg an (Regierungs-Bezirk Cassel) stromaufwärts.

Die Aesche ist in der Eder des Kreises Biedenkopf ebenfalls zu Hause und findet sich auch in der benachbarten Lahn; sonst wird sie im Regierungs-Bezirk nur noch vereinzelt auf der Rheinstrecke und in einigen größeren Seitenbächen des Rheinstromes angetroffen.

Bezüglich der Fische im Rhein siehe das bei Coblenz Gesagte. Was den Main betrifft, so wird er vom Lachs nur selten und vereinzelt angenommen, Maifische kommen schon häufiger vor, Stör gehört zu den Seltenheiten.

Wegen der zahlreichen und nicht unerheblichen Hindernisse, welche namentlich im ganzen Lahngebiet der Hebung der Fischerei aus industriellen Anlagen (Bergbau, Hüttenwerke, Fabriken, Mühlen), so wie aus dem landwirthschaftlichen Betriebe (Berieselung von Wiesen) u. s. f. entgegenstehen, vergleiche die von der dortigen Regierung herausgegebene Schrift „Fischerei-Verhältnisse im Regierungs-Bezirk Wiesbaden". Wiesbaden 1878, Verlag von Bechtold u. Cie.

An Wasserflächen zählen wir 27 größere oder kleinere Teiche mit einer Gesammtfläche von 41,176 ha. Von diesen sind 13 mit einer Gesammtfläche von 20,9 ha zu 369 ℳ 94 ₰ verpachtet, vier (zusammen 23,75 ha) werden administrirt (Ertrag noch nicht angegeben) drei (zusammen 1,227 ha) sind mit Dienstland und die übrigen mit Bachstrecken zusammen in Pacht gegeben. Der mittlere Weiher bei Schloßborn (O. F. Koenigstein) ist gegenwärtig mit Goldorfen besetzt, worunter Exemplare von 5 Pfund Gewicht.

27. Regierungsbezirk Caffel.

A. An domänenfiscalischen Gewässern finden wir ca. 118 km Fluß- und Bachstrecken und 81,187 ha Teiche verzeichnet. Mit Ausnahme von 5 km Fulda oberhalb Kassel (Laichschonrevier), 15 km Aue-Flüßchen bei Domäne Rodenberg (Kreis Rinteln) und 0,477 ha Teich und Graben in den Anlagen von Wilhelmsbad (Kreis Hanau) gehört alles Uebrige zur Pachtung des Fischhofes in Bettenhausen bei Kassel. Die gesammte Pacht dieses Etablissements für ca. 98 km Flüsse und Bäche und 80,71 ha Teiche beträgt nur 1316 M 60 ₰. Die dazu gehörigen Fluß- und Bachstrecken vertheilen sich mit 56 km auf das Fuldagebiet, mit 26 km auf das Gebiet der Diemel (die Seitengewässer Lempe mit Sode und Liebecke, Holzappe mit Nebenbächen und Deisel) und mit 17 km Effze auf das Gebiet der Schwalm. Auf die Fulda selbst kommen ca. 5,9 km (vom Kasseler Wehr abwärts bis zur hannoverschen Grenze), auf die Loffe mit Nebenbächen 48 und auf das untere Ende der Nieste ca. 1 km. Unter den 37 Teichen und 10 Fischbehältern, welche zumeist in der Umgebung von Kassel und auf der westlichen Abdachung des Reinhardswaldes (Kreis Hofgeismar) zerstreut liegen (nur zwei sehr entfernt im Kreise Ziegenhain), sind besonders hervorzuheben die Gewässer der Karls-Aue und der Fackelteich bei Kassel. Der Naturalertrag aus sämmtlichen Fischhofs-Gewässern wird in dem Jahre vom 1. Juni 1877 bis 1. Mai 1878 außer dem Vorrath von ca. 300 Pfd. Karpfen und 8 Schock 2- und 3-sömmriger Karpfen- und Schlei-Strecklinge zu 9812 Pfd. angegeben, darunter 4879 Pfd. Karpfen, 501 Pfd. Schlei, 12 Pfd. Karauschen, 161 Pfd. Forellen, 150 Pfd. Lachs, 810 Pfd. Hecht, 810 Pfd. Aal, 50 Pfd. Blei, 171 Pfd. Barsch, 219 Pfd. Barbe und 2049 Pfd. Weißfische (Nase, Plötze u. s. w.).

B. Von den ca. 1848 km forstfiscalischen Bächen kommen 1406 km mit 3682 M Pacht auf das Fulda-, Werra- und Wesergebiet, 254 km mit 2479 M auf das Maingebiet und 189 km mit 447 M auf das Gebiet der Lahn.

Um genauer beurtheilen zu können, in wie weit der Hauptstrom und die Nebengewässer an diesen Flußgebieten und ihren Pachterträgen betheiligt sind, geben wir folgende Uebersicht:

I. Gebiet der Fulda.

a) Kleinere Nebengebiete:

Lütter	4,50 km	92 M 28 ₰	(nur Nebenbäche)
Haungebiet . . .	92,72 „	130 „ 20 „	
Fliedegebiet . . .	51,70 „	83 „ 70 „	
Schöne Fulde . .	5,55 „	9 „ 50 „	
Lüder	28,00 „	59 „ 30 „	
Altefeld	8,50 „	7 „ 80 „	(Nebenfl. der Schlitz)

b) Größere Nebenflüsse:

Schwalm	39,44 „	119 „ 20 „
Nebengewässer ders. .	147,44 „	83 „ 90 „
Eder	46,49 „	685 „ 30 „
Nebenfl. derselben .	142,25 „	141 „ 30 „

c) Sonstige Nebengewässer

der Fulda . . .	359,45 „	189 „ 50 „
d) Fulda selbst . . .	90,84 „	990 „ 10 „

Zusammen . 1016,88 km 2592 M 08 ₰ Pacht.

II. Gebiet der Werra.

Ulster	29,0	km	125	ℳ	36	₰
Nebenfl. derselben . . .	12,6	„	8	„	15	„
Wohra	23,0	„	29	„	10	„
Nebengewässer derselben .	20,8	„	3	„	10	„
dazu Sontra, Netra und Zufl.	16,02	„	13	„	70	„
Sonstige Nebengewässer der Werra	111,79	„	290	„	50	„
Werra	64,95	„	185	„	70	„
Zusammen .	278,16	km	655	ℳ	61	₰	Pacht.

III. Gebiet der Weser (ohne Werra und Fulda).

Diemel	28,0	km	367	ℳ	—	₰
Nebengewässer derselben .	29,75	„	15	„	50	„
Weser	25,00	„	37	„	70	„
Sonstige Nebenbäche der Weser	28,00	„	13	„	25	„
Zusammen .	110,75	km	433	ℳ	45	₰	Pacht.

IV. Gebiet des Main.

Kinzig	43,46	km	1162	ℳ	50	₰
Nebengewässer derselben .	118,63	„	321	„	25	„
Nidda	4,00	„	125	„	—	„
Nebengewässer derselbeu .	20,00	„	52	„	—	„
Sinn	18,54	„	306	„	—	„
Nebengewässer derselben .	44,01	„	366	„	50	„
Sonstige Nebenbäche des Main	3,00	„	6	„	—	„
Main	2,10	„	140	„	—	„
Zusammen .	253,74	km	2479	ℳ	25	₰	Pacht.

V. Gebiet der Lahn.

Lahn	27,86	km	257	ℳ	90	₰
Nebengewässer	160,84	„	189	„	25	„
Zusammen	188,7	km	447	ℳ	15	₰	Pacht.

Bei dieser Uebersicht fallen sofort den hohen Pachterträgen des Maingebiets gegenüber die niedrigen Ansätze für die Weser und Werra in die Augen. In wie fern bei ersteren günstigere Naturverhältnisse mit einwirken, dies zu untersuchen, würde zu weit führen und muß einer anderen Gelegenheit vorbehalten bleiben; zur Erklärung der letzteren ist nur anzuführen, daß hier eigenthümliche und noch nicht näher präcisirte Berechtigungs-Verhältnisse vorliegen. So beansprucht die Fischerzunft zu Allendorf die Fischerei in der Werra von Eschwege abwärts bis zur hannoverschen Grenze oberhalb Hedemünden (ca. 30 km) gegen eine jährliche Abgabe an die Staatskasse. Wie hoch diese Abgabe ist, wird nicht mitgetheilt. Aehnlich verhält es sich mit der Weser von der sog. Kohlspitze, 1 Stunde unterhalb Münden, bis zur Gemarkung von Bodenfelde und Carlshafen. Die Fischerei wird hier von besonders Berechtigten (Erbleihfischern) aus den Gemeinden Vaake, Veckerhagen, Oedelsheim und Gieselwerder koppelweise mit den Berechtigten aus den angrenzenden hannoverschen Gemeinden Gimte, Hemeln und Klostergut Bursfelde ausgeübt. Die Fischer der genannten hessischen Gemeinden zahlen dafür zur Forstkasse zusammen einen jährlichen Zins von 21 *M*. Ebenso ist die Fischerei in der Weserstrecke der Gemarkung Lippoldsberg dieser Gemeinde ständig zu jährlich 1 *M* 13 ₰ verpachtet.

Nach Ausscheidung der nicht verpachteten (15,15 km) oder ohne Pachtangabe aufgeführten (53,31 km), oder endlich als Laichschonrevier (10,8 km) dienenden Gewässer stellt sich die Durchschnittspacht für 1 km Bach oder Fluß auf 3 *M* 73 ₰.

Lachs in der Weser, Werra, Fulda und Eder. In der Eder bei Frankenberg und weiter aufwärts Laichplätze. Forellen, soweit dieselben nicht ausgerottet sind, in allen Bächen und Flüssen, selbst in der Weser. Die vielen kurzen Seitenbäche der Werra und Weser dienen nur als Laichplätze und zum Aufenthalt der jungen Brut, die Mehrzahl der Mutterfische hält sich nach und bis zur Laichzeit in den größeren Gewässern auf.

Aesche in der Kinzig und Nebenflüssen bis zum Einfluß der Salz, in der Sinn und Nebengewässern bis zum Einfluß der Jossa, in der Fulda bei Schmalnau (O. F. Gersfeld), in der Ulster von Hilders bis Wondershausen, in der Lahn (O. F. Roßberg), in der Eder bis zur oberen Waldeck'schen Grenze abwärts, in der oberen Orke (Nebenfluß der Eder) und in der Schwülme (Nebenfluß der Weser). — Barbe, Zärthe, Döbel, Plötze und geringere Weißfischarten sind neben Aal und Hecht die häufigsten Flußfische. Blei, Barsch, Karpfen, Schlei und Karausche nur an geeigneten Stellen.

An Wasserstücken sind 18 Teiche mit einer Gesammtfläche von ca. 8,0247 ha verzeichnet, dazu der sog. See zwischen Oberellenbach und Baumbach 0,5 ha, der Sahlensee 0,4 ha (O. F. Burgjoß), die Franzosenlöcher (O. F. Bruchköbel) 0,02 ha und 0,5 ha verlassenes Ohmbett oberhalb Marburg. — Im Durchschnitt ist das Hectar Teichfläche zu 26 *M* verpachtet.

Die forstfiscalischen Gewässer der Grafschaft Schaumburg (Kreis Rinteln) sind der Forstverwaltung des Regierungsbezirks Minden unterstellt. Sie bestehen aus der Weser von der hessischen Landesgrenze unterhalb Hameln bis zur lippischen Grenze unterhalb Ellerburg (26 km, 72 *M* Pacht) mit ca. 20 km Seitenbächen (41 *M* 60 ₰), einem Stück der alten Weser unterhalb Hessendorf (2 km, 5 *M*) und 3 Teichen (0,819 ha, 5 *M* 50 ₰ Pacht).

Lachs geht aus der Weser bei günstigem Wasserstande vereinzelt in den Zersener Bach bis vor die Krückeberger Mühle, ebenso in den Fischbecker Bach. Hecht, Aal, Barsch, Barbe, Zärthe, Döbel und andere Weißfische häufig. Die Flunder kommt an sandigen Stellen vor.

28. Provinz Hannover.

A. Von den 1126,44 km Fluß= und Bachstrecken der Domänen=Verwaltung kommen 616,22 auf das Wesergebiet, 344,82 auf das Gebiet der Elbe, 139,9 auf das Emsgebiet und 25,5 km auf das Gebiet der Oste. Den Pacht=erträgen nach steht das Elbgebiet mit 7607 *M* 4 ₰ obenan, darauf folgt das Wesergebiet mit 1922 *M* 7 ₰, dann das der Ems mit 136 *M* 2 ₰ und schließlich das Ostegebiet mit 2 *M*. Hierbei ist jedoch zu berücksichtigen, daß viele nicht unerhebliche Fluß= und Bachstrecken zu Domänenpachtungen gehören, für welche eine besondere Fischereipacht nicht in Anrechnung gebracht ist. In der folgenden Uebersicht sind diese ohne Pachtertrag aufgeführten Strecken von den selbstständig verpachteten getrennt.

Gebiet der Elbe:

Landdrostei Stade	. . . 10,2 km	123 *M* Pacht,	0 km ohne Pacht		
„ Lüneburg	. . 198,52 „	7484 „	„ 136,1 „	„ „	

Gebiet der Weser:

Landdrostei Stade	. . . 106,5 „	848 „	„ 13,0 „	„ „	
„ Lüneburg	. . 13,9 „	158 „	„ 65,33 „	„ „	
„ Osnabrück	. . 19,5 „	49 „	„ 7,5 „	„ „	
„ Hannover	. . 75,3 „	603 „	„ 106,83 „	„ „	
„ Hildesheim	. 120,0 „	264 „	„ 92,36 „	„ „	

Gebiet der Ems:

Landdrostei Osnabrück	. . 130,4 „	100 „	„ 7,5 „	„ „	
„ Aurich	. . . 2,0 „	36 „	„ 0 „	„ „	

Gebiet der Oste:

Landdrostei Stade	. . . 4,5 „	2 „	„ 1 „	„ „	
„ Lüneburg	. . — „	— „	„ 20 „	„ „	

Auf die Elbe selbst kommen 128,14 km mit 7150 *M* 5 ₰ und außerdem für Elbhaken und Braken 48,5259 ha mit 131 *M* 50 ₰ Ertrag; auf Nebenflüsse 170,42 km, wovon jedoch 136,1 km Domänenzubehör, so daß nur 34,4 km selbstständig zu 152 *M* 4 ₰ verpachtet sind, darunter 17 km Jeetzel (von der Grenze des Amtes Dannenberg aufwärts) zu 105 *M*, ein Theil der Neetze bei Lüders=hausen (2 km, 30 *M*), der Knickgraben (ein Arm der Dumme, 0,5 km, 9 *M* 20 ₰), und die Rögnitz (vom Forstkanal bis Sückauer Feldmark, 3 km, 2 *M* 20 ₰). Die fiscal. Fischereiberechtigung in der Elbe tritt uns zuerst mit einer kurzen Strecke bei Schnackenburg entgegen (4,42 km nebst 1,92 Aland=Fluß, Lachsfang und Koppelfischerei, 103 *M* 50 ₰ Pacht); sie beginnt darauf wieder an der oberen Grenze des Amtes Dannenberg und erstreckt sich bis zur östlichen Spitze des Hannover=Sandes unterhalb des Ausflusses der Este. Vom Einfluß der Ilmenau an gehört die Elbe in fischereipolizeilicher Beziehung bereits der Küstenfischerei an. Am bedeutendsten ist die Elbfischerei im Amte Harburg, wo zahlreiche Ver=zweigungen und kanalartige Verbindungen der Elbarme den Betrieb erleichtern (55,72 km, 6133 *M* Pacht). Weiter abwärts unterhalb der Vereinigung der Norder= und Süderelbe ist die Stromfischerei gänzlich frei. Nicht so ist es in der Weser, wo der Fiscus von der bremen=preußischen Grenze bis zum Feuer=wachtschiff am Rothen Sande, so weit die Stromhoheit reicht, die ausschließliche Berechtigung, mit Netzen zu fischen, besitzt. Die Pachterträge stehen indessen bedeutend gegen die aus der Elbe zurück, so ist die Weserfischerei im Amte Blumenthal, wo die Küstenfischerei beginnt, zu 116 $\mathcal{M}$, die darauf folgende des Amtes Hagen zu 44 $\mathcal{M}$ (Störfischerei 21 und sogenannte kleine Fischerei 23 $\mathcal{M}$) und die des Amtes Lehe bis zur salzen See zu 607 $\mathcal{M}$ verpachtet. Wie die Elbe in Folge ihrer Größe und Beschaffenheit an sich schon fischreicher ist als die Weser, so ist sie auch reicher an Fischarten, denn wir treffen in ihr noch den Zander, Wels und Rapfen, welche in der Weser gar nicht, oder, was Zander und Rapfen anbetrifft, doch nur ganz ausnahmsweise angetroffen werden. Im Amtsbezirke Lüneburg werden für die Elbe folgende Fische angegeben: Schnäpel, Lachs, Quappe, Aal, Neesen (Zärthe), Rapfen, Stör, Maifisch, Neunaugen und Meerforelle als Zugfische, und Blei, Halbbrasse, Hecht, Barbe, Aland, Roth=auge, Barsch, Zander, Döbel, Schlei und Karausche als locale oder örtliche Arten. Wels kommt im Amte Bleckede im Bauernsee und Equordshafen und im Amte Neuhaus i. L. im Sumter=, Vockfeyer=, Stapeler=, Stixer= und Caar=ßener=See vor, Seen von höchstens 8 m Tiefe auf dem Wasserzuge der Krainke.

In der Luhe können Lachs= und Meerforelle nur bis Winsen aufsteigen, wo der Fluß durch Mühlenanlagen abgesperrt ist, und außerdem eine Papier=fabrik durch ihre Abwässer die Fischerei in hohem Grade beeinträchtigt; in der oberen Luhe und Lopau bis Luhdorf abwärts kommen Forellen vor, ebenso in der Ilmenau und in dem unteren Theile der in die Ilmenau fließenden Wipperau (Domäne Oldenstadt); ferner in der oberen Seeve (bis Lüllau), in der Este und deren Zuflüssen (Amt Tostedt, Domäne Moisburg, woselbst der Unterpächter eine Brut=Anstalt unterhält) und endlich noch in der Steinbeeke bei Harsefeld (Nebenbach der Aue, welche von Horneburg an den Namen Lühe führt).

Wenden wir uns jetzt zum Flußgebiet der Weser. Außer den vorhin er=wähnten Strecken, welche der Küstenfischerei angehören, begegnen wir fiscal. Berechtigungen auf dem Hauptstrome nur noch auf drei getrennten Strecken, nämlich in den Aemtern Stolzenau, Nienburg und Verden. Die erste ca. 16 km lange Strecke von der Schlüsselburger Grenze bis an die untere Nienburger Amtsgrenze gehört zu der Domänenpachtung Stolzenau. Eine ca. 200 m lange Strecke ist zu 20 $\mathcal{M}$ verafterpachtet, und betreibt auf derselben die Firma Klein=schmidt u. Co. zu Stolzenau die Lachsfischerei mittels großer Zieh= oder Schleifgarne. Die folgende Strecke im Amte Nienburg umfaßt die Weser vor den Grundstücken der Domäne Schäferhof, ca. 4 km (Koppelfischerei). Auch hier ist seitens des Domänenpächters der Lachsfang mittelst großer Ziehgarne exercirt, doch als gar nicht oder zu wenig lohnend wieder aufgegeben. Die dann folgende fiscal. Berechtigung beginnt bei Drübber mit der Hoyaschen Amtsgrenze und umfaßt die rechte Stromhälfte bis zur Intscheder Grenze. Die Mitberechtigungen Dritter scheinen auf dieser ca. 27 km langen Strecke den Pachtertrag sehr herabzudrücken, wenigstens wirft sie zur Zeit mit einer Allerstrecke vom Ein=fluß bis Barnstedt aufwärts (ca. 17,5 km) zusammen nur 30 $\mathcal{M}$ Pacht ab.

Von den Nebenflüssen auf der linken Seite der Weser verdienen nur die Hunte und Ochtum besondere Erwähnung. Die Hunte ist in zwei Strecken vertreten, einmal im Amte Wittlage von Welplage bis zum Dümmer-See (12 km), alsdann im Amte Diepholz von dem genannten See an mit 9 km. Auf beiden Strecken besteht Koppelfischerei und ist die erstere zu 12, die zweite zu 95 *M* verpachtet. In der Hunte oberhalb des Dümmer-Sees wird neben Hecht, Barsch, Aland, Blei, Barbe und Plötze auch die Aesche angegeben, doch beruht diese Angabe wahrscheinlich auf einer Verwechselung. Unterhalb des Dümmers sind Hecht, Aal, Schlei, Barsch, Blei, Plötze und andere Weißfischarten die Hauptfische. Der Krebs kommt auf beiden Strecken vor. Der Dümmer-See, welcher am passendsten gleich hier erwähnt wird, ist 1200 ha groß (nach anderen Angaben 7300 Morgen) und hat auf der hannoverschen Seite eine Tiefe von 5 bis 6, auf der oldenburgischen von 10 bis 12 Fuß; der Boden ist schlammig und torfig und ca. $^1/_5$ des Sees ist mit Schilf bewachsen. Die Fischerei, welche hauptsächlich Hecht, Aal, Schlei, Blei, Barsch, Karauschen, Rothaugen, Quappen und wenig Karpfen liefert, ist für 410 *M* verpachtet.

Die Ochtum vom Weyher-See bis an die Oldenburger Grenze, ca. 9 km, ist zu 227 *M* verpachtet. Zwischen Ochtum und Weser finden wir auch noch einige fischreiche Wasserstücke, die alte Weser bei Dreye und Ahausen, 4 ha, und den Rieder-See, 2,5 ha; sie geben zusammen einen Pachtertrag von 76 *M* 50 ₰. Zum Gebiet der Ochtum gehören ferner die Delme mit dem Bassumer-, resp. Heiligenroder Mühlenbach; der letztere vereinigt sich unterhalb der Oldenburger Grenze mit der Delme, welche den Varreler Bach aufnimmt, der bei Hochwasser zur Laichzeit aus der Ochtum dann und wann von einzelnen Lachsen bis zu den nächsten Mühlenanlagen besucht wird. Zählen wir noch die Aue oder Warnau im Amte Nienburg mit 3 km Mündungsende, 22 *M*, und im Amte Stolzenau mit 8 km (1 *M* 50 ₰ Pacht), sowie die in die Werra fließende Else von Gesmold bis Bruchmühlen, 12 km, 25 *M* auf, so ist damit die linke Seite des Wesergebietes erschöpft.

Auf der rechten Seite der Weser ist in der Landdrostei Stade die halbe Wümme im Amte Lilienthal nebst einigen Braken zu 46 *M* 50 ₰ verpachtet, eine ca. 5 km lange Strecke weiter aufwärts im Amte Achim gehört zum Amtshofe in Ottersberg. Aal, Hecht, Blei, Schlei und Weißfischarten sind die Hauptfische. Ferner gehören ca. 21 km der Wümme in der Landdrostei Lüneburg zur Domäne Moisburg.

Hiernach kommt das Gebiet der Aller, welches in der Landdrostei Stade durch die Aller selbst mit 25,5 km vertreten ist, wovon aber 8 km linke Stromhälfte zur Domänenpachtung Westen gehören und 17,5 km, wie oben schon erwähnt, mit der Weser bei Verden zusammen verpachtet sind. In der Landdrostei Lüneburg begegnen wir der Aller auf drei Strecken, zuerst von der Celler Amtsgrenze unterhalb Thören 8 km stromaufwärts (Pacht 55 *M*), dann im Amte Meinersen zwischen Langelingen und Nienhof (18 *M* Pacht) und zuletzt im Amte Gifhorn in der Feldmark Neubokel (2 km, 4 *M* 10 ₰). Gleich unterhalb der zweiten Strecke liegt der Mühlenkanal, in welchem die Fischerei

(Genossenschaftsfischerei mit den Gemeinden Wienhausen und Offensen) zu 35 *M*
verpachtet ist. — In der Aller unterhalb Winsen werden Lachs, Forelle und
Aesche als vereinzelt; Hecht, Aal, Barsch, Barbe, Döbel, Quappe als in mittlerer
Zahl; Rothaugen, Plötze und Blei als häufig angeführt. Aland ist nur während
der Laichzeit häufig, sonst vereinzelt; Butt (Flunder), Schlei und Krebs kommen
nur vereinzelt vereinzelt vor. Als Nebenfluß der Aller ist hier noch die Oker
zu erwähnen, welche von ihrer Mündung bis zur Volkser Bullenwiese aufwärts
einschließlich der Soolriethe (Langlinger Bewässerungs-Kanal) und drei Seer-
hauser Kuhlen zu 40 *M* verpachtet ist. Merkwürdiger Weise wird für die Oker
der Rapfen (auch „Judenkarpfen" genannt) angegeben; er soll sogar nach dem
Blei der häufigste Fisch sein, wonach erst Döbel und Hecht kommt. Es ist zu
vermuthen, daß hier eine Verwechslung mit der Barbe, welche nicht genannt
wird, vorliegt. Krebs ist äußerst selten. Zum Allergebiet gehören ferner noch
zwei Nebenbäche der Böhme im Amte Fallingbostel, der Grefeler Forellenbach
und der Fulde-Bach. In dem ersteren ist die Fischerei (4 km) durch Wiesenberieselung völlig werthlos geworden und seit dem Jahre 1859 nicht mehr durch
Verpachtung zu nutzen gewesen; in dem letzteren, der neben Hechten und Weißfischen auch Forellen führt, ist die Fischerei auf der ca. 4 km langen fiscal.
Strecke zu 3 *M* 60 ₰ verpachtet.

In der Landdrostei Hannover ist das Leinegebiet mit 58,75 km vertreten,
indessen kommen hiervon auf die Leine selbst nur einige kurze Strecken, so bei
Schloß Ricklingen 2,75 km mit 6 *M*, bei Hannover-Herrenhausen 3 km mit
180 *M*, dann weiter stromaufwärts 5,5 km nebst 1,5 km alte Leine als Zubehör
der Domäne Calenberg. Von den Nebenflüßchen der Leine (Haller 13, Saale 26,
Aue [Amt Springe] 4 km, Aue bei Bokeloh mit Nebengewässern [Amt Neustadt a. R.] 3 km) gehören die beiden Auen zu Domänenpachtungen; die Haller
und Saale sind wegen Verunreinigung aus Fabriken und in Folge vorge-
nommener Begradigungen für die Fischerei kaum mehr zu verwerthen.

In der Landdrostei Hildesheim begegnen wir der Leine ebenfalls nur auf
drei unbedeutenden Strecken. Die erste, 2,5 km bei Alfeld, wird bislang durch
Verpachtung nicht genutzt, die zweite, ca. 5 km bei Salzderhelden, ist zu 4 *M* 50 ₰
verpachtet, die dritte, ca. 1 km bei Harste, gehört zur gleichnamigen Domäne.
Die Fischerei in der Leine liefert vorzugsweise Barben, Döbel, Plötze, Weißfische
und wenig Blei, ist aber wegen der in kürzerer oder größerer Entfernung aufeinander folgenden Mühlen-Stauwerke nur von geringer Bedeutung.

Die kleineren Seitengewässer, links Harste 9, Espolde 7,5 Moore 4,6 und
Ilme 3,9 km, rechts Wendebach 2, Garte 3 und Winzenburger Wasser 2 km,
sind sämmtlich Forellenbäche, deren Fischbestand jedoch mehr oder weniger durch
Begradigungen, industrielle Anlagen u. s. w. reducirt ist. Von einiger Bedeutung
ist nur die vom Solling herabkommende Ilme, in welcher neben der Forelle
früher auch die Aesche verbreitet war. Die fiscalische Strecke von Crimmensen
bis zum Ueberfall der Bruchmühle ist gegenwärtig zum Laichschonrevier erklärt.

Von den beiden größeren Nebenflüssen der Leine, Innerste und Rhume,
ist die erstere nur als Domänenzubehör vertreten (6,5 mit 7,5 km Lamme bei

Dom. Marienburg und 4 km Nette bei Dom. Bilderlah). Das domänenfiscalische Rhumegebiet umfaßt 62,63 km, wovon 28,13 Domänenzubehör (1,85 Rhume und 2,78 km Dünnenbach bei Dom. Brunstein, 5 Rhume und 9,5 km Söse bei den Domänen Osterode und Catlenburg, 2,5 Aalbach und 1,5 km Auebach bei Dom. Radolfshausen und endlich noch eine Strecke am nördlichen Rhumeufer oberhalb Gieboldehausen), 34,5 km zu 117 $\mathcal{M}$ verpachtet sind (Sieber von der Hördener Brücke bis zur Mündung, 6 km zu 7 $\mathcal{M}$, Oder vom Scharzfelder Mühlenwehr abwärts ca. 23,5 km zu 103 $\mathcal{M}$ 50 ₰ und Beber (Nebenbach der Oder) 5 km zu 6 $\mathcal{M}$ 60 ₰).

Die Oder mit Sieber ist ein ausgezeichnetes Forellenrevier, ebenso die obere Rhume; in beiden kommt außerdem die Aesche vor, in der Oder bis zum Flöß=wehr über Lauterberg, in der Rhume, bis zur Mühle in Rhumspringe. Der Rhumesprung, eine der bedeutendsten Quellen Deutschlands, liefert per Secunde ca. 200 Cubikfuß stets klares Wasser. Die Temperatur hält sich constant auf 6° R. Bis Lindau abwärts steigt die Temperatur der Rhume im Sommer niemals über 12° und sinkt im Winter nicht unter 2°. Forellen werden auf dieser Strecke vor Mitte Januar nicht laichreif, die Laichzeit dauert bis Ende März. Fischzucht=Anstalt des Herrn C. F. Hertwig in Rhumspringe.

Auch in der Söse kam früher neben der Forelle die Aesche bis oberhalb Förste vor, seitdem jedoch die Abwässer des Harzer Ernst=August=Stollens und der Erzwäschen bei Grund in die Söse geleitet werden, ist die Fischerei erheblich zurückgegangen.

Die Innerste wird durch Aufnahme und Weiterführung des schädlichen Pochsandes aus den Harzer Pochwerken bis zur Gegend von Derneburg (Brut=Anstalt des Grafen zu Münster) für Fische fast unbewohnbar. Erst mit dem Eintritt der Nette, Lamme und Beuster stellen sich allmählich Fische in geringer Menge ein. Blei, Barbe, Döbel, Plötze, Weißfisch, Hecht, Barsch und Aal kommen vor, auch fehlt die Forelle nicht gänzlich.

Die in den Landdrosteien Hildesheim und Hannover vorhandenen Seiten=gewässer der oberen Weser sind zumeist Forellenbäche, von denen die größeren in ihrem Unterlauf, so weit es die Mühlenwehre erlauben, von der Weser aus mit Hecht, Aal, Barbe, Döbel und Weißfischen versorgt werden. Von einiger Bedeutung ist auf der rechten Weserseite das Gebiet der Schwülme, welches einen großen Theil der forellenreichen Sollingsgewässer umfaßt (ca. 73 km, 46 $\mathcal{M}$ Pacht), sodann auf der linken Seite die Emmer 3, Humme 17, Griese 8 und Beber 6 km, wovon die äschenführende Emmer zur Domänenpachtung Ohsen, die drei letzteren zur Domäne Aerzen gehören.

Am Allergebiet participirt die Landdrostei Hildesheim außer durch Leine noch durch Fuhse und Oker mit Nebengewässern. Während Oker (3 km Domäne Schladen), Radau mit Stümmecke (2,4 und 1,8 km Domäne Vienenburg) und Ecker (1,4 km Domäne Wiedelah) nur als Domänenzubehör auftreten, ist dagegen die Fuhse von der Neustadtmühle vor Peine bis zur Bergermühle vor Eixe incl. aller Seitengräben selbständig zu 94 $\mathcal{M}$ 40 ₰ verpachtet. Forellen, Schmerlen,

Barben und Weißfische in der Oker; Aal, Hecht, Schlei, Blei, Plötze, Barsch, Quappen und angeblich auch Aland in der Fuhse.

Bezüglich des lachsführenden Emsgebietes in der Landdrostei Osnabrück verweise ich auf meine Mittheilungen in den Circularen des Deutschen Fischerei-Vereins, Jahrg. 1879 pag. 163—165.

Was endlich das Ostegebiet zwischen dem Unterlauf der Elbe und Weser anbetrifft, so führt dasselbe im Amte Tostedt, woselbst einschließlich der Zuflüsse ca. 20 km zur Domäne Moisburg gehören, nur Aal, Hecht und Weißfische, in der Landdrostei Stade dagegen, woselbst indessen nur der Mühlenbach bei Himmelpforten (4,5 km, 2 *M* Pacht) und 1 km Mehde domänenfiscalisch sind, auch Lachse, Maifisch und Schnäpel. Lachs ist im Jahre 1877 bis Groß-Sittensen im Amte Zeven vorgedrungen, gelangt mit Stör und Neunaugen in der Regel aber nur bis Bremervörde, wo ein hohes Wehr das weitere Aufsteigen hindert. Stint und Schnäpel im unteren Theil der Oste, welche der Küstenfischerei angehört. Salzwasser reicht bis zur Gerversdorfer Fähre, selten bis zur Bentwischer Mühle.

Zwischen Oste und Medem liegt der Balk-See und etwas weiter westlich an der Medem und früher mit dieser in Verbindung der Bederkesaer-See. Beide Seen beherbergen neben Hecht, Blei, Schlei, Aland, Aal und Quappe auch den Zander, welcher hier die Westgrenze seiner Verbreitung erreicht. Im Bederkesaer-See sind 1878 ca. 250 kg Hecht und 100 kg Zander gefangen. Im Balk-See, 173 ha groß mit schlammig-moorigem Grund und bis 6 m tief, wird auch der Rapfen angegeben, in der Medem sogar der Wels. Diese Angaben bedürfen indessen noch der Bestätigung.

Die domänenfiscalischen Wasserstücke bestehen aus ca. 39 Teichen mit einer Gesammtfläche von 79,1179 ha (zumeist Domänenzubehör), 5 größeren und 9 kleineren Seen, zusammen ca. 1758,5 ha, einigen Amthaus- resp. Schloß-gräben und einer Anzahl von Braken, Kölken oder Kuhlen, alten Flußbetten und dergl. längs der Weser, Wümme, Elbe und Leine.

Die Durchschnittszahl für 1 ha See stellt sich auf 35 *A*, während die Braken, Kuhlen u. s. w. im Betrage von circa 100 ha zu durchschnittlich 6 *M* für das Hectar verpachtet sind.

B. Mit Ausnahme der ganz unbedeutenden, im oberen Ems- und Hasegebiete liegenden Bachstrecken der O. F. Iburg, gehören alle übrigen forst-fiscalischen Gewässer dem Weser- und Elbgebiete an, doch sind dabei die Hauptflüsse beider Stromgebiete nicht vertreten. Im Flachlande beschränkt sich das Elbgebiet auf 4 km Rögnitz (Landesgrenzfluß) und 6 km Hausbach mit Altebach an der unteren Ilmenau; auch das Wesergebiet hat daselbst nur zwei unbedeutende Strecken der Hacke und Delme (Nebenflüsse der Ochtum), sodann den Meerbach mit Nebengewässern (Abfluß des Steinhuder Meeres) und einige Forellenbäche der Lüneburger Haide mit kurzen Strecken der Ise, Lachte und Oertze aufzuweisen. Die Forellengewässer der Lüneburger Haide haben durch Begradigungen und Wiesenberieselung längst ihren alten Ruf eingebüßt. Im Harzgebirge umfaßt das Wesergebiet die Quellenbezirke und oberen Strecken der Oder, Oker und Innerste, das Elbgebiet dagegen die warme und kalte Bode mit ihren Zuflüssen. Der Gesammt=Flußlänge und auch dem Pachtertrage nach steht das Gebiet der Oder oben an. Die 101 Kilometer desselben schließen sich unmittelbar an die unter **A.** namhaft gemachten domänenfiskalischen Strecken nach oben an. Hierauf kommt das Gebiet der Oker mit 70,2 km, doch giebt dasselbe zur Zeit kaum einen höheren Pachtertrag, als die 9,5 km Forellenbäche der O. F. Sprackensehl in der Lüneburger Haide. Diese auf= fallende Erscheinung findet nur zu einem Theile ihre Erklärung in den vielen Hindernissen, mit welchen die Forellenzucht in den Gewässern des Oberharzes zu kämpfen hat, zum anderen Theil mag sie vielleicht auf altem Herkommen beruhen. Ein Haupthinderniß für die Hebung der Fischerei in den oberharzer Forellengewässern besteht in den zahlreichen und ausgedehnten Sammel=, Zu= leitungs= und Aufschlagsgräben für den Betrieb der Berg= und Hüttenwerke. Diese Gräben entziehen nicht allein einzelnen Bachsystemen mit dem Wasser zugleich die Fische, sondern verhindern auch durch Wehre oder sog. Fehlschläge das Wiederaufsteigen der Forellen zu den Laichplätzen und begünstigen obendrein den Fischdiebstahl auf allen von den fiscalischen Werken entfernt gelegenen Strecken.

Nicht viel günstiger liegen die Verhältnisse im Bodegebiet der O. F. El= bingerode.

Auch hier stehen die mit der Bode zusammenhängenden Wasserleitungen, sowie Koppelfischerei in den Grenzbächen gegen Braunschweig, der Hebung der Fischerei hindernd entgegen.

Das Innerstegebiet ist im Harzgebirge selbst mit 50 km vertreten, in den Ausläufern der Vorberge des Harzes (Hildesheimer Wald) durch die Beuster mit 16 km. Des schädlichen Einflusses, welchen der bleihaltige Pochsand aus den Erzwäschen des Ober=Harzes in der Innerste ausübt, ist bereits unter A. gedacht worden. Zur Forellenzucht sind daher nur diejenigen Nebengewässer der Innerste brauchbar, welche nicht mit Pochwerken oder dergleichen bergbau= lichen Anlagen in Verbindung stehen. Solche Nebengewässer sind in dem hannoverschen Harz=Antheile nur in ganz geringem Umfange vorhanden. Kein Wunder daher, wenn die Beuster allein fast dreimal so viel aufbringt, als das ganze Innerstegebiet des nordwestlichen Oberharzes.

In den Gewässern des Harzes pflegen andere Fische als Forellen, Ell= ritzen, Schmerlen und Koppen (Cottus gobio) nicht vorzukommen. Ueber die Aesche im Odergebiet siehe unter A.

Unter den übrigen forstfiscalischen Bachstrecken verdient nur noch das Quellengebiet der Ilme auf dem Solling besondere Erwähnung, da hier durch den Lakenteich und die unmittelbar unter demselben gelegenen Laichplätze im Lakenbach der Betrieb der Forellenzucht in ausnehmender Weise begünstigt wird.

An Wasserstücken umfaßt die forstfiscalische Fischereinutzung 12 Teiche mit einer Gesammtfläche von ca. 5,528 ha, wovon 3,563 ha zu 81 $\mathcal{M}$ 90 $\mathcal{A}$, 0,9 ha mit 3,5 km Bächen zusammen für 14 $\mathcal{M}$ 50 $\mathcal{A}$ verpachtet sind, der Rest (zwei Teiche im Solling) gehört zu Dienstländereien.

29. Regierungsbezirk Schleswig.

A. Von den zur Nordsee fließenden domänenfiscalischen Gewässern kommen auf das Gebiet der Elbe 169 km, auf das Gebiet der Eider 101,5 km (wobei indessen die seeartigen Strecken der Eider, Schiernauer- und Borgstedter See, nicht mit berechnet sind), auf die Widau mit Zuflüssen 30 und auf die Süderau (Gjelsaa) 30 km. Die zur Ostsee strömenden Flußstrecken begreifen 6,87 km Trave, zwei in die Schlei ausmündende Auen, die Loiter-Au und Hüttener-Au, 29,6 und 4,1 km, sowie eine kurze Strecke des Lachsmühlenbaches bei Warnitz (Apenrader Bucht).

Mit Ausnahme der zum Herzogthum Lauenburg gehörigen Elbstrecke von der mecklenburgischen Grenze bis zur Borghorst (ca. 21 km, Pacht 192 *M*; die Stromhälfte auf hannoverscher Seite von Barförde bis Tespe ist zu 370 *M* 50 *₰* verpachtet) ist das Elbgebiet nur durch Nebenflüsse vertreten. Unter diesen nimmt die Bille als lohnendes Forellengewässer in der Nähe Hamburgs den ersten Platz ein; sie ist auf holsteinischer Seite von der Witzhave-Oher Grenze bis unterhalb Reinbek zu 480 *M* verpachtet; die Fischerei auf der lauenburger Seite gehört der Fideicommiß-Herrschaft Schwarzenbek. Hiernach kommt das Gebiet der Pinnau mit 66,5 km, wovon 34,5 der Pinnau selbst angehören und 32 km sich auf ihre Nebengewässer vertheilen (Bilsebek 8, Ballerbek, Ausfluß des Krupunder-Sees in die Düpenau, 2, Düpenau 6, Mühlenau 16 km).

Wanderfische können aus der Elbe nur bis zum Wehr vor dem Pinneberger Mühlenteich aufsteigen. In den Wasserzügen oberhalb dieses Teiches sind Hecht, Aal, Barsch, Schlei und verschiedene Arten Weißfische verbreitet, unterhalb kommen dazu Blei, Aland, Karausche, Quappe und Schnäpel.

In dritter Linie kommt das mit 30 km vertretene Gebiet der Krückau. Die fiscalischen Strecken mit Köllner- und Offenau, sowie mit einigen anderen Zuflüssen liegen zwischen Elmshorn, Barmstedt und Langeln aufwärts. Wanderfische kommen nicht bis hierher. Aal, Schlei, Hecht, Döbel, Blei, Barsch und Rothauge sind in geringer Anzahl vorhanden; in der Nähe von Elmshorn auch Aland.

Die übrigen kleinen Gewässer des Elbgebietes (Wedeler Mühlenau 7, Hörnerau 16, der sog. Forellenbach 2 km, Tausbrooker- und Forths-Bach 3 und 2 km) sind wegen Wassermangels im Sommer für die Fischerei ohne Bedeutung.

Das fiscalische Eidergebiet begreift die obere Eider von Bißee bis zum Schulensee (Aalwehr bei Bißee 104 *M* Pacht), die Treene (incl. 8 km Rheiderau) vom Tres- oder Trae-See bis unterhalb des Einflusses der Rheiderau, die Sorge von Sorgbrück bis Sandschleuse (14 km, 27 *M* Pacht), die Duvenstedter Aue (8 km, 18 *M* Pacht) und die Haaler Aue (5 km mit Meckelsee 114,8305 ha, 108 *M* 36 *₰* Pacht).

Lachs kann in der Eider nur bis zu den Schleusen bei Rendsburg aufsteigen; in der Treene gelangt er dagegen bei günstigem Wasserstande bis in die Quellenflüsse Bonden= und Kielsau. Das bedeutendste Hinderniß auf diesem Wege bietet die Wassermühle zu Frörup. Die Rheiderau wird gleichfalls vom Lachs aufgesucht, ebenso die Tetenhusener Au (Sorge) bis zur Wassermühle in Owschlag. Außer Lachs wird von wandernden Salmoniden in der Treene nur noch die Meerforelle bis Sollbrück aufwärts gefangen. Was die übrigen Fisch= arten dieses Hauptnebenflusses der Eider anbelangt, so sind Forellen vom Traesee bis Esperstoft in geringer Anzahl vorhanden; Blei findet sich von Hüning und Sollerup abwärts; Neunaugen erscheinen zu Zeiten in großer Menge; im Uebrigen kommen Hecht, Aal, Rothauge, Aland, Gründling, Ellritze und Krebs vor. — Aalwehre Dritter bei Augaard, Oversee und Flöruper Mühle.

In der Widau, welche von Tondern Wassermühle bis an die Ruttebüller Brücke mit ihren Zuflüssen Süder= und Grönau 12 fiscalische Fischereiparzellen umfaßt, kommen Lachs und Schnäpel einzeln vor, doch geht der erstere nicht in die Zuflüsse, während der letztere gerade hier häufiger gefangen werden soll. Hecht, Blei, Aal, Rothauge und Barsch sind die Hauptfische; Aland, Schlei und Karausche von geringem Belang.

Die Fischerei in dem Kanal des neuen Friedrichen=Koogs bis dahin, wo die Seefischerei anfängt (Aalfenne) ist zu 45 $\mathcal{M}$ verpachtet. Schnäpel meist gleich innerhalb der Hoyer=Schleuse, bis zu welcher abwärts auch Blei und die übrigen Fische des Binnenflusses vorzukommen pflegen.

Die Süderau im Kreise Hadersleben wird im Herbst von Lachs und Meer= forelle bis zum Stauwerk der Bestofter Mühle besucht; im Uebrigen ist dieselbe nicht fischreich. Aal, Krebs und Lachs bilden den Hauptgegenstand der Fischerei, außerdem sollen Forellen von der Emmerwattbrücke bei Skorby bis zur dänischen Grenze vorkommen.

In den beiden fiscalischen Strecken der Trave (von der Mönchsmühle bis zur Gieschenhagener Scheide 1 km und von der Herrenmühle bis zur Sühlener Scheide 5,87 km) kommen Wanderfische nicht vor. Hauptfisch ist der Blei, außerdem Hecht, Barsch, Aal, Quappe, Aland, Rapfen und Krebs. — Aalfänge bei der Mönchs= und Herrenmühle.

Die Loiter=Au, deren Mündungsende vom Lachs bis zum Wehre des Gutes Winning besucht wird, führt Hecht, Aland, Barsch, Plötze, Schlei und Aal in geringer Anzahl, Krebse dagegen noch ziemlich zahlreich. — Berechtigungen Dritter zum Halten von Fisch= oder Aalwehren; Koppelfischerei mit zwei an= liegenden Grundbesitzern und 4 Ortschaften; Mühlenanlage bei Hoffnungsthal.

Die Fischerei in der Hüttener=Au (4,1 km, 3 $\mathcal{M}$ Pacht) ist wegen des un= günstigen und flachen Auslaufes in die Schlei ohne Bedeutung; auch der zu 9 $\mathcal{M}$ verpachtete Lachsfang bei Warnitz (Mühlenbach in die Apenrader Bucht fließend) scheint ohne Belang.

Was endlich die Schlei anlangt, so ist dieselbe als der Küstenfischerei an= gehörig in den summarischen Uebersichten nicht mit enthalten; dasselbe gilt von der Heringsgrube im Rübelnoor und der Fischerei bei Heilsminde.

Von den fiscalischen Berechtigungen in der Schlei, mehrere Wadenzüge, darunter die sog. Königswade und Nutzung von 16 Bundgarnen in der unteren

Schlei von Arnis bis Schleimünde, ist letztere verpachtet (letzte Pacht 750 ℳ). Die Fischerei von Schleswig bis Arnis ist an die Stadt Schleswig mittelst Vergleichs übertragen. Hauptfisch bis etwa Missunde ist der Hering; Dorsch zeigt sich nur während der Heringszeit; Aal, Hecht, Blei, Barsch und Plötze sind häufiger von Missunde bis Schleswig.

Die Nutzung der Heringsgrube im Rübelnoor, ca. 53,0527 ha umfassend, ist zu 15 ℳ verpachtet. Hering und Dorsch sind die Hauptgegenstände des Fanges. Die Fischerei im diesseitigen Antheile von Heilsminde (2,4 km lang und ca. 102,3031 ha groß) ist in eine Hand zu 18 ℳ in Pacht gegeben, während dieselbe im dänischen Antheile von vielen kleinen Fischern ausgeübt wird.

An Wasserstücken umfaßt die domänenfiscal. Fischereinutzung gegen 30 Teiche mit einer Gesammtfläche von 224,2486 ha, sodann über 50 Seen, resp. Antheile von Seen und einige Kuhlen oder Braken. Von den Teichen wird einer, der Apenrader Schloßteich, nicht genutzt, die übrigen sind zu 17 622 ℳ 7 ₰ verpachtet. Den höchsten Pachtertrag geben hiervon die Teiche bei Reinfeld im Kreis Stormarn mit 15 795 ℳ für 127,37 ha, was einer Durchschnittspacht von 124 ℳ für das Hectar entspricht. Unter den Seen geben den relativ höchsten Pachtertrag der Fieler- und Niehuser-See, 2130 und 310 ℳ für resp. 41,5339 und 17,1034 ha (doch ist in dem Betrage für den Fieler-See die nicht unerhebliche Rohrnutzung mit inbegriffen), den relativ niedrigsten die Seen im Gotteskoog und auf der Insel Fehmarn, die ersteren mit 5 ₰, die letzteren mit 6 bis 30 ₰ für das Hectar; darauf kommen die Seen im Kreis Plön mit 39 ₰ pro ha. Schließen wir diese Extreme, sowie noch einige mit Rohr- resp. Wiesennutzung verpachtete Seen aus (Mianghe-, Nydamm-, Kleinhaff- und Gruber-See), so bleiben noch ca. 36 Seen mit einer Gesammtfläche von 2441 ha, die im Durch-schnitt zu 1 ℳ 60 ₰ verpachtet sind.

Zander in ca. 16 Seen, doch in den Plöner- und einigen anderen Seen höchst vereinzelt und für die Fischerei von keiner Bedeutung; in den Witten- und die Jelser-Seen erst 1878 eingesetzt. Kleine Maräne nur im Sankelmarker-See. Blei in den meisten Seen, nur für den Fieler-, Krupunder-, Kl. Wolf-, Witten- und Skov-See nicht angegeben. Stint in den Plöner-Seen, im Borg-stedter-, Schiernauer-, Brahm- und Schülldorfer-See, sowie in den Rendsburger Festungsgewässern; in diesen letzteren auch Aland, Neunaugen, Schnäpel und Lachs. Die Seen auf Fehmarn liefern fast nur Aale.

Erwähnt mag noch werden, daß das ca. 3 m hohe Mühlenwehr am Haders-lebener Damm seit 1877 mit einer Lachstreppe versehen ist. Zander, Hecht, Barsch, Schlei, Lachs- oder Meerforelle und Aal bilden den Hauptgegenstand der dortigen Fischerei. Der Aalfang in der Schloßwassermühle liefert jährlich ca. 1000 kg Aal. In der genannten Mühle ist von Seiten der Besitzer seit 1877 eine künstliche Fischbrut-Anstalt eingerichtet und mit Erfolg in Thätigkeit.

III.

Ueber die

Fiſche und den Fiſchereibetrieb

in der

Werra, Fulda und Weſer bei Münden.

Mit der Uebernahme von Vorlesungen über künstliche Fischzucht und ratio=
nelle Bewirthschaftung der Gewässer trat selbstredend auch die Anforderung an
mich heran, den Fischwassern in der Umgebung Mündens ein eingehenderes
Studium zu widmen; es mußte mir daran gelegen sein, meine Vorlesungen auf
dem Wege der unmittelbaren Anschauung nicht allein durch Demonstrationen im
Fischbruthaus, sondern auch in der freien Natur an den zunächst gelegenen
Flüssen und Bächen zu ergänzen und zu unterstützen.

In so weit nun die Ergebnisse, zu welchen mich die angestellten Excursionen
und Nachforschungen in Verbindung mit weiteren Studien auf dem Gebiete des
Fischereiwesens geführt haben, ein allgemeineres Interesse beanspruchen dürfen,
will ich dieselben im Nachfolgenden mittheilen.

Die Flußstrecken, auf welche ich mich beschränke und über die ich nur bei
Besprechung der Verbreitung oder des Verhaltens von einzelnen Fischarten
hinausgehen werde, sind: 1) die Fulda vom Casseler Wehr bis zur Weser,
2) die Werra von Witzenhausen bis Münden und 3) die Weser im Amte
Münden.

In allen drei Flußstrecken ist nächst Alburnus lucidus (Blicke, Bleeke) und
Alburnus bipunctatus (Schneider), der Döbel, Squalius cephalus, hier Putt,
Püttling, Schuppert, Dickkopf, Kühling und Weserkarpfen genannt, der häufigste
Fisch. Derselbe geht auch in die größeren Seitengewässer bis zu den unteren
Laichplätzen der Forellen und wird durch seine Gefräßigkeit der jungen Forellen=
brut schädlich.

Darauf folgen der Häufigkeit nach die Barbe, Barbus fluviatilis und die
Zärthe, Abramis vimba, welche letztere jedoch unter diesem Namen weder hier
noch im ganzen nordwestlichen Deutschland bekannt ist; sie führt hier die Namen
Nase oder Neese und Maifisch, wozu sich noch die localen Benennungen Hengst
und Pigge an der Ems und Hase, Schnäpel an der Weser (Minden, Olden=
burg) und Schornsteinfeger, für das Männchen im Hochzeitskleide, an der Werra
gesellen.

Es ist kaum glaublich, daß dieser gemeine Fisch sich so lange den Augen
der Faunisten entziehen konnte, denn bis zum Erscheinen des von mir bearbeiteten

Anhanges zur Casseler Ausgabe des Fischereigesetzes*) war thatsächlich über die Verbreitung der Zärthe im Wesergebiet fast nichts weiter bekannt, als daß von Siebold einige Exemplare aus der Weser bei Bremen erhalten hatte.

Nach Siebold und auch Wittmack (Circulare des deutschen Fischerei-Vereins 1875 I.) soll die Zärthe ein Wanderfisch sein, welcher zur Laichzeit aus der Nord- und Ostsee die Flüsse hinaufsteigt. Nach Brehm (Thierleben, 2. Aufl. 1879, Bd. 8, pag. 281) findet sie sich nicht bloß in süßem, sondern auch in brackigem und salzigem Wasser. „Während sie", fügt er hinzu, „in einzelnen Süßgewässern nicht zu wandern scheint, steigt sie vom Meere aus im Frühlinge in die Flüsse auf, um zu laichen, verweilt in denselben während des Sommers und kehrt dann nach tieferen Gewässern zurück, um hier den Winter zu verbringen."

Diesen Angaben muß ich nach meinen im Ems- und Wesergebiete, sowie an den Nordseeküsten gemachten Erfahrungen durchaus widersprechen. Abramis vimba geht nicht in die Nordsee, sondern ist ein ständiger Bewohner der Ems und Weser und deren Nebenflüsse. Hier bei Münden ist sie in der Fulda und Werra zu allen Jahreszeiten anzutreffen und dasselbe gilt von der Eder bis Frankenberg aufwärts und von der Weser bis Brake abwärts. Weder in den bei Fluth und Ebbe fischenden großen Beutelnetzen der Dollartfischer, noch sonst auf meinen zahlreichen Schleppnetz-Excursionen vor der Mündung der Weser und Elbe habe ich je eine Zärthe im Salzwasser der Nordsee angetroffen, noch von ihrem Fange gehört; wohl aber findet sich dieselbe in dem Bereich des bei verschwindendem Salzgehalt noch der Ebbe- und Fluthwirkung unterworfenen Unterlaufes dieser Ströme und die Wanderungen aus diesem Gebiet, das Laichstellen für Cyprinoiden bekanntlich nicht bietet, unterscheiden sich in Nichts von denen, welche dieser Fisch, ebenso wie der Brasse oder Blei und andere karpfenartigen Fische im mittleren und oberen Lauf der Flüsse zur Laichzeit unternehmen. Es sind eben beschränkte Wanderungen stromaufwärts nach den nächstgelegenen Laichplätzen. Von einem Winteraufenthalt im Meere kann höchstens an den Küsten der Ostsee die Rede sein und auch hier nur vom Kurischen Haff bis etwa zum Greifswalder Bodden, denn etwas westlich darüber hinaus, z. B. in der Bucht von Travemünde, wird die Zärthe schon nicht mehr gefunden. Einen stärkeren Salzgehalt als ihn die Haffe an der Odermündung bieten, scheint demnach die Zärthe ebensowenig, wie alle unseren übrigen karpfenartigen Flußfische vertragen zu können.

Haben wir somit Abramis vimba von ihren seit Schonevelde und Bloch in allen Fischbüchern nachgeschriebenen geheimnißvollen Wanderungen aus und nach den Salzfluthen des Meeres befreit, so wollen wir nicht unterlassen, ihr dafür einen Passus in Brehm's Thierleben zu vindiciren, welcher fälschlich einem

---

*) Das Fischereigesetz vom 30. Mai 1874 2c. nebst Anhang und Uebersichtskarte. Herausgegeben vom Ausschuß des Vereins zur Beförderung der Fischzucht im Regierungsbezirk Cassel. Cassel 1878. Von dem Verein für den Preis von 40 ₰ zu beziehen.

edleren Geschlechte aus der Familie der Salmoniden gewidmet ist. Wir lesen dort, 2. Aufl. 1879, Bd. 8, pag. 245, über Coregonus oxyrhynchus Folgendes: „Sobald bei Veltheim, einem oberhalb Mindens an der Weser gelegenen Dorfe", so schreibt mir Baurath Pietsch, „die Schnäpel eintreffen, um am rechten Weserufer in der vier bis fünf Meter tiefen Südenbucht, zwischen zwei bestimmten Buhnen, ihren Laich abzusetzen, eilt die ganze Bevölkerung des Ortes zum Fange dieses Fisches an die Weser. Alt und Jung ist bewaffnet mit Angeln aller Art, welche man nur kräftig in das Wasser zu schleudern braucht, um sie sofort mit zwei bis vier anhängenden Fischen wieder herauszuziehen. Nur ein Theil der gefangenen Fische wird in Veltheim selbst verzehrt, die große Mehrzahl der Fische vielmehr den Nachbarstädten zugeführt. Der Hauptzug trifft zwischen dem fünfzehnten und zwanzigsten Mai bei Veltheim ein, ein zweiter Zug folgt etwa drei Wochen später."

Welch herrliche Gelegenheit wäre das für den deutschen Fischerei=Verein, um Schnäpeleier für die Fischbrut=Anstalten zu gewinnen und dadurch zur Ver=mehrung dieses gepriesenen Fisches in unseren norddeutschen Flüssen beizutragen. Ei ei, daß das auch nicht früher bekannt geworden ist! Doch beruhige Dich, lieber Leser, der Schnäpel des Herrn Baurath Pietsch ist ein Schnäpel ohne Fettflosse, ein Schnäpel, der außerdem im Frühjahr laicht und gewaltig viele Fleischgräten hat; es ist — —, nun es ist die ganz gemeine Zärthe.

Ob diese Verwechslung mit dem wirklichen Schnäpel, Coregonus oxyrhynchus, für diesen insofern verhängnißvoll werden kann, als die Zärthe nicht zu den=jenigen Fischen gehört, für welche ein Minimalmaß vorgeschrieben ist, mag einst=weilen dahingestellt bleiben; jedenfalls ist die Möglichkeit auf denjenigen Fluß=strecken nicht ausgeschlossen, wo junge Zärthen und Schnäpel nebeneinander vorkommen.

Daß für die Zärthe, welche z. B. hier bei Münden bis 40 cm groß und über 2 Pfund schwer wird, ein Minimalmaß überall nicht vorgesehen ist, ist wohl ebenfalls nur auf Rechnung dieser Verwechslungen mit dem Schnäpel und dem Maifisch, Alosa vulgaris, zu schreiben.

Fast in allen das Flußgebiet der Weser behandelnden faunistischen Ver=zeichnissen wird außerdem die Zärthe noch mit Chondrostoma nasus verwechselt (vergl. z. B. Häpke, Systematische Uebersicht der Fische des Wesergebiets, Cir=culare des deutschen Fischerei=Vereins 1876, III., pag. 110), eine Fischart, deren Vorkommen meines Wissens bislang weder in der Weser, noch in der Ems constatirt worden ist und die, wie ich dreist zu behaupten wage, dem nord=westlichen Deutschland, wenigstens dem ganzen Weser= und Emsgebiete fehlt.

Alles, was mir bis jetzt als Nase aus der Leine, Fulda, Werra und Weser unter die Augen gekommen ist, hat sich immer als Abramis vimba heraus=gestellt. Waren doch auch die so freudig begrüßten „Hengste" (Circ. d. D. F.=V. 1879, IV., pag. 110), welche zuerst unter allen Fischen der Ems die neue Fischleiter bei Hanckenfähr passirten, nichts weiter als junge Zärthen auf ihrer Hochzeitsreise.

Man sieht hieraus zugleich, wie mißlich es ist, angesichts der vielen verschiedenartigen Benennungen, welche unsere gewöhnlichsten Flußfische führen, die Fauna eines. größeren Gebietes vermittelst der in jüngster Zeit so beliebt gewordenen Fragebogen erforschen zu wollen. Ich könnte davon allerlei lustige Geschichten erzählen, welche mir auf meinen Fischereireisen begegnet sind, doch es mag genügen, hier auf die weite Verbreitung der in keiner Verordnung zum Fischereigesetz mit einem Minimalmaß beglückten Zärthe hingewiesen zu haben.

Nach der Barbe und Zärthe folgen von Cyprinoiden in den Gewässern bei Münden der Gründling, Gobio fluviatilis, hier Grimpe genannt, die Plötze, Leuciscus rutilus, welche bald als Rothfeder, bald als Rothauge bezeichnet wird, der Brassen, bei Cassel Parismann genannt, Abramis brama und der Häsling, Squalius leuciscus. Ueber das Vorkommen und die Verbreitung von Scardinius erythrophthalmus und Blicca björkna liegen mir sichere Anhaltspunkte noch nicht vor. Was den Karpfen, die Karausche und Schlei betrifft, so kommen dieselben nur in sehr beschränkter Anzahl an einigen ruhigen, tiefen und schlammigen Stellen vor.

Gehen wir zu den Salmoniden über, so ist der Lachs nur als durchziehender Fisch zu erwähnen. Ob sich der bisher im Ganzen unbedeutende Fang am Fuldawehr bei Münden und Cassel nach Eröffnung der Lachsleiter bei Hameln besser gestalten wird, bleibt noch abzuwarten. Das letzte gute Lachsjahr für Münden war 1865; es hat im Ganzen gegen 60 Stück (ca. 800 Pfund) geliefert.

Nach einer Beobachtung, zu welcher mir die in der Fulda zwischen Cassel und Münden vorhandenen Aalwehre Gelegenheit geboten haben, scheint der junge Lachs auch im Herbst zu wandern. Am 29. October vorigen Jahres hatten sich in dem unterhalb Wolfsanger gelegenen Aalfange zehn Stück junge Lachse gefangen, von denen der größte 18,5 und der kleinste 14,1 cm Totallänge hatte. Auf meine Nachfrage, ob sich dergleichen Fischchen immer um diese Jahreszeit einzustellen pflegten, erhielt ich von den Fischern eine bejahende Antwort. In der That wurden mir innerhalb der nächsten vierzehn Tage noch fünf Stück zugestellt und gegen Ende November außerdem von befreundeter Hand in Cassel ein 16,7 cm langes Exemplar, das am 24. November zwei Stunden oberhalb Cassel mit dem Netz gefangen war. Offenbar war also der junge Lachs in Bewegung.

Bei näherer Untersuchung der am 29. October eigenhändig aus dem Fangkorb genommenen Exemplare erwiesen sich zwei, eins von 18,5 und eins von 17,3 cm Größe, als bereits fortpflanzungsfähige Männchen mit reifer Milch, eine in physiologischer Beziehung hoch interessante, von Shaw schon in den dreißiger Jahren festgestellte Thatsache, welche indessen bislang vielfach bezweifelt ist.

Das Vorkommen der Meerforelle ist wahrscheinlich, doch noch nicht mit Sicherheit constatirt. Was mir bis jetzt als Meer- oder Lachsforelle gebracht wurde, hat sich als Trutta fario herausgestellt, die in der Weser, Fulda und

Werra, namentlich aber in der letzteren eine ansehnliche Größe und Schwere erreicht und durchaus nicht selten ist. Sie gehört zu den Standfischen der genannten Flußstrecken und verläßt dieselben nur auf kurze Zeit, um ihren Laich in den Seitengewässern abzusetzen, bei welcher Gelegenheit sie alsdann vor den Mündungen der Laichbäche und in denselben gefangen wird.

Sie würde diesem Schicksale, wenigstens in den Seitenbächen, entgehen, wenn sie sich dazu verstehen wollte, die gesetzliche Schonzeit einzuhalten. In der Werra zwischen Witzenhausen und Münden scheint ihr dies indessen nicht möglich zu sein, denn ich habe nun drei Jahre hintereinander die Erfahrung gemacht, daß die Laichreife der in der genannten Flußstrecke lebenden Forellen regelmäßig erst im Monat December und Januar eintritt. Die künstliche Befruchtung, oder richtiger gesagt, die Gewinnung künstlich befruchteter Forelleneier habe ich meinen Zuhörern aus diesem Grunde nie vor dem 12. December in natura demonstriren können. Die Hauptexcursion zu diesem Zweck ist sogar immer erst in den Monat Januar gefallen. So waren beispielsweise im Jahre 1878 von zehn im Laufe des Januar eingefangenen Forellen am 26. desselben Monats fünf Weibchen und ein Männchen, ebenso im Jahre 1880 von 25 Stück am 14. Januar sieben Weibchen und fünfzehn Männchen laichreif, während der Rest in beiden Fällen aus weiblichen Exemplaren bestand, die ihrer Laichreife erst noch entgegensahen. Es wurden sogar in diesem Jahre noch einige laichreife Weibchen gegen Ende des Monats Februar gefangen, deren Eier indessen wegen Mangels an befruchtungsfähigen Männchen nicht verwerthet werden konnten.

Ob es nun, wie ich vermuthe, eine allgemeine Erscheinung ist, daß die in größeren Flüssen lebenden Forellen später laichen, als diejenigen, welche ihr Leben in kleineren Gewässern zubringen, muß einstweilen dahingestellt bleiben. In wie weit dabei namentlich die Wasser-Temperatur von Einfluß ist, läßt sich zur Zeit wegen Mangels an solchen Beobachtungen noch nicht beurtheilen. Vielleicht liefern uns aber die bei Rhumspringe obwaltenden Verhältnisse, wo ja, wie ich bereits an einer anderen Stelle mitgetheilt habe, die Forellen bei ziemlich gleichmäßigen und deshalb leichter zu übersehenden Temperatur-Verhältnissen kaum vor Mitte Januar zum Fortpflanzungsgeschäft schreiten, zur Lösung dieser Frage den richtigen Schlüssel. Der Einwurf, daß wir es hier möglicher Weise mit Ausnahmefällen zu thun haben, kann wenigstens für Rhumspringe nicht erhoben werden, da hier bereits eine lange Reihe von Jahren hindurch die künstliche Fischzucht betrieben wird und erfahrungsmäßig eine laichreife Forelle im December zu den größten Seltenheiten gehört.

Um bei dieser Gelegenheit eine bestimmtere Vorstellung über den Umfang und den Verlauf der Forellen-Laichzeit in der oberen Rhume zu geben, mögen beispielsweise die mir aus dem Jahre 1878 von Rhumspringe vorliegenden Erfahrungen hier einen Platz finden.

Es wurden daselbst im Ganzen 253 weibliche Forellen gestrichen und zwar

am								
am 3. Januar	1 Stück,	1. Februar	20 Stück,	5. März	17 Stück
„ 8. „	8 „	7. „	44 „	13. „	21 „
„ 16. „	1 „	12. „	50 „	18. „	4 „
„ 18. „	6 „	15. „	28 „	30. „	4 „
„ 19. „	1 „	20. „	14 „		
„ 25. „	9 „	26. „	22 „		

Summa im Januar 26 Stück,   Februar 178 Stück,   März 46 Stück.

Was das Alter anlangt, in welchem die Forellen geschlechtsreif werden, so sind mir befruchtungsfähige Männchen, die noch das Jugendkleid trugen und kaum 20 cm maßen, mehrfach vorgekommen; dahingegen scheinen laichreife Weibchen dieses Alters im Ganzen seltner zu sein. Die kleinste weibliche Forelle, welche ich eigenhändig gestrichen habe, hatte eine Totallänge von 19,1 cm und war dabei, ebenso wie die Männchen, noch im Besitz ihres Jugendkleides.

Wenden wir uns nach den Salmoniden den übrigen Raubfischen unserer Flußstrecken zu, so sind zu nennen der Aal, Hecht und Barsch, die Quappe, der Kaulbarsch und die Koppe. Während die beiden ersten zu den häufigsten und zugleich wichtigsten Fischarten unseres Gebietes gehören, ist von den vier letzten höchstens noch der Barsch von einiger Bedeutung, indessen gehören große und schwere Exemplare bei Münden zu den Seltenheiten. Die Quappe wird immer nur vereinzelt gefangen. Der meist nur an ruhigen, schlammig-sandigen Stellen, in den sogenannten Pfuhlen vorkommende Kaulbarsch, hier Sturbars und auch wohl Aputze genannt, wird als Speisefisch kaum genützt, ebensowenig die sich gern an Stromschnellen aufhaltende Koppe oder der Kaulkopf, Cottus gobio.

Um die Aufzählung der bei Münden vorkommenden Flußfische vollständig zu machen, wollen wir schließlich auch noch der Neunaugen gedenken. Die Meer-lamprete ist wiederholt in einzelnen Exemplaren gefangen worden. So erhielt ich z. B. am 21. Juni 1878 ein 75 cm langes männliches Exemplar aus dem Aalfange bei Wolfsanger, während ein etwas größeres, in früheren Jahren bei Münden gefangenes Exemplar in der zoologischen Sammlung der Forstakademie befindlich ist.

Das große Flußneunauge, welches im Jahre 1868 an der Mühle bei Münden in großer Zahl gefangen sein soll, ist mir auffallender Weise während meines Hierseins noch nicht in die Hände gerathen; dagegen habe ich das kleine Flußneunauge, Petromyzon Planeri, mehrfach in großen bis 36 cm messenden Exemplaren erhalten und auch die Larven dieses Fisches vielfach selbst gefangen. Ob beide Flußneunaugen, wie sie die Systematik bis jetzt unterscheidet, in der That verschiedene Arten sind, oder aber, wie neuere Wahrnehmungen vermuthen lassen, vielleicht nur verschiedene Entwickelungs-Zustände ein und derselben Art repräsentiren, werden fortgesetzte Beobachtungen hoffentlich bald zur Entschei-dung bringen.

Nach der Art des Betriebes unterscheidet man auf den hier in Betracht kommenden Flußstrecken zwischen kleiner und großer Fischerei.

Die kleine Fischerei wird nur vom Ufer aus betrieben und beschränkt sich auf den Gebrauch der Angelruthe, der Lutze oder Lusse (Senknetz) und des Kratzhamens. Der letztere kommt außerdem fast nur bei Hochwasserständen in Anwendung. Jung und Alt, Berechtigte und Unberechtigte eilen alsdann mit großen Hamen bewaffnet nach den überflutheten Ufern, um die in den Winkeln und Buchten Ruhe und Schutz suchenden Fische zu erbeuten. Der Hamen wird mit der Oeffnung nach unten möglichst flach eingesetzt und darauf mit dem Simm am Boden langsam nach dem Lande eingezogen. Oft glückt es auf diese Weise einen ansehnlichen Hecht zu fangen, zumeist aber beschränkt sich die Ausbeute nur auf Weißfische, junge Zärthen, Döbel und Plötze.

Die große Fischerei kann regelrecht nur mit Hülfe eines Fischerschiffes aus= geübt werden. Bei ihr kommen folgende Geräthe in Anwendung: das Wurf= garn, die Stülpe, der Schragen, das Hecht= oder Schleifgarn, das Stell= oder Stöckergarn, der Stokhamen, der Lork, Aalreusen und Nachtschnüre.

Mit dem Wurfgarn wird von unseren Fischern verhältnißmäßig wenig gefischt, desto mehr dagegen mit der Stülpe, welche ihrer Form und Einrichtung nach nichts weiter ist als ein Wurfgarn im großen Styl, das aber seiner Schwere und Größe wegen nicht mehr frei geworfen werden kann, sondern geschleppt werden muß. Zum Fischen mit der Stülpe sind immer zwei Mann erforderlich, von denen der eine vorn, der andere hinten im Schiffe Platz nimmt. Nachdem von der Stülpe so viel über den gegen den Strom stehenden Rand des quer liegenden Schiffes ausgeworfen ist, daß etwa die Hälfte des mit Bleikugeln beschwerten Simmes den Grund berührt, wird das Schiff mit Hülfe von Stangen oder Rudern immer der Quere nach stromabwärts dirigirt. Hat man so eine Strecke von 30 bis 40 Schritt zurückgelegt, oder fühlt man an dem im Schiff gewöhn= lich festgeschürzten Ziehseil, daß sich Fische unter der Stülpe befinden, so wirft man rasch den übrigen Theil aus und zieht alsdann mit vereinten Kräften das Netz ganz in derselben Weise wie das Wurfgarn zusammen und holt es in das Schiff ein.

Die auf der Werra, Fulda und Weser gebräuchlichen Stülpen haben an dem in der Regel aus einem starken Haarseil bestehenden und mit ca. 430 Blei= kugeln beschwerten Simm einen Umfang von 36 m. Der über das Simm hinausgehende Umschlag, welcher den Fang bildet, ist mit 144 strahlenförmig an der Netzwand zusammenlaufenden Strippen befestigt. Die Maschenweite beträgt 4 cm. Die Länge oder Höhe der geschlossenen Stülpe schwankt zwischen 4,5 bis 5,5 m. Das an der Spitze befestigte Zug= oder Ziehseil ist gewöhnlich 12 bis 15 m lang.

Je nach der Größe und je nach der Güte des Materials stellt sich der Preis einer fertigen Stülpe auf 110 bis 150 *M.* An Unterhaltungskosten erfordert dieselbe im Jahre durchschnittlich bis 30 *M.* Gefischt wird mit ihr nur während der kälteren Jahreshälfte, von Ende October bis zum Beginn der Frühjahrsschonzeit.

Der Schragen besteht aus zwei sich kreuzenden und an der Kreuzungs=
stelle durch ein Niet verbundenen Stangen, zwischen denen in dem längeren
Winkel (siehe Tafel I.) eine quadratische etwa 1,2 m breite Netzwand so
befestigt ist, daß sie nach hinten zu einen Beutel bildet. Durch ein Querholz
(Sperrholz) werden die Stangen in die richtige Lage gebracht und dadurch
zugleich dem beide Stangenenden verbindenden Vordersimm des Netzes die
nöthige Spannung gegeben. Der Fischer stellt sich in den hinteren Winkel der
Stangen und führt das schräg in den Strom eingesetzte Netz vom Vorderrande
des Schiffes aus, das inzwischen von dem Hintermann möglichst schnell am
Ufer entlang stromabwärts gerudert wird, unter Weidenbüschen, hohlen Ufer=
stellen u. s. w. durch. Ist ein Fisch am Netze zu spüren, so wird dieses schnell
gehoben; der Fisch geräth dadurch in den Beutel und wird alsbald in Sicher=
heit gebracht.

Am lohnendsten ist der Fang mit dem Schragen, wenn das Wasser die
Ufer füllt und noch im Steigen begriffen ist.

Die hier gebräuchlichen Hecht= oder Schleifgarne sind einfache etwa
26 m breite und 3 bis 4 m hohe Netzwände von 4 cm Maschenweite.
Sie werden am Obersimm mit 260 Stück Floßhölzern aus Linden= oder
Pappelholz und am Untersimm entsprechend mit Bleikugeln, gewöhnlich
120 Stück, versehen. Sobald man bei Hochwasser die überfluteten Wiesen=
gründe mit dem Schiff befahren kann, werden diese mit Schleifgarnen abgefischt.
Die Ausbeute besteht zum größten Theile aus Hechten und ist mitunter,
namentlich aber beim Aufgange des Eises und in den ersten Frühlingsmonaten
eine sehr reiche. So haben z. B. die Gimter Fischer 1876 während der
längere Zeit anhaltenden Hochwasser=Perioden der Monate Februar und
März gegen 3000 Pfund und zwei Fischer in Wahnhausen in diesem Jahre
beim erstmaligen Aufgange des Eises in wenigen Zügen 168 Stück Hechte
gefangen.

Das Stell= oder Stöckergarn besteht aus sechs oder neun an ihren Mün=
dungen wie die Finger eines Handschuhs zusammenhängenden Beuteln, die in
einen gemeinsamen Rahmen gespannt sind, oder mit anderen Worten das
Stellgarn ist eine in der Regel 58 cm hohe und 6,5 m breite Netzwand, deren
Fläche sich in 9 dicht neben einander liegende ca. 80 cm lange Beutel vertieft,
Ober= und Untersimm werden durch eingespannte etwa fingerdicke Stöcke von
Haselholz, die mit der Netzwand gleiche Höhe haben, auseinandergehalten. Ein
neunbeuteliges Stellgarn hat deren vier, ein sechsbeuteliges drei, so daß also
außer den Stöcken an jedem Ende jedesmal zwischen dem dritten und vierten
Beutel ein solcher vorhanden ist. An jedem Stock ist ferner oben und unten
je eine 5 Fuß lange Schnur befestigt; beide laufen in einer Entfernung, die
etwa der Länge des Stockes gleichkommt, in einen Knoten zusammen und
bilden dadurch mit dem Stock selbst ein gleichschenkliges Dreieck, während der
Rest jeder Schnur frei ausläuft. Will man das Netz aufstellen, so wird in diese
freien Enden ein Stein von genügender Schwere gebunden, alsdann vom Schiff

aus, welches der Hintermann mit der Stange dirigirt, der erste Stock mit dem Stein ausgeworfen, darauf der zweite und so fort. Die Beutel fließen im Strom aus, und die Steine halten die Mündungswand des Netzes auf dem Grunde in aufrechter Stellung fest.

Mit diesem Geräth wird von Ablauf der Frühjahrsschonzeit bis zum Laubfall gefischt; es wird gegen Abend ausgeworfen und am anderen Morgen früh vermittelst eines Hakens wieder aufgenommen.

Der Stokhamen ist von dem Kratzhamen nicht wesentlich verschieden, doch ist sein Bügel etwas flacher und daher auch die Mündung am Vordersimm etwas breiter; es braucht außerdem die Stange nicht so lang zu sein, weil man damit immer nur dicht am Ufer entlang fischt. Zum Stokhamen gehört ferner noch die Stokkeule oder „Klöpper", in anderen Gegenden auch wohl Trampe genannt, eine an dem einen Ende durch Zeug= oder Lederlappen umgebene Stange, mit der man die Fische durch Stoßen aus den Uferlöchern in den darunter gehaltenen Hamen treibt.

Der Lork ist ein etwa 1,2 m tiefes Beutelnetz, dessen mit zwanzig Blei= kugeln besetzte Mündung vermittelst einer zweiten durch diese Kugeln laufenden Schnur vollständig zugezogen werden kann. Es wird an einer Stange, durch die 36 cm vor ihrem Ende ein Bügel läuft, dessen ca. 72 cm von einander abstehende Enden durch eine Schnur verbunden sind, so befestigt, daß, wenn man die Stange horizontal hält, die Mündung des hängenden Beutels seitlich nach außen oder vorn unterhalb der Bügelschnur zu liegen kommt. Die Schnur zum Zuziehen der Mündung läuft durch ein Loch am Ende der Stange nach deren Oberseite und von hier an dieser entlang bis zur Hand des Fischers. Setzt man das Netz gegen den Strom ein, so fließt der Beutel aus und die Mündung ist nach dem Grunde zu gerichtet. Der Fischer befindet sich am Vorderende des Schiffes und dieses wird von dem Gehülfen oder Hintermann mittelst der Stange langsam und möglichst geräuschlos stromaufwärts geschoben. Gewahrt der Vordermann einen fest liegenden Fisch, so bringt er die Mündung des Lorks vorsichtig bis über den Kopf des Fisches hinaus, senkt das Netz schnell auf den Grund und schnürt mit einem starken Ruck die Mündung zu. Es ist einleuchtend, daß diese Fangweise nur bei klarem Wasser und zu einer Jahreszeit exercirt werden kann, wo die Fische, namentlich aber die Barben, auf die es abgesehen ist, fest am Grunde liegen.

Der Lork ist in hiesiger Gegend erst nach Erlaß des Fischereigesetzes in Aufnahme gekommen und bietet einen Ersatz für das früher gebräuchliche Stechen der Barben mittelst der Gabel.

Die Einrichtung und den Gebrauch der Nachtschnüre sowie der aus Weidenruthen geflochtenen Aalreusen darf ich wohl als bekannt voraus= setzen; ich wende mich daher gleich zu einer vorhin noch nicht erwähnten eigenthümlichen Fang=Vorrichtung, welche zwar an sich nichts mit der großen Fischerei zu thun hat, doch aber insofern zu derselben gerechnet werden kann, als ihr Betrieb ebenfalls nur mit Hülfe eines Fischerschiffes möglich ist. Es sind dies die so viel angefeindeten Fischwehre, welche auch schlechtweg nach der Fischart, auf deren Fang es dabei hauptsächlich abgesehen ist, Aalwehre oder Aalfänge genannt werden.

Aalfang in der Fulda bei Spiekershausen.

Ihre Einrichtung (siehe Tafel I. und II., so wie obige Abbildung) ist im Wesentlichen folgende:

Durch ein in Gestalt einer römischen V in den Strom gelegtes Wehr, welches an dem stromabwärts gerichteten Scheitelpunkt eine Oeffnung hat, wird das aufgestaute Wasser genöthigt, seinen Weg durch diese Oeffnung zu nehmen. Unmittelbar vor derselben stromabwärts liegt der Erich (die Arche 1, das Fach), Tafel II. Fig. 1, welcher das mit großer Gewalt herausstürzende Wasser auf einer zu beiden Seiten eingezäunten und allmälig schmaler werdenden schiefen Ebene bis zu dem am Ende befestigten Fangkorbe führt. Der auf diese Weise innerhalb der Arche hervorgebrachte Strom besitzt eine solche Gewalt, daß jeder Fisch, welcher durch die Wehröffnung in die Arche geräth, widerstandslos bis in den Fangkorb fortgerissen wird.

In der Fulda zwischen Cassel und Münden bestehen die beiden Schenkel des Fischwehres, die sog. „Schlagten", ausschließlich aus roh aufeinander geworfenen losen Steinen; es sind ohne jede Kunst aufgeschüttete Steindämme von solcher Stärke, daß sie in der Regel dem Andrange der Hochfluthen und der Gewalt des Eises zu widerstehen vermögen.

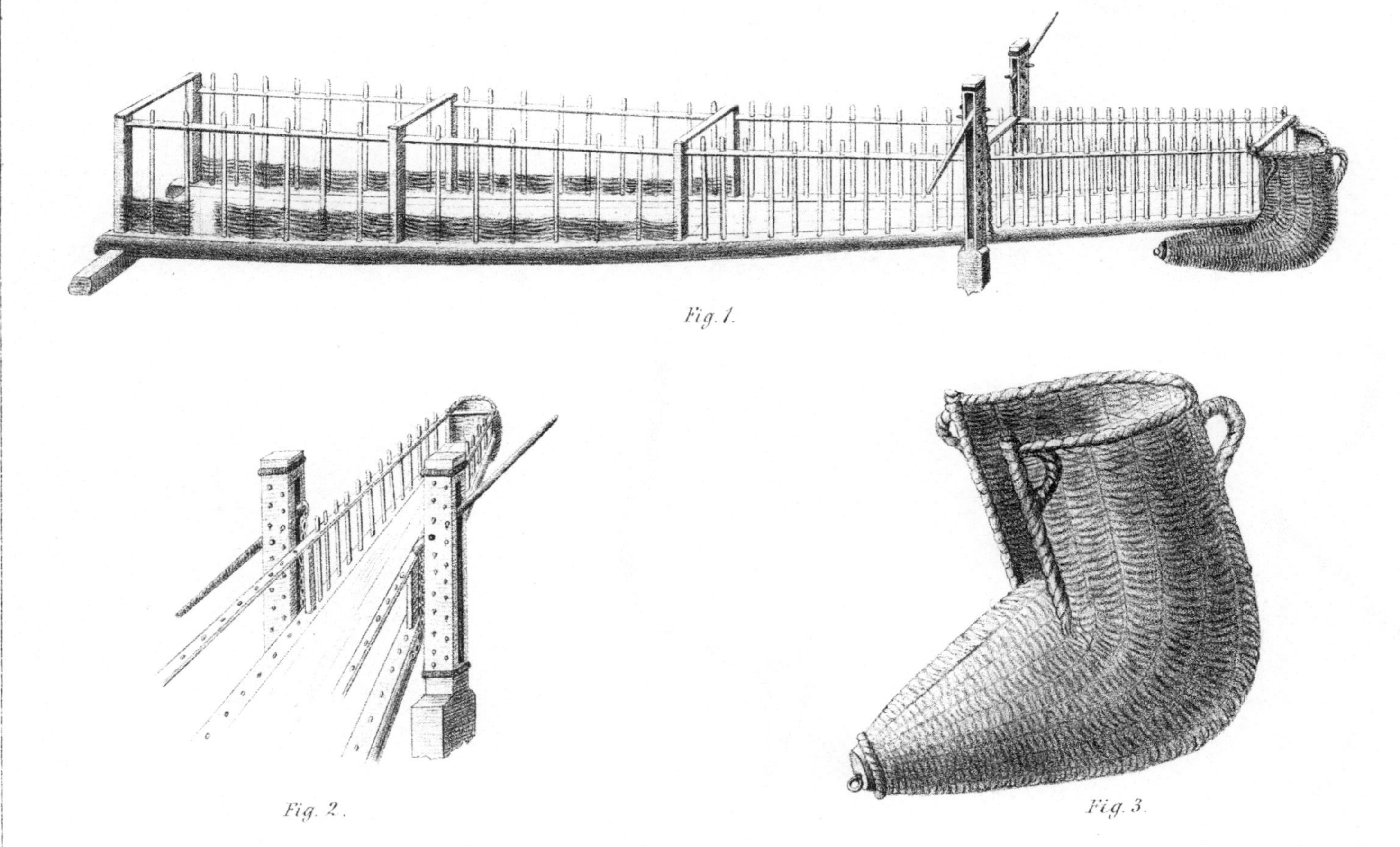

Aalfang mit Hebeladen.

Da der Schifffahrt wegen auf der tieferen Stromseite eine Fahrrinne, das Fischerhohl oder Slop offen bleiben muß, so reicht von beiden Schlagten immer nur diejenige an das Ufer, welche auf der flacheren Stromseite liegt und nur dies ist Grund, warum sie in der Regel doppelt so lang ist als die andere.

Das Fundament oder „Grundwerk" der Arche besteht aus zwei gegen 40 bis 55 Fuß langen, etwas vierkantig behauenen Buchenstämmen (Grund=bäume), welche durch starke Querhölzer so mit einander verbunden sind, daß ihre Axen am dicken Stammende etwa 6 Fuß (der Oeffnung des Wehres entsprechend), am Zopfende aber nur 1½ bis 2 Fuß (der Oeffnung des Fangkorbes entsprechend) von einander abstehen. Der vordere Querbalken, Holm genannt, muß auf jeder Seite über die Grundbäume hervorragen (Tafel II. Fig. 1), um damit die Arche hinter zwei in den Grund getriebenen Pfählen befestigen oder gewissermaßen festhängen zu können. Die übrigen, auf der Abbildung nicht sichtbaren Quer=hölzer werden Spessen genannt; auf ihnen und auf dem Holm ruhen die den Raum zwischen den Grundbalken ausfüllenden Bohlen. Das ganze Grundwerk bildet auf diese Weise ein flaches Gerinne.

Ehe dasselbe an das Wehr oder die Schlagten gelegt wird, müssen selbst=verständlich die Löcher auf beiden Grundbäumen ausgestochen sein, in welche die Pfosten („Scheiden") und Stäbe („Stalen") des Fangzaunes zu stehen kommen. Diese Löcher werden nicht rund gemacht, sondern drei= oder viereckig, weil, wie die Erfahrung gelehrt hat, die starke und beständige Strömung des Wassers die mit der Zeit etwas locker werdenden Stäbe aus runden Löchern allmählich herausdreht.

Die Einrichtung des Zaunes ist aus der Abbildung ersichtlich, nur braucht noch hinzugefügt zu werden, daß sich jedesmal da ein Pfosten oder eine Scheide befindet, wo zwischen den Grundbäumen eine Spesse liegt. Die Querstangen, wodurch die Scheiden an ihren oberen Enden verbunden werden, heißen Klammern, die letzte Scheide, woran der Korb befestigt ist, die Löffelscheide. Um das Wasser möglichst zusammen zu halten und damit auch das seitliche Aus=treten der Fische zu vermeiden, sind die Stalen von der ersten bis zur dritten Scheide am Grunde mit Flechtwerk versehen, dessen Höhe bis zur Linie des mittleren Wasserstandes reicht. Etwas unterhalb der ersten Scheide pflegt man in diesem Flechtwerk links sowohl wie rechts eine Oeffnung zu lassen, das Stiegloch oder Hechtloch, um diejenigen Fische, welche stromaufwärts ziehen und in die Nähe des Stiegloches gelangen, zum Einsprung in den Erich zu verleiten. Nach Johannis wird das Stiegloch mittelst eines Brettes geschlossen.

Um den Aalfang auch bei höheren Wasserständen fängisch zu erhalten, muß sein freies Ende gehoben werden können. Dies geschieht vermittelst zweier Hebeladen und der zu diesem Zweck an den Grundbäumen angebrachten Ketten (Taf. II. Fig. 2). Die Axe für diese Bewegung liegt in dem mit seinen vor=stehenden Enden hinter zwei Pfählen ruhenden und außerdem durch Stein=verpackung festgehaltenen Holm am Anfange der Grundbäume. Je nach dem Neigungswinkel, den der Aalfang bei ordinärem Wasserstande mit der Horizontal=

ebene macht, kann auf diese Weise das Ende mit dem Korbe um zwei bis vier Fuß höher gestellt werden.

Eine in mancher Beziehung etwas abweichende Einrichtung hat der in der Werra bei Blickershausen oberhalb Hedemünden befindliche Aalfang (Taf. I.).

Die Schlagten desselben bestehen aus Pfählen und Flechtwerk. Die Arche oder der Erich ist nur gegen 32 Fuß lang, dafür aber vorn 12 und hinten 4½ Fuß breit; sie schließt mit einem 2,25 m langen Fangkorb ab, der nicht die eigenthümliche Form, wie bei den Aalfängen in der Fulda hat, sondern vielmehr einer großen am Ende spitz zulaufenden Aalreuse ähnlich ist (siehe Taf. I.). Er ist aus drei Stücken zusammengesetzt, die aufeinandergeschoben und alsdann verklammert werden; die beiden unteren Stücke sind je mit einer Einkehle versehen.

Das Flechtwerk zwischen den Pfählen reicht über den ordinären Wasserstand nicht hinaus.

Zu den Schlagten eines in dieser Art eingerichteten Aalfanges sind circa 400 Pfähle und 3 Fuder Flechtruthen erforderlich.

Der Grund, weßhalb an der Werra Pfähle und Flechtwerk, an der Fulda dagegen durchgehends Steine zu den Wehren in Gebrauch sind, ist wohl nur darin zu suchen, daß letzteres Material in dem ungleich engeren Thale der Fulda in überreicher Menge in nächster Nähe vorhanden ist, dagegen auf den weiteren Thalflächen der Werra zwischen Witzenhausen und Hedemünden nicht so bequem zu erreichen steht.

In früheren Jahren waren Aalwehre auch zahlreich auf der Weser vorhanden, haben aber allmählich der Schifffahrt weichen müssen. So hatte Hessen um 1589 in der Weser von Oedelsheim bis zur Diemelmündung allein 6 Wehre, von welchen 5 sogar den ganzen Fluß absperrten.

Das älteste Fischwehr in der Weser, von dem eine Nachricht auf uns gekommen ist, befand sich bei der Villa Liusci im Gau Wimodia (jetzt Lüssum im hannoverschen Amte Blumenhagen) und war eine Reichsfischerei. Es gehörten dazu 32 Familien, deren Dienst darin bestand, in dem benachbarten Walde die Bäume zu fällen, welche zu dem Wehr (Hocwar) nöthig waren, sie zu Pfählen zuzuspitzen, einzurammen, überhaupt das Wehr im guten Stande zu erhalten und den Fischfang zu besorgen. Bis 832 besaß diese Reichsfischerei der Graf Abbo im Gau Wimodia als Reichslehn. In jenem Jahr aber machte Ludwig der Fromme mit ihr der Abtei Corvei ein Geschenk. Jeden Monat mußte nun der Verwalter (villicus), der die Aufsicht über die Fischerei führte, mit Fischen für das Kloster beladene Böte stromaufwärts nach Corvei schicken (Dedekind).

Was nun die Schädlichkeit der Aalwehre für den Fischbestand anbetrifft, so ist darüber wohl in Folge der sehr ansehnlichen Erträge, welche sie ihren Besitzern auf bequeme Weise liefern, mehr aus Neid als aus wirklicher Sachkenntniß geredet und geschrieben worden.

Daß manche untermäßige Fische gefangen werden und zumeist auch durch Druck in dem Fangkorbe zu Grunde gehen, läßt sich gewiß nicht bestreiten;

aber bei welcher Fischerei ist das nicht der Fall? So lange wir eine Frühjahrs=
schonzeit, während welcher die Fangkörbe an den Wehren abgestellt sein müssen,
nicht hatten, so lange wurde allerdings gerade in dieser Zeit eine große Menge
von Fischen, die noch nicht abgelaicht hatten, weggefangen und es ging dadurch
ein großer Theil des natürlichen Zuwachses verloren. Dieser Uebelstand ist
jetzt gehoben. Warum also die Aalwehre nur wegen ihrer guten Erträge
verurtheilen? Muß doch jeder zugeben, daß wir sonst keine Vorrichtung
besitzen, in welcher sich der Aal, ohne Aufwendung von so geringer Arbeitskraft
unsererseits, in solcher Anzahl und mit solcher Sicherheit fangen läßt. Sind
nun aber außerdem nicht 100 Pfund Aal mindestens fünfmal so viel werth als
100 Pfund der grätenreichen Weißfische, für die sich oft kaum Abnehmer finden?
Wir würden daher gewiß nicht rationell handeln, wollten wir uns so und so
viel Pfund Aale zu keines Menschen Nutzen auf Nimmerwiedersehen entschlüpfen
lassen, um dafür vielleicht ebensoviel Pfunde Weißfische mehr als jetzt fangen
zu können. Aber selbst dieses Resultat erscheint mir noch fraglich.

Um nun eine bestimmte Vorstellung davon zu geben, wie viel und was
für Fische mittelst der hiesigen Aalwehre gefangen werden, theile ich im Nach=
stehenden die monatlichen Fangresultate mit, wie sie sich in dem zum Fischhof=
etablissement in Bettenhausen gehörigen, etwa eine Stunde unterhalb Cassel
gelegenen Aalfange im Jahre 1877 gestaltet haben.

Monat	Aal	Weißfische	Hecht	Barsch	Barbe	Blei
Mai . . .	$6^3/_4$ Pfd.,	268 Pfd.,	$7^1/_4$ Pfd.,	— Pfd.,	3 Pfd.,	— Pfd.
Juni . .	100 „	624 „	53 „	$21^1/_4$ „	$45^1/_2$ „	27 „
Juli . . .	$96^1/_4$ „	$127^1/_2$ „	$39^3/_4$ „	$4^1/_2$ „	$64^3/_4$ „	4 „
August . .	412 „	47 „	$7^1/_2$ „	— „	$3^3/_4$ „	6 „
September .	71 „	43 „	20 „	— „	— „	— „
October . .	$58^1/_4$ „	33 „	2 „	— „	$39^3/_4$ „	— „
November .	4 „	2 „	— „	4 „	$8^1/_2$ „	— „

Im Ganzen $748^1/_4$ Pfd., $1144^1/_2$ Pfd., $129^1/_2$ Pfd., $29^3/_4$ Pfd., $165^1/_4$ Pfd., 37 Pfd.

Hierbei ist jedoch zu bemerken, daß der Aalfang erst am 16. Mai fertig
aufgeschlagen war und daher auf diesen Monat nur 15 Fangtage kommen (die
Verordnung wegen der Frühlingsschonzeit war damals für Hessen noch nicht
publicirt); ferner konnte im November der Aalfang wegen Hochwassers und
Beschädigung nur an 7 Tagen benutzt werden.

Unter der Bezeichnung „Weißfische" sind begriffen: Zärthe, Plötze, Döbel
und die beiden Alburnus-Arten Laube und Schneider.

Daß sich im Frühjahr und Herbst mitunter auch einige junge Lachse fangen,
ist bereits im ersten Abschnitt dieses Aufsatzes erwähnt worden. Dieselben halten
sich in den Fangkörben jedoch länger am Leben als die untermäßigen Plötze
und Döbel und erlangen daher in den meisten Fällen ihre Freiheit wieder.
Ueberhaupt ist der Verlust an untermäßigen und jugendlichen Fischen nicht
so groß, als er in der Regel geschildert wird. Denn bedenkt man, daß zur
Zeit sechs solcher Aalwehre zwischen Cassel und Münden im Betriebe sind, die
zum Theil günstigere, zum Theil etwas geringere Naturalerträge geben, und

daß dieselben schon durch Generationen hindurch fortwährend im Betriebe gewesen sind, so müßte, wenn der Procentsatz des durch diese Aalwehre verloren gehenden jungen Zuwachses wirklich so bedeutend wäre, schon längst kein Fisch mehr in der Fulda sein.

Dies ist nun nicht der Fall. Die Aalwehre haben vielmehr noch immer so viel Fische in der Fulda übrig gelassen, daß der auf diesen Rest hin betriebene Fischfang einen größeren Ertrag abwirft, als alle sechs Wehre zusammen.

Daß diese Behauptung nicht unbegründet ist, geht aus folgender Zusammenstellung hervor.

Die der Gemeinde Spiekershausen zustehende Fischerei ist an 10 Gemeinde-Mitglieder verpachtet; acht von diesen treiben die Fischerei als Hauptgewerbe, zwei als Nebengewerbe. Es sind im Gebrauch 6 Fischerschiffe, 3 Stülpen, 40 Stellgarne, 40 Nachtschnüre, 36 Aalreusen und 1 Hechtgarn.

Die der Gemeinde Wahnhausen zustehende Fischerei ist an 15 Gemeinde-Mitglieder verpachtet, wovon 8 die Fischerei als Hauptgewerbe, 7 als Nebengewerbe betreiben. Es sind in Gebrauch 15 Fischerschiffe, 4 Stülpen, 320 Stellgarne, 120 Nachtschnüre, 80 Aalreusen, 16 Schragen und 10 Hechtgarne.

Die der Gemeinde Speele zustehende Fischerei ist an 11 Personen verpachtet, wovon 4 die Fischerei als Hauptgewerbe, 7 als Nebengewerbe betreiben. Es sind in Gebrauch 6 Fischerschiffe, 3 Stülpen, 40 Stellgarne, 80 Nachtschnüre, 26 Aalreusen, 5 Schragen und 3 Hechtgarne.

Die der Gemeinde Bonafort zustehende Fischerei ist an 2 Personen verpachtet, welche die Fischerei als Nebengewerbe betreiben. Es werden gebraucht 2 Fischerschiffe, 25 Stellgarne, 8 Nachtschnüre, 6 Aalreusen, 1 Schragen und 2 Hechtgarne.

Lassen wir die übrigen Berechtigten, welche auf dieser Strecke zumeist Gelegenheſsfischer sind, ganz außer Acht und setzen den jährlichen Brutto-Ertrag einer Stülpe auf 700 M fest, den eines Hechtgarnes auf 200 M, den eines Stellgarns, einer Nachtschnur und einer Aalreuse auf je 8 M und endlich den eines Schragen auf 10 M: so beziffert sich der Gesammtertrag des in der Fulda von der hannoverschen Grenze bis zur Stadt Münden neben den Aalwehren bestehenden Fischereibetriebes auf 16 988 M, ein Resultat, das sicher noch um einige Tausend Mark hinter der Wirklichkeit zurückbleibt.